学びを深める
コンピュータ概論

著者：浅井 宗海

はじめに

　本書は、大学生・高専生・専門学校生を対象としたコンピュータ概論です。コンピュータ概論書として、これまでに、『コンピュータとは何か』（1990 年）、『新コンピュータ概論』（1999 年）といった書物を出版し、多くの方に好評をいただきました。しかし、当時とコンピュータを取り巻く環境が大きく変貌してきたことから、毎年行っているコンピュータ概論関連の授業では、その変化に対応すべく、内容の追加・変更を繰り返してきました。本書は、授業を通して蓄えてきた内容を基に、新たなコンピュータ概論書を目指して、内容を刷新しました。

　そして、本書を書き起こすに当たり、次の点を念頭に起稿しました。

- 時代に即した新たなコンピュータ概論書たる内容であり、かつ、本書の学習を元に実践的なコンピュータ学習に繋げられる内容であること
- 高校の教科「情報」でコンピュータについて学んできている学生が、教科「情報」の内容を思い出しながら、学びを深めていくことのできるテキストであること
- これまで出版してきたコンピュータ概論書で好評であった図解を使ったわかりやすい解説をより進化させ、また、学習の理解と定着を図るために、章末の演習問題を充実させること

■ 本書の内容

　今日のコンピュータ利用の変化に対応できるように、コンピュータに関するハードウェアやソフトウェアの内容の更新に留まらず、情報社会、マルチメディア、ネットワーク、データベース、情報システム、アルゴリズム、AI とデータサイエンスといった広範囲の内容を盛り込みました。また、それらの内容は、入門的な説明だけでなく、コンピュータの実践な活動に繋げられるように、掘り下げた説明も盛り込んでいます。また、巻末には、コンピュータ概論に関連する演習や実習にも役立つように、HTML や SQL の SELECT 文、擬似言語に関する解説を付録として掲載しました。

■ 高校の情報教育との連携

　2003 年度から高校に「情報」の教科が始まり、かなりの年数が経ちましたが、残念ながら、ほとんどの学生が、その学習内容をあまり覚えていないのが実情です。だからといって、大学等でのコンピュータ教育において、高校での学習を無視して行うことはできません。よって、本書は、高校での学習を思い出しながら、それを深めていくことのできる内容にすることで、高校での情報教育との連携を図っています。

　特に、2022 年度から始まった「情報 I」は、技術的な内容が深められ、これまで大学生・高専生・専門学校生を対象としていたコンピュータ入門書に匹敵するほどの内容が盛り込まれています。従って、「情報 I」を学んできた学生に対して、高校の内容と同じレベルのコンピュータ入門書での授業では、復習の範囲に留まってしまいます。従って、本書は、その内容以上に、学びを深めることのできるコンピュータ概論書になっています。

　そのため、高校の「情報 I」の内容を深めたい高校生の方にも読んでいただける内容になっているので、高校の授業での参考書としても利用いただけると考えております。ただ、高校の「情

報」で取り扱っているオフィスソフトの内容については、大学等での情報リテラシ関連科目で取り上げる内容なので、本書には含まれておりません。

■ 本書の構成と利用方法

　本書は、大学や高専の授業で利用しやすいように、15 章で構成しており、各章のボリュームについてもなるべく大きく異ならないように配慮しました。また、単なる知識の羅列ではなく、技術の目的やその仕組みを理解しやすいように、図解を使って説明することで、わかりやすくイメージしやすい表現となるように工夫しています。従って、授業の予習や復習での利用や、独習書としても利用していただける書物になっています。また、補足説明やさらに深掘りした説明については脚注に掲載し、内容にメリハリをつけて実践的な活動に繋げられるようになっているので、IT 企業での新入社員研修用テキストとしても利用していただけます。

　章末には理解を確認するための演習問題を各章に 10 問ずつ掲載しており、また、一部の内容に偏らないように、各章で取り上げた内容を満遍なく確認できるような問題を配置しました。問題の形式も統一しているので、授業最後の小演習でも利用しやすい構成にしています。

　本書を学ぶことで、高校の情報教育の内容を再認識して、コンピュータに興味をもっていただき、将来のコンピュータ活用の第一歩を踏み出していただければ、筆者としてこれ以上の喜びはありません。

　最後に、新たなコンピュータ概論書を出版する機会を与えてくださいました近代科学社副編集長の伊藤雅英さんと、図解の多い本書の校正を粘り強く対応していただきました赤木恭平さんに感謝の意を表します。

2025 年 3 月

浅井 宗海

目次

はじめに 3

第1章　コンピュータと情報社会

1.1　コンピュータ 12

　　1.1.1　身近なコンピュータとその利用 12

　　1.1.2　コンピュータの種類とその処理 13

1.2　社会の情報化 16

　　1.2.1　情報化社会 16

　　1.2.2　電子商取引 18

1.3　情報化社会の進展 19

　　1.3.1　Society5.0 19

　　1.3.2　社会変化をもたらす技術 20

第2章　コンピュータが扱うデータ

2.1　2進数と情報量の単位 26

　　2.1.1　コンピュータと2進数 26

　　2.1.2　ビットとバイト 27

2.2　2進数と10進数、16進数 28

　　2.2.1　基数とべき乗数 28

　　2.2.2　2進数と10進数 29

　　2.2.3　2進数と16進数 31

2.3　文字コード 32

　　2.3.1　1バイトコード 32

　　2.3.2　多バイトコード 34

第3章　メディアとインタフェース

3.1　マルチメディア 38

　　3.1.1　メディア 38

　　3.1.2　ハイパーテキスト 39

3.2　Web 40

　　3.2.1　Webとドメイン 40

　　3.2.2　HTMLとCSS 41

3.3　ユーザインタフェース 43

　　3.3.1　GUIとCUI 43

　　3.3.2　ユーザインタフェースの部品 44

　　3.3.3　インタフェース設計の考え方 46

第4章　ディジタルデータ

4.1　アナログデータとディジタルデータ 52

　4.1.1　ビットマップ画像 52

　4.1.2　A/D 変換 53

4.2　ディジタルデータの形式 55

　4.2.1　書体 55

　4.2.2　文書データ 56

　4.2.3　静止画データ 57

　4.2.4　動画データ 59

　4.2.5　音声データ 60

4.3　コンピュータグラフィックスとデータ 62

　4.3.1　2D と 3D のデータ 62

　4.3.2　3D データの応用 63

第5章　ハードウェア—CPU とメモリ

5.1　コンピュータの仕組み 68

　5.1.1　ノイマン型コンピュータと五大機能 68

　5.1.2　PC の仕組み 69

5.2　CPU と処理性能 70

　5.2.1　初代コンピュータと素子の進化 70

　5.2.2　処理速度を表す指標 72

5.3　主記憶装置と半導体メモリ 74

　5.3.1　メモリとアドレス 74

　5.3.2　半導体メモリの種類 75

第6章　ハードウェア—周辺装置

6.1　補助記憶装置 82

　6.1.1　補助記憶装置の種類と用途 82

　6.1.2　補助記憶装置の種類と特徴 83

6.2　入出力装置 85

　6.2.1　キーボードとポインティングディバイス 85

　6.2.2　ディスプレイとプリンタ 86

6.3　入出力インタフェース 90

　6.3.1　USB 90

　6.3.2　ディスプレイ用のインタフェース 91

　6.3.3　その他のインタフェース 92

第7章　ソフトウェア

7.1　ソフトウェアの種類と用途 98

　7.1.1　ソフトウェアの分類 98

　7.1.2　オペレーティングシステムの概要 99

　7.1.3　ファイルシステム 101

7.2	アプリケーションソフトウェア	103
	7.2.1 ビジネスソフトウェア	103
	7.2.2 その他のアプリケーション	105

第8章　コンピュータが扱う数値データ

8.1	整数表現	114
	8.1.1 2進化10進数と固定小数点	114
	8.1.2 負の数の表現と2の補数	115
8.2	整数表現の加減算と種類	116
	8.2.1 固定小数点の加減算	116
	8.2.2 固定小数点の種類	118
8.3	実数表現	119
	8.3.1 小数点以下の2進数	119
	8.3.2 指数表現と浮動小数点数	120
8.4	実数表現の精度	123
	8.4.1 浮動小数点数の種類と精度	123
	8.4.2 浮動小数点数の計算に関わる精度	124

第9章　論理演算と論理回路

9.1	論理演算	130
	9.1.1 論理演算の基本3演算	130
	9.1.2 論理演算の複合演算	132
9.2	論理演算と集合	133
	9.2.1 ベン図と集合演算	133
	9.2.2 ド・モルガンの法則	136
9.3	コンピュータ内での論理演算	137
	9.3.1 ビット毎の論理演算	137
	9.3.2 ビット毎の論理演算を使った例	138
9.4	論理回路	139
	9.4.1 論理和回路、論理積回路、否定回路	139
	9.4.2 排他的論理和回路	140

第10章　コンピュータアーキテクチャ

10.1	加算回路	146
	10.1.1 半加算回路	146
	10.1.2 全加算回路	147
10.2	複数桁の加算と減算	149
	10.2.1 複数桁の加算	149
	10.2.2 複数桁の減算	149
10.3	シフト演算	150
	10.3.1 論理シフト演算	150
	10.3.2 算術シフト演算	151

10.4	乗算と除算	153
	10.4.1 乗算の考え方	153
	10.4.2 除算の考え方	154
10.5	CPU と命令	155
	10.5.1 CPU の基本構造	155
	10.5.2 命令の実行	156
10.6	CPU とメモリを高性能化する技術	157
	10.6.1 命令パイプライン	157
	10.6.2 命令形式とアドレス指定	158
	10.6.3 メモリインターリーブ	160

第11章 オペレーティングシステム

11.1	プロセス（タスク）管理	166
	11.1.1 OS の機能	166
	11.1.2 イベント駆動と TSS	167
	11.1.3 プロセスの管理	168
11.2	メモリ管理	171
	11.2.1 実記憶方式	171
	11.2.2 仮想記憶方式（ページング方式）	172
11.3	データ管理	174
	11.3.1 エントリテーブル	174
	11.3.2 ファイルのアクセス方法	175
11.4	入出力管理	176
	11.4.1 デバイスマネージャー	176
	11.4.2 スプーリング	177

第12章 データベースとシステム構成

12.1	データベース	182
	12.1.1 データベースについて	182
	12.1.2 データ分析とデータベース設計	183
	12.1.3 データベースの利用	187
12.2	システム構成	190
	12.2.1 集中処理と分散処理	190
	12.2.2 集中処理と分散処理の長所・短所	192
12.3	システムの冗長化と信頼性	194
	12.3.1 デュアルシステムとデュプレックスシステム	194
	12.3.2 RAID	195
	12.3.3 システムの信頼性	197

第13章　ネットワークとセキュリティ

13.1　ネットワーク 204
　13.1.1　会社内でのネットワーク 204
　13.1.2　インターネットの仕組みと IP アドレス 207
　13.1.3　TCP/IP モデル 211
　13.1.4　代表的なインターネットサービス 212
13.2　情報セキュリティ 215
　13.2.1　情報資産とリスクの考え方 215
　13.2.2　ファイアウォールと DMZ................................ 217
　13.2.3　暗号化による通信 219
　13.2.4　暗号を使った通信方式 220

第14章　システム開発とアルゴリズム

14.1　システム開発 228
　14.1.1　システム開発の概要 228
　14.1.2　システムの開発手法 229
14.2　アルゴリズムの基本 232
　14.2.1　アルゴリズムとは 232
　14.2.2　配列と擬似言語表現 234
14.3　代表的なアルゴリズム 237
　14.3.1　線形探索 237
　14.3.2　整列処理（バブルソート）.............................. 238
　14.3.3　二分探索 240
　14.3.4　計算量 242

第15章　AI・データサイエンスとデータ利用

15.1　AI 技術 248
　15.1.1　AI の概要 248
　15.1.2　機械学習とディープラーニング 250
15.2　データサイエンスの基本 252
　15.2.1　データの種類と収集 252
　15.2.2　データの分析 255
15.3　データ利用の留意点 262
　15.3.1　著作権 262
　15.3.2　個人情報保護 263
　15.3.3　ELSI とデータ倫理 265

付録A　補足資料

A.1　HTML の代表的なタグ 270
　A.1.1　Web ページを構成するタグ 270
　A.1.2　表現や機能を高めるためのタグ 271
A.2　SQL の代表的な文法の使用例.. 274

A.2.1　SQL-DDL と SQL-DML 274
A.2.2　単純質問 275
A.2.3　結合質問 278
A.2.4　入れ子質問 278
A.3　　情報処理技術者試験の擬似言語仕様 280

演習問題解答 283
索引 284

第1章

コンピュータと情報社会

この章では、① PC は、問題解決や目的達成のために不可欠な道具であること、②コンピュータの種類及びその用途、③クラウドコンピューティングの普及、④経営資源であるヒト、モノ、カネに情報が加わったことによる社会の変化、⑤仮想空間と現実空間が融合した Society5.0 での重要技術と社会の進展について、これら五つの学びを深めていきます。

1.1 コンピュータ

1.1.1 身近なコンピュータとその利用

今日、**パーソナルコンピュータ**（PC 又はパソコン）は身近な道具（ツール）となっています。ただ、初期の PC が登場した 1970 年代後半の頃は、非常に珍しい電子機器であり、使い方も今とは異なり表示は文字だけで、利用するためには原則プログラムを自分で作る必要がありました（図 1.1 の左側の PC 画面）。そして、この PC が発売された 5 年後の 1983 年に、ファミリーコンピュータ（ファミコン）が登場しました（図 1.1 の右側）。ファミコンは、コンピュータという名がつく通り、基本的には PC と同じ仕組みで動くコンピュータの一種です。ただ、世の中ではテレビゲーム機と呼ばれ、コンピュータというよりはゲームを行う機械として認識されていました。ファミコンのゲームカセットの中には、各ゲームを動かすためのプログラムが入っており、自分でプログラムを書く代わりに、作ってあるゲームのプログラムを取り替えて実行するという使い方のコンピュータでした。この使い方の違いにより、初期の PC は一部のマニアにしか利用されませんでしたが、ファミコンは大ヒットとなり、爆発的に普及しました。

図 1.1　1978 年製の PC（Commodore PET2001）と 1985 年に登場したファミコン

この二つのコンピュータの違いは何でしょうか。1970 年代後半の PC を利用するには明確な目的が必要であり、そのためにプログラムを作るという能動的で創造的な活動が求められました。それに対して、ファミコンは問題解決といった明確な目的をもって使う道具ではなく、面白そうだなと思ったゲームカセットを用意すれば直ぐにゲームを楽しむことができました。この利用方法に関する大きな違いが、普及での大きな開きになった要因の一つといえます。ただ、今日、PC の利用環境は大きく進化しました。それは、世界中のネットワークを繋いだ**インターネット**（the Internet）を使った通信が可能になり、また、**アプリケーションソフトウェア**（アプリケーションプログラム又はアプリ）と呼ばれる目的に沿って利用できるソフトウェアが数多く用意され、プログラムを自分で作らずとも大抵の目的を達成することができる便利な道具に変化したことです。例えば、インターネットを閲覧する時に使う **Web ブラウザ**、文書を作成編集する時に使う**ワードプロセッサ**（ワープロ）、データの集計やグラフ作成で利用する**表計算ソフトウェア**（表計算ソフト）、発表用の投影資料を作成する時に使う**プレゼンテーションソフトウェア**（プレゼンソフト）等が揃っています。

PC やインターネットを含む技術の総称を **IT**（Information Technology、情報技術）又は **ICT**（Information and Communication Technology、情報通信技術）と呼びます。この ICT

の進化により、学校でのレポート作成や企業での企画書作り等の日常的な問題解決の創造的な活動の中でPCは役立つ道具となり、一気に普及しました。

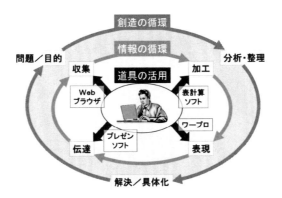

図 1.2　創造的な活動と PC

　図1.2は、今日のPC活用のイメージを図解したものです。即ち、私達は、問題解決や目的達成のために、その課題を分析・整理し、解決方法や具体策を導き出すという創造的な活動において、問題や目的に役立つ情報を収集し、それを加工し、問題解決や目的達成に向けた表現としてまとめ、その結果を伝えるという情報を使った思考活動を行います。そしてこの時、私達は情報を収集するための道具としてWebブラウザ、情報を加工するための道具として表計算ソフト、表現をまとめるための道具としてワープロ、その結果を発表するための道具としてプレゼンソフトを活用します。即ちPCは、創造的な活動を行うためには必要不可欠な道具になったといえます。ただ、能動的で創造的な活動にPCが役立つということは、PCが登場した1970年代後半と何ら変わっていません。道具としてより便利に進化したということであり、その進化は更に加速しています。従って、創造的な活動を支援する必須の道具[1]として、その機能を理解する必要があります。

1.1.2　コンピュータの種類とその処理

(1)PC、タブレット

　PCの進化に伴い、現在、その用途や形状は多岐にわたっています。身近なコンピュータの種類には、机の上に設置して使う**デスクトップPC**や、可搬（かはん）性に優れた**ノートPC**の他に、小さな板状のものという意味で**タブレット**と呼ばれるタブレットPC、そして、PCと同様の機能をもち携帯電話でもある**スマートフォン**の4種類があります（図1.3）。先に述べたファミコンに代表されるゲーム機も、ゲーム用コンピュータです。

　既に述べたように、PCでは、ワープロソフトや表計算ソフト、プレゼンソフトをよく使います。そして、それらのアプリに加え、沢山のデータを統一的に管理する**データベースソフトウェア**と呼ばれるアプリも仕事でよく利用します。これらのアプリを含めて**オフィスツール**と呼びます。一般的にオフィスツールは、企画書や報告書の作成等、その時々で発生する内容の異なる仕

---

[1]　PCは、創造的な活動を支える道具ということでIA（Intelligent Assistance）と呼ばれています。

図1.3　身近なコンピュータの種類

事、即ち**非定型業務**と呼ばれる仕事において、その作業を効率化するために用います。

(2) 汎用コンピュータ、スーパーコンピュータ

図1.3に示したPC等は主に個人向けの利用を目的としていますが、コンピュータの種類には、企業や研究機関等で多くの人が共同で利用するためのものがあります。図1.4[2]の左側の**汎用コンピュータ（メインフレーム又はホストコンピュータ）**は、歴史的には一番古くから使われているコンピュータで、成人の身長ほどの高さのもの等、非常に大型のものが多く、かつ、高価です。しかし、大量のデータを短時間に処理できるので、企業や公共団体等で利用されています。汎用コンピュータを利用する代表的な処理に、銀行等の金融業務があります。銀行のコンピュータには、図1.5に示す**ATM**（Automatic Teller Machine：現金自動預け払い機）という装置が沢山繋がっており、日々、お金の入出金に関するデータがATMから大量に送られてくるので、それらを高速に処理する必要があります。

そして、銀行業務では計算の正しさが要求され、かつ銀行のシステムが停止してはいけないので、機械が故障しないことが求められます。従って、汎用コンピュータは高い処理性能と信頼性を持ち合わせています。銀行における貯蓄や融資に関する業務では、日々同じ内容の計算処理を行っているので、このような処理のことを**定型業務**といい、その中で特に企業活動において中核的な業務のことを**基幹業務**といいます。汎用コンピュータは、古くから企業における基幹業務を効率化する目的で利用されてきました。

図1.4の右側の**スーパーコンピュータ**は、汎用コンピュータ以上に大規模なものが多く、実数を扱う複雑な科学技術計算を超高速に処理することを目的とするもので、研究機関や大学等で利用されています。日本のスーパーコンピュータとしては、理化学研究所の「富岳」と呼ばれるコンピュータが有名で、2020年、2021年において計算速度が世界一であったという実績をもって

図1.4　共同で利用されるコンピュータの種類

2　図の左側は富士通株式会社のメインフレーム「GS21 4600」で、右側は理化学研究所のスーパーコンピュータ「富岳」です。

図 1.5　ATM

います。この計算速度を利用して例えば、建築物等の強度計算や気象予測、天体のシミュレーション、医薬品の開発等の分野で利用されています。医薬品の開発ではより早く開発することで治療に役立ち、開発した製薬会社の収益にも繋がるため、一分一秒を争って開発する必要があり、そのためにはコンピュータの計算速度が非常に重要になります。

(3) サーバ

タワー型サーバと**ラック型サーバ**は、どちらも**サーバ**と呼ばれるコンピュータの種類です。これらは、主に**インターネット**や、**LAN**（Local Area Network）と呼ばれる企業や学校等で複数の PC を繋いでデータ通信を行うネットワークにおいて、色々なサービス（例えば、メール、Web 等）を提供するために利用されるコンピュータです。性能は PC の高機能なものと同程度で、大きさはタワー型サーバであれば、ディスクトップ PC の大きなものとほぼ同じです。ラック型サーバは、机の引出のような形をしています。このサーバの場合は図 1.6 に示すように、サーバを複数設置できる**サーバラック**という棚に収めて利用するのが一般的です。

インターネット上では数えられないほどのサーバが動いており、それらを多く設置する目的で、数多くのサーバラックを並べた場所を**サーバルーム**といいます。サーバルームを運営して、色々な会社にサーバを貸し出す事業を行っている企業を**データセンター**と呼びます。私達がインターネットを使って買い物をしたり、LINE や X（旧 Twitter）等の **SNS**（Social networking service）と呼ばれるサービスを使って友人とコミュニケーションをとったりすることができるのは、図 1.7 のように、インターネット上のどこかに設置されたデータセンターのサーバが、そのサービスを提供してくれているからです。ただ、私達は、そのサーバがどこにあるのかわからないので、このようなコンピュータの利用形態を**クラウドコンピューティング（クラウド）**と呼

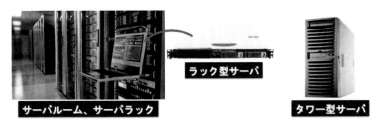

図 1.6　ネットワークで利用されるコンピュータの種類

図 1.7　クラウドコンピューティングのイメージ

びます。また、サーバを色々な会社に貸し出すサービスを**クラウドサービス**[3]と呼びます。

今日、サーバの性能が高くなり、複数のサーバを使って、大きな処理を迅速に行えるようになってきたので、先の汎用コンピュータをサーバに置き換えて処理することが増えてきました。この現象を**ダウンサイジング**といいます。

1.2　社会の情報化

1.2.1　情報化社会

現代は、言うまでもなく、個人でも企業でもコンピュータを使うことが当たり前の社会になっており、コンピュータを、いかにうまく使うことができるかが重要な鍵になってきています。事実、コンピュータ利用によって、成功した企業は沢山あります。身近な例としては、日本全国に約 5 万 7 千店舗あるといわれるコンビニエンスストア（コンビニ）がその一例です。コンビニの各店舗には、**POS**（Point of sale、販売時点管理）システムという機能をもったレジスタ（POS レジ）があります。POS レジは、コンビニを運営する会社の拠点にある大型コンピュータやサーバとネットワークで繋がっており、それにより業務の効率化と多様なサービスの提供を可能にしています（図 1.8 の左側）。

POS レジとは、図 1.8 の右側に示すように商品につけられた**バーコード**[4]と、これを読み取る**バーコードリーダー**により、一瞬にして販売した商品の商品番号を POS レジに取り込み、購入金額の計算をしてくれます。更には、POS レジが拠点のコンピュータとネットワークで繋がっていることで、次のようなことが可能になります。

- POS レジにより売れた商品の情報が拠点のコンピュータに送られるので、店舗にある在庫の少なくなった商品を素早く店に届けることができ、売り切れを防ぐという**在庫管理**の効率化

---

[3]　クラウドサービスには、SaaS、PaaS、IaaS があります。これらについて、第 12 章で詳しく取り上げます。

[4]　バーコードについては、第 6 章で詳しく取り上げます。

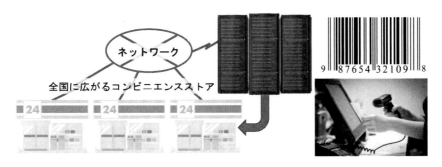

図 1.8　コンビニでのコンピュータ利用イメージ、POS レジとバーコード

を実現しています。また、これにより、店舗内の各商品の在庫を少なくし、小さな店でも多様な商品を扱うことができるようになります。

- 全国に展開する店舗から、売れている商品とほとんど売れない商品の情報が、大量に拠点のコンピュータに集まってくるので、みんながコンビニで買いたいと思う商品の情報を正確に把握し、顧客のニーズに合った商品戦略を行うといった**マーケティング**に活かすことができます。
- 店舗と繋がるコンピュータを、更に、その他のサービスを行う企業や公共機関のコンピュータと繋げることで、例えば、宅配の発送や公共料金の支払い、コンサートチケット購入等の買い物以外のサービスを提供できるようになります。

経営資源にはヒト、モノ、カネ、情報の四つがあるといわれています。一昔前の経営資源はヒト、モノ、カネで、情報は入っていませんでしたが、現代では、コンビニの例からもわかるように、ヒト、モノ、カネが図 1.9 に示すように情報として集約され、それらの情報によって商品取引が効率化し、便利になっています。このように ICT により情報を有効利用する今日の社会のことを、**情報社会（情報化社会）**と呼びます[5]。

図 1.9　四つの経営資源

5　情報社会とは、個人、組織、出来事、現象、文化、お金といった社会を構成する要素を情報として表現して取り扱い、いつでも、どこからでも、誰でもが、情報を入手・発信でき、情報を蓄積し、再利用し、処理することができるように、情報システム化された社会のことをいいます。

1.2.2 電子商取引

ヒト、モノ、カネが、情報として集約され、商品の取引が効率化し、便利になっている例には、コンビニ以外にも、インターネットを使って買い物するネットショッピングがあり、その取引は増大しています（図 1.10 の左側）。インターネットを使って商品販売を行うといったサービスの拠点を**ショッピングサイト**や**オンラインモール**といいます。そこで行われる電子的な取引のことを **EC**（Electronic Commerce、電子商取引）というので、**EC サイト**とも呼ばれます。電子商取引のメリットは、扱う商品の情報（商品の写真や説明文、販売価格等）をショッピングサイトに登録すれば、実際の店舗がなくてもお店を開くことができるという**無店舗販売**が可能なことです。これにより、店舗をもって店員をおくといったコストを抑えることができ、少ない投資で事業を始めることが可能になります。また、インターネット上のシステムに商品情報を載せれば、地域を限定せずに多くの人を対象に商売することができ、限られた地域の中では欲しい人が少ないニッチ[6]な商品でも、広範囲なインターネットの世界では欲しい人の数が増えるので、珍しい商品を扱うことも可能になります。このことを**ロングテールビジネス**といいます。

EC には、ショッピングサイトのような個人と会社との取引だけではなく、会社間での取引等もあります。企業対個人の取引を **B to C**（Business to Consumer）、企業間の取引を **B to B**（Business to Business）、個人間の取引を **C to C**（Consumer to Consumer）、企業対公共機関の取引を **B to G**（Business to Government）といった分類で呼びます。インターネット上で個人が出品するフリーマーケットやオークション等は、C to C に分類されます。また、EC により、売り手と買い手が自由に取引できるネットワーク上の市場のことを**マーケットプレース**（電子マーケットプレース）といいます。B to B の電子商取引では、**EDI**（Electronic Data Interchange、電子データ交換）と呼ばれる方法が利用されています。EDI とは、企業間で取引を行う商品の発注書、納品書、請求書等のビジネス文書を電子的に交換する仕組み（データの形式[7]の統一等）のことをいいます。これにより、商品取引を行う会社間では、紙の文書を返さず

図 1.10　EC サイトのイメージ、クレジットカードと電子マネーの種類

6　ニッチ（niche）とは、隙間という意味で、一般的には、大規模に行われる事業ではなく、大企業が狙わないような小規模で見逃されやすい事業などを指すときに使われます。

7　EDI で利用するデータの形式は、金融、流通、食品、鉄鋼等の業界毎に取り決められています。

に、会社のコンピュータ間で、直接データ交換を行うだけで取引が可能になります。

また、ECでは、商品の購入に際して、紙幣や硬貨という実際のお金を使うことができないので、**電子決済**（キャッシュレス決済）を行います。B to C の場合の代表的な方法には、図 1.10 の右側に示すような、クレジットカードでの決済や、Suica 等の**非接触 IC カード**やスマートフォンの決済用のアプリに事前に入金しておいたお金（**電子マネー**）での決済といった方法があります。また、ネットワーク上で流通する**暗号資産**（価値のあるものとして暗号化され管理された情報）の一つである**仮想通貨**を使って決済する方法も行われています。

1.3　情報化社会の進展

1.3.1　Society5.0

現代は情報社会と呼ばれていることを説明しました。この社会の変化を原始時代からさかのぼると、図 1.11 に示すように、狩猟社会、農耕社会、工業社会、情報社会と変化してきており、最初の狩猟社会を Society1.0 とすると、情報社会は Society4.0 と数えることができます。

そして、今日の社会は、ネットショッピングで買い物をしたり、PC についたカメラを使って離れた場所にいる人と会議ができる **Web 会議システム**（**遠隔会議システム**）により仕事の打ち合わせをしたり授業を受けたりするといった、インターネットを使った日常的な活動が増えてきています。インターネットやコンピュータによって作られる活動空間のことを**サイバー空間**（**仮想空間**）といい、現代の私達は、このサイバー空間での活動と現実の空間である**フィジカル空間**（**現実空間**）での活動が、混在した中で生活しているといえます。そして、今後訪れるであろう仮想空間と現実空間が高度に融合した現実を**拡張現実**といい、その社会である**拡張現実社会**のことを **Society5.0** と呼びます。また、Society5.0 のように、今後の社会変化を表す言葉として、進化した ICT を使って効率的かつ便利な都市運営をめざす**スマートシティ**（Smart City）や、人と機械だけではなく、機械と機械が通信によって情報交換を行うことにより生産の無人化や効率化をめざすという**第 4 次産業革命**といわれる変化も始まっています。

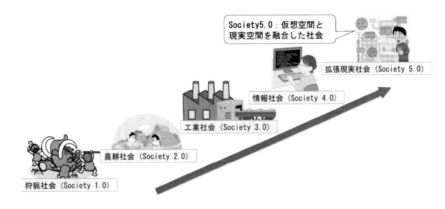

図 1.11　Society1.0〜5.0 の変化の様子

1.3.2 社会変化をもたらす技術

(1) モバイル通信

　Society5.0 といった社会変化をもたらすための ICT に関する重要な技術要素には、クラウドの他に、モバイル通信、スマートデバイス、IoT、AI、ロボットがあります。当初、**モバイル通信（移動体通信）** は、携帯できる電話機により、いつでもどこからでも電話できるというものでしたが、現在はスマートフォンやノート PC から、いつでもどこからでもインターネットを利用するための通信手段になっています。そして、このモバイル通信はどんどん進化しており、特に通信によりデータを送ることのできる速度（**データ転送速度**）が、非常に速くなってきています。

　その進歩の過程を世代で表しており、現代は、第 5 世代ということで **5G**（5th Generation）と呼んでいます。5G でのデータ転送速度[8]は、2 時間分の映画のデータを数秒で受信（**ダウンロード**[9]）できる速さといわれており、モバイル通信によって高画質な動画をスマートフォン等で途切れることなく視聴することが可能になっています。このように、離れたところの情報を高精細な動画で観ることができるので、遠隔での会議はもとより、医療を遠隔で行ったり、遠くにある機械を操作したりするといったことが可能になってきました。

(2) スマートデバイス

　スマートデバイスとは、スマートフォンやタブレット、ウェアラブルコンピュータ等、常時携帯して利用できるコンピュータの種類です。**ウェアラブルコンピュータ**（ウェアラブルデバイス）は、時計型のコンピュータのように、身につけて利用できる装置のことをいい、この腕時計型のコンピュータのことを**スマートウォッチ**といいます（図 1.12）。更には、**スマートグラス**[10]と呼ばれるメガネ型のコンピュータも考えられています。これは視界の中にコンピュータの情報を映し出すことで、コンピュータとインターネットを常に装着して利用できるようにし、仮想空間と現実空間を視界の中で高度に融合した拡張現実を実現する装置として期待されています。

図 1.12　スマートウォッチとスマートグラスのイメージ

8　5G によりデータをスマートフォン等に転送するときのデータ転送速度は、最大で毎秒 20Gb（ギガビット）となっています。20Gb という数値の大きさについては、第 2 章で詳しく取り上げます。

9　ダウンロードは、サーバなどから PC やスマートフォンにデータ（ファイル）を転送することで、逆にサーバにデータを転送することを**アップロード**といいます。

10　スマートグラスは、ヘッドマウントディスプレイ（Head Mounted Display）と呼ばれることもあります。ゲームやシミュレーションで利用するゴーグルタイプのモニタ（VR ゴーグル）もヘッドマウントディスプレイといいます。

(3)IoT

IoT（Internet of Things）とは、モノのインターネットともいわれ、スマートデバイスだけでなく、図1.13のように車や家庭の電化製品（家電）等、様々なモノ（物）がインターネットに接続され、人と物だけでなく、物と物も情報交換しながら動作する仕組みのことです。例えば、家の電球をインターネットに繋げることで、そのオン・オフの情報により、留守中の自宅の電気がつけっぱなしになっていないか、また、一人暮らしの老人が寝込んでいないか等、離れた場所から確認できるようになります。このように、家電製品にコンピュータを組み込んでインターネットに接続できるようにし、スマートフォン等から動作確認や遠隔操作できる家電のことを、**スマート家電**といいます。また、物と物とが通信する例に**コネクテッドカー**があります。これは、車が常時インターネット通信を行い、車同士が情報交換して道路状況の把握や追突防止に役立てたり、信号装置と通信することで自動運転に役立てたりといった仕組みです。このようにIoTは家電に留まらず、衣服や靴、ペット等、様々なモノに拡大していくことが考えられており、ますますインターネット上で通信されるデータの量（データ量）が、増加していきます。

図1.13　IoTのイメージ

IDC及びJapan IDC[11]の調査によれば、通信を通じて作り出され消費されるデータの総量は2020年で59ゼタバイト[12]（59×10^{21}バイト）を超えており、2025年では更にその3倍に近い163ゼタバイトにまで増えるといわれています。この膨大なデータとその爆発的な増加は、これまで人間の活動によって作り出されていたデータの他に、IoTによる機械が作り出すデータが加わることで発生するといわれています。従来、データは組織的に集められてデータベースソフト等で管理して利用されていましたが、IoTやSNS等によりインターネット上に発生する膨大なデータはこれまでの方法では管理が難しく、このようなデータを**ビッグデータ**といいます。

(4)AI、ロボット

人工知能（**AI**：Artificial Intelligence）とは、人間が行う認識や思考をコンピュータ等で人工的に実現することを指します。近年、AIが急速に進化し、米国ではAIがクイズの大会で優勝したり、日本ではAIが将棋の名人に勝利したりするといったニュースが話題となりました

11　IDCはIT及び通信分野に関する調査・分析を行い、コンサルティングを提供している会社です。
12　1ページに日本語1,000文字で200ページある本の情報で概算すると、1ゼタバイトは約2,500兆冊の本に匹敵します。ゼタバイトについては、第2章で紹介します。

（図 1.14 の左側）。AI を実現する技術には色々な方法があり、2006 年以降、AI が急速に進化した技術に、**深層学習（ディープラーニング）** と呼ばれる技術があります（図 1.14 の右側）。これは、人間の脳神経の繋がりを模した**ニューラルネットワーク**と呼ばれる仕組みを、何階層にも深く繋いで構成したシステムを使って、コンピュータに大量のデータを読み込ませて学習させる方法です。

2022 年 11 月に、AI を研究する民間団体である OpenAI が、深層学習を使った会話型の AI サービスである ChatGPT を発表しました。ChatGPT は、文書で質問すると、人間が書いたような自然な文書で回答するので、世界を驚かせました。このように、文書や画像等を自動で生成する AI のことを**生成 AI** といいます。生成 AI を含め、深層学習では、先のビッグデータを使って学習させ、導き出す回答の精度を高めています。従って、今日の AI にとってビックデータは不可欠な要素となっています。また、AI 研究者であるレイ・カーツワイルは、このように AI が自律的に学習を進めていくと、2045 年には AI が人間の知性を超えることになると予測し、技術が人間を超える時点のことを**シンギュラリティ**（Singularity、技術的特異点）と呼んでいます。

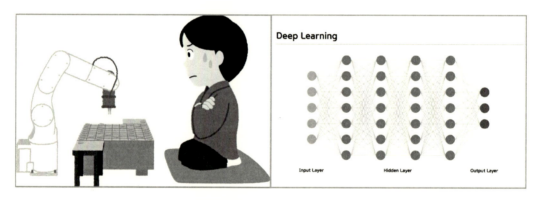

図 1.14　AI との将棋対決とディープラーニングのイメージ

演習問題

問 1[13]　メインフレームとも呼ばれる汎用コンピュータの説明として、適切なものはどれか。

　ア　CPU と主記憶、インタフェース回路などを一つのチップに組み込んだ超小型コンピュータ

　イ　企業などにおいて、基幹業務を主対象として、事務処理から技術計算までの幅広い用途に利用されている大型コンピュータ

　ウ　サーバ側でアプリケーションプログラムやファイルなどの資源を管理するシステムの形態において、データの入力や表示などの最小限の機能だけを備えたクライアント専用コンピュータ

　エ　手のひらに収まるくらいの大きさの機器に、スケジュール管理、アドレス帳、電子メールなどの機能をもたせた携帯情報端末

13　平成 26 年度 春期 IT パスポート試験 問 59

1.3 情報化社会の進展

問 2[14]　コンピュータ資源の利便性を高めるため、例えば、特定のコンピュータの中にファイル
を保存しないで、ネットワークドライブと呼ばれる場所に保存することで、コンピュータを
インターネットにつなげば、何時でも何処からでもファイルを利用することができるといっ
たサービス形態の総称を何というか。

　ア　ウェアラブルコンピューティング　　イ　クラウドコンピューティング
　ウ　モバイルコンピューティング　　　　エ　並列コンピューティング

問 3[15]　インターネットショッピングのロングテール現象の説明として、適切なものはどれか。

　ア　売上高の大きな商品から得られる利益によって、売上高の小さな商品による損出をカ
　　バーすることができること
　イ　商品を手に取って見ることができないので、店舗販売に比べて販売開始からヒット商品
　　になるまでの時間が長く掛かるようになること
　ウ　販売に必要なコストが少ないので、売上高の小さな商品を数多く取り扱うことによって
　　利益を上げられること
　エ　ブログに書かれた評価等の影響によって、商品の販売直後から販売が好調で、時間が経
　　過しても衰えないこと

問 4[16]　電子商取引（エレクトロニックコマース）の中で、個人がお店から買い物をするネット
ショッピングのような取引形態を何というか。

　ア　B to B　　　イ　B to C　　　ウ　B to G　　　エ　C to C

問 5　コンビニエンスストアにおいて、販売した商品の売上げや在庫に関する管理を POS シス
テムにより行うといった、情報化により企業活動などの利便性を高めた社会を何というか。

　ア　Society2.0　　　イ　Society3.0　　　ウ　Society4.0　　　エ　Society5.0

問 6[17]　拡張現実（AR）に関する記述として、適切なものはどれか。

　ア　実際に搭載されているメモリの容量を超える記憶空間を作り出し、主記憶として使える
　　ようにする技術
　イ　実際の環境を捉えているカメラ映像などに、コンピュータが作り出す情報を重ね合わせ
　　て表示する技術
　ウ　人間の音声をコンピュータで解析してディジタル化し、コンピュータへの命令や文字入
　　力などに利用する技術
　エ　人間の推論や学習、言語理解の能力など知的な作業を、コンピュータを用いて模倣する
　　ための科学や技術

14　令和 3 年度 中央学院大学入学者選抜試験 情報【I】問題 12
15　平成 26 年度 春期 IT パスポート試験 問 18
16　令和 3 年度 中央学院大学入学者選抜試験 情報【I】問題 11
17　平成 28 年度 春期 IT パスポート試験 問 100

第 1 章　コンピュータと情報社会

問 7[18]　IoT(Internet of Things) を説明したものはどれか。

ア　インターネットとの接続を前提として設計されているデータセンターのことであり、サーバ運用に支障を来さないように、通信回線の品質管理、サーバのメンテナンス、空調設備、瞬断や停電に対応した電源対策などが施されている。

イ　インターネットを通して行う電子商取引の一つの形態であり、出品者が Web サイト上に、商品の名称、写真、最低価格などの情報を掲載し、期限内に最高額を提示した入札者が商品を落札する、代表的な CtoC 取引である。

ウ　広告主の Web サイトへのリンクを設定した画像を広告媒体となる Web サイトに掲載するバナー広告や、広告主の Web サイトの宣伝をメールマガジンに掲載するメール広告など、インターネットを使った広告のことである。

エ　コンピュータなどの情報通信機器だけでなく様々なものに通信機能をもたせ、インターネットに接続することによって自動認識や遠隔計測を可能にし、大量のデータを収集・分析して高度な判断サービスや自動制御を実現することである。

問 8[19]　ビッグデータを企業が活用している事例はどれか。

ア　カスタマセンタへの問合せに対して、登録済みの顧客情報から連絡先を抽出する。

イ　最重要な取引先が公表している財務諸表から、売上利益率を計算する。

ウ　社内研修の対象者リスト作成で、人事情報から入社 10 年目の社員を抽出する。

エ　多種多様なソーシャルメディアの大量な書込みを分析し、商品改善を行う。

問 9[20]　車載機器の性能の向上に関する記述のうち、ディープラーニングを用いているものはどれか。

ア　車の壁への衝突を加速度センサが検出し、エアバッグを膨らませて搭乗者をけがから守った。

イ　システムが大量の画像を取得し処理することによって、歩行者と車をより確実に見分けることができるようになった。

ウ　自動車でアイドリングストップする装置を搭載することによって、運転経験が豊富な運転者が運転する場合よりも燃費を向上させた。

エ　ナビゲーションシステムが、携帯電話回線を通してソフトウェアのアップデートを行い、地図を更新した。

問 10[21]　AI の関連技術であるディープラーニングに用いられる技術として、最も適切なものはどれか。

ア　ソーシャルネットワーク　　イ　ニューラルネットワーク
ウ　フィージビリティスタディ　エ　フォールトトレラント

18　平成 28 年度 春期 基本情報技術者試験 午前 問 65
19　平成 29 年度 秋期 基本情報技術者試験 午前 問 63
20　平成 29 年度 秋期 基本情報技術者試験 午前 問 74
21　令和 6 年度分 IT パスポート試験 問 95

第2章

コンピュータが扱うデータ

この章では、①コンピュータが扱う2進数とその情報量、②2進数と10進数、16進数の表現と相互の変換方法、③コンピュータでの文字の扱いと文字コードの種類について、これらの三つの学びを深めていきます。

2.1 2進数と情報量の単位

2.1.1 コンピュータと2進数

図 2.1 の左側は 1975 年頃の最も古い PC の写真です。この時の PC にはキーボードはなく、写真にある多くのスイッチを使ってデータの入力を行っていました。即ち、スイッチの ON と OFF の状態を使って、図に示すように、OFF は 0、ON は 1 という値に対応させてデータを入力していました。従って、図の 8 個のスイッチの状態を、0 と 1 の値に対応させると、図 2.1 の右側に示すように、スイッチの ON と OFF の操作により、コンピュータに 01011000 という 8 桁の数値を入力することができます。

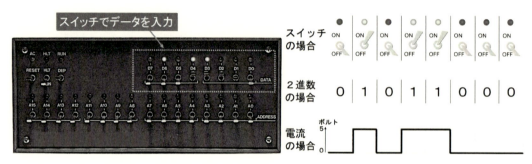

図 2.1　古い PC のデータ入力方法、コンピュータと 2 進数の関係

また、コンピュータ内部では、その値を電圧の高低によって 0 と 1 を表します。例えば、図のように、電流が流れない電圧の 0 ボルトは OFF の状態で 0、電流が流れる電圧の 5 ボルトは ON の状態で 1 を表すといった対応で数値を表現します。コンピュータは電子計算機といわれるように電気で動く機械なので、その中では、データをスイッチの OFF と ON といった状態により 0 と 1 を表すことのできる電気回路で作られており、この回路のことを**スイッチ回路（ディジタル回路）**と呼びます。

私達は、普段、0〜9 までの 10 種類の数字の組合せで表現する **10 進数**を使っていますが、コンピュータは、今説明したように、0 と 1 だけの 2 種類の数字で表現する **2 進数**を使っています。このことから、コンピュータは 2 進数を扱う機械であることがわかります。ただ、私達が使っている PC は、10 進数で値を入力することができます。実は、コンピュータは、キーボード等から入力した 10 進数を 2 進数に変換して取り扱っています。10 進数と 2 進数との対応関係を表すと、0_{10} は 0_2、1_{10} は 1_2、2_{10} は 10_2、3_{10} は 11_2、4_{10} は 110_2、5_{10} は 101_2、6_{10} は 110_2、7_{10} は 111_2、8_{10} は 1000_2、9_{10} は 1001_2、10_{10} は 1010_2 となります。ここでは、区別のために 10 進数の 0 を 0_{10}、2 進数の 0 を 0_2 と表記しています。

コンピュータは、図 2.2 に示すように、入力された 10 進数の値を 2 進数に変換して、その値をコンピュータ内部に記憶します。2 進数には 0 と 1 以外の数字がないので、10 進数の 2 は、2 進数では桁が上がって 10 の 2 桁に、10 進数の 4 は 2 進数の 100 という 3 桁に、10 進数の 8 は 2 進数の 1000 という 4 桁になります。このように、10 進数を 2 進数に変換すると桁数が非常に大きくなってしまうことがわかります。

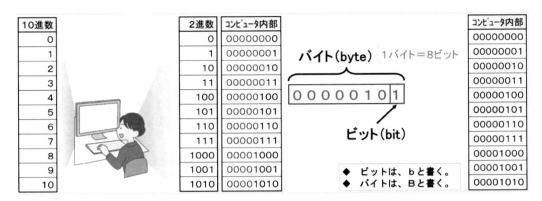

図 2.2　10 進数と 2 進数との関係、情報量の単位ビットとバイト

2.1.2　ビットとバイト

　図 2.2 の左側のコンピュータ内部の 2 進数を表現した箇所の表を見ると、例えば、2 進数の 1010 の場合、頭に 0000 が追加されて 8 桁の数値になっていることがわかります。図 2.1 で示した最も古い PC の写真でもスイッチが 8 個並んでいたことからもわかるように、現在のコンピュータは原則 2 進数を全て 8 桁で取り扱います。また、コンピュータは 8 桁で扱う場合、0 と 1 以外の表現ができないので、例えば、2 進数の 0 であっても、1 桁だけで表現することはできないため、00000000 という 8 桁で表現[1]することになります。コンピュータは、2 進数 8 桁分の情報を基本単位として扱うので、図 2.2 の右側に示すように、2 進数 8 桁で扱える情報のことを 1 **バイト**（byte、B と略す）、そして、2 進数 1 桁の情報のことを 1 **ビット**（bit、b と略す）といいます。1 バイトは 1 ビットの 8 個分に当たるので、1 バイトは 8 ビットということになります。当然、1 ビットで扱える値は 0 又は 1 のみなので、1 バイトで扱える値も 00000000〜11111111 のうちのいずれかであり、1 バイトでは全部で 256 種類の数値が扱えることになります。

　スマートフォンもコンピュータなので、内部では 2 進数を扱います。スマートフォンを買う時、同じ機種でもメモリ（記憶装置）が 128GB のものや 256GB のもの等があり、後者の方が高価だったりします。この時の B がバイトであり、これらは 2 進数 8 桁の数値がどれだけ記憶できるかを表しているので、数字が大きい後者の方が沢山記憶できるということになります。また、GB の **G**（ギガ）は、単位の前につける SI 接頭辞[2]で、表 2.1 に示すように、1,000,000,000 倍（10 億倍）を表しています。従って、メモリが 256GB とは、2,560 億バイト（2 進数 8 桁の数値を 2,560 億個分）の情報の量（**情報量**）が記憶できるということです[3]。G 以外の SI 接頭辞として、表 2.1 に示すように、**k**（キロ、k は小文字）、**M**（メガ）、**T**（テラ）等があり、これら

---

[1] 上位桁の 0 を省略しない表現を**ゼロパディング**（zero padding）といい、逆に 0 を省略する表現を**ゼロサプレス**（zero suppress）といいます。コンピュータ内部は、数値がゼロパディングで取り扱われます。
[2] SI 接頭辞の SI とは、国際単位系という意味のフランス語の頭文字を取っています。
[3] 日本語で書かれた情報を 256GB に記憶した場合、日本語の 1 文字を記憶するのに 2 バイトが必要なので、400 文字の原稿用紙で 32,000 万ページが記憶できる計算（256,000,000,000÷2÷400 = 320,000,000）になります。

もコンピュータの情報量を表す時によく使います[4]。ところで、第1章のビッグデータの説明で出てきた59ZB（ゼタバイト）は、2進数8桁のデータが59×10^{21}（590垓）分あるという情報量になります。

表 2.1　よく使う SI 接頭辞の種類

10^n	接頭辞	記号	漢数字表記	10進数表記
10^{21}	ゼタ（zetta）	Z	十垓	1 000 000 000 000 000 000 000
10^{18}	エクサ（exa）	E	百京	1 000 000 000 000 000 000
10^{15}	ペタ（peta）	P	千兆	1 000 000 000 000 000
10^{12}	テラ（tera）	T	一兆	1 000 000 000 000
10^9	ギガ（giga）	G	十億	1 000 000 000
10^6	メガ（mega）	M	百万	1 000 000
10^3	キロ（kilo）	k	千	1 000

2.2　2進数と10進数、16進数

2.2.1　基数とべき乗数

コンピュータを学ぶためには2進数を知る必要があるので、まず、私達が日常的に使っている10進数と2進数の関係を確認しましょう。図2.3の左側は、10進数と2進数の対応関係の規則を示しています。ここで注目してほしいのが、2進数が桁上がりする1、10、100、1000、…という切りのよい値と、それに対応する10進数の値の関係です。

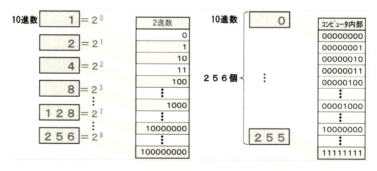

図 2.3　10進数と2進数の対応規則、1バイトで表せる範囲

図に示すように2進数の1、10、100、1000、…、10000000、100000000 は、10進数の1、2、4、8、…、128、256 に対応しています。これらの10進数は、$1 = 2^0$、$2 = 2^1$、$4 = 2^2$、$8 = 2^3$、…、$128 = 2^7$、$256 = 2^8$ と、全て2のべき乗の数になっています。例えば、2進数の4桁目の位が1の切りのよい値1000は、2^3である10進数の8に対応するということがわかりま

---

[4] 2進数での記憶容量を表す単位には、KiB（キビバイト）、MiB（メビバイト）、GiB（ギビ）、TiB（テビバイト）もあり、これは2^{10}が1,024で、ほぼ1,000なので1KiB=1,024Bとする単位です。それ以降の単位も1,024倍していくので、1MiBは$1,024 \times 1,024$の1,048,576Bとなります。

す。2進数で桁上がりした切りのよい値は2のべき乗の数であり、2進数の n 桁目の位が1となる切りのよい値は、次に示すように、10進数の 2^{n-1} の値になるということがわかります。

2進数 n 桁目が1の場合：$1000\cdots00 \;\Rightarrow\; 2^{n-1}$

即ち、"2進数の n 桁目は、2^{n-1} の値" であるということです。これは、10進数の場合、一の位、十の位、百の位、千の位、...は、10^0、10^1、10^2、10^3、...という10のべき乗の値であるという規則と同じで、2進数の場合は、それが10ではなく2のべき乗であるということです。10進数と呼ばれる由縁は、10を基にして位取りを行っているからであり、2を基にして位取りを行っている数は2進数ということになります。この基になる数を**基数**と呼び、10進数の基数は10で、2進数の基数は2となります。ところで、図2.3の右側に示すように、1バイトで表現できる2進数は、00000000〜11111111 の256個の値です[5]。これを10進数で表すと、1バイトでは0〜255の範囲の値が扱えるということになります。

2.2.2　2進数と10進数

(1) 2進数から10進数への変換

先の "2進数の n 桁目は、2^{n-1} の値" であるというルールを覚えておけば、どんな2進数も10進数に変換することができます。例えば、2進数の101001を10進数に変換する場合、まず、101001を次のように、桁上がりした切りのよい2進数の値の和に分解します。

$101001 = 100000 + 1000 + 1$

このように分解すると、図2.4に示すように100000は 2^5、1000は 2^3、1は 2^0 に対応することがわかっているので、

$1100000 + 1000 + 1 \quad\Rightarrow\quad 2^5 + 2^3 + 2^0 = 32 + 8 + 1 = 41$

という計算により、2進数の101001は10進数の41となります。即ち、

	2進数	10進数
2^0	1	1
2^1	10	2
2^2	100	4
2^3	1000	8
2^4	10000	16
2^5	100000	32
2^6	1000000	64
2^7	10000000	128
2^8	100000000	256
2^9	1000000000	512
2^{10}	10000000000	1024

図 2.4　2進数と2のべき乗

---

[5]　2進数の11111111は100000000から1をひいた値であり、100000000は 2^8 であり、2^8 は10進数の256なので、11111111_2 は256から1をひいた255となります。

（2進数）　1 0 1 0 0 1
　　　　　　　↓　　↓　　↓
　（10進数）　$2^5 + 2^3 + 2^0 = 32 + 8 + 1 = 41$

というように、2進数の1が立っている桁を調べ、各桁に対応する2のべき乗の和を計算すれば、10進数に変換できます。

(2) 10進数から2進数への変換

　逆に、10進数を2進数に変換する方法は、10進数の中に含まれる2のべき乗の数、即ち、1、2、4、8、16、32、64、...を探すという方法で行えます。例えば、10進数の25を2進数に変換する場合を考えてみます。25を越えない2のべき乗の数で一番近い数は16なので、$25 = 16 + 9$というたし算に分解できます。次に9について同様に考えると、2のべき乗の数で一番近い数は8なので、$25 = 16 + 8 + 1$と分解します。ここで、1は2のべき乗の数なので、$25 = 16 + 8 + 1 = 2^4 + 2^3 + 2^0$ となり、25を2のべき乗の数の和で表すことができました。ここで、先に学んだ、"2進数の n 桁目は、2^{n-1} の値"であるというルールを適用すると、

$$25 = 2^4 + 2^3 + 2^0 \quad \Rightarrow \quad 10000 + 1000 + 1 = 11001$$

となり、10進数の25は、2進数の11001であることがわかります。ところで、10進数の中に含まれる2のべき乗の数である1、2、4、8、16、32、64、...を探すという方法は、図2.5の左側に示すように機械的に行う計算方法があります。

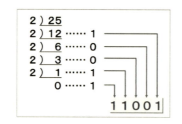 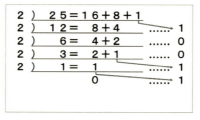

図2.5　10進数を2進数に変換する計算のべき乗、2のべき乗が取り出される様子

　図に示す計算方法は、変換したい値、例では10進数の25を、どんどん2でわっていくという方法です。まず、25を2でわると12余り1となるので、図のようにわった商の12と余りの1を、下の段に記載します。次に、12を2でわると6余り0となるので、また、下の段に商の6と余りの0を記載します。同様に、6を2でわると3余り0、3を2でわると1余り1、1を2でわると、これ以上われないので0余り1となります。このように、2進数に変換したい10進数の値を、2でわれなくなるまでわっていくという計算を行います。

　そして、計算結果の余りに注目し、余りを図のように、最初のわり算で出た余りの値を一番下の桁に、その次の余りを次の桁にという順で並べていきます。その並べた値が、求める2進数の結果となります。この結果11001は、先の2のべき乗の数を探す方法で求めた結果と同じになっていることがわかります。実は、図2.5の右側に示すように、2でどんどんわっていくこと

で出てくる余りは、その10進数に含まれる2のべき乗の値を取り出していくことになります。

2.2.3　2進数と16進数

10進数の25は2進数で11001という5桁の数字であったように、2進数での入力は桁数が多くなり、手間がかかります。そこで、2進数との変換が簡単かつ桁数が少なくて済む**16進数**を使って2進数の代わりに入出力できるPC（1976年）が登場しました（図2.6）。このPCにはキーボードらしきモノがありますが、数字の0～9とアルファベットのA～F[6]しかありません。実は、このキーボードが16進数を入力するためのものです。16進数では16個の数字が必要になるのですが、数字には0～9しかないので、A～Fの六つのアルファベットを数字として利用して、0～Fの16個の数字で16進数を表現します。

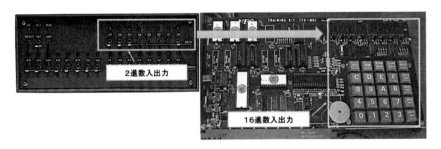

図2.6　16進数で入力するコンピュータ

2進数と10進数と16進数の関係は、図2.7の左側の表のようになります。10進数の0～15まで数が、16進数では、16個の数0～Fの1桁で表現できることがわかります。そして、2進数と16進数の対応関係では、0000～1111の4桁の16個の2進数が、16進数では0～Fの1桁で表現できることがわかります。即ち、2進数だと4桁で入力するところを、16進数では1桁の入力で済むということです。このように、2進数4桁と16進数1桁が対応するので、表に示す2進数の4桁の値（0000～1111）と16進数の1桁（0～F）の値の対応関係を覚えておけば、簡単に、2進数を16進数に、16進数を2進数に変換することができます。

例えば、図2.7の右側に示すように、0101001111000111という16桁の2進数の場合、それを4桁（4ビット）毎に切り分け、0101は16進数の5、0011は16進数の3、1100は16進数のC、0111は16進数の7というように、4ビット毎に16進数に変換し、その結果を並べれば、16進数の53C7に変換できます。逆は、16進数の1桁ごとを2進数の4桁毎に変換する方法で行えます。このように、16進数と2進数の相互の変換は、非常に簡単なので、コンピュータ内部の2進数のデータを扱う時には、変換した16進数の値で扱う場合が多くあります。

6　16進数で使うA～Fのアルファベットは、a～fの小文字で表記されることもあります。

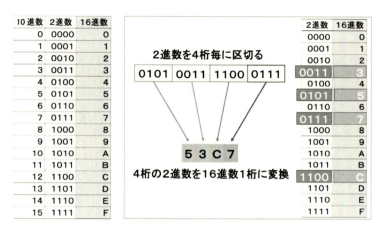

図 2.7　2 進数 10 進数 16 進数、2 進数と 16 進数の変換

2.3 文字コード

2.3.1 1 バイトコード

　PC 等のコンピュータでは、データを入力するためにキーボードを使います。図 2.8 に示すキーボードの場合は、2 進数や 16 進数の数字だけでなく、A〜Z と a〜z の大文字と小文字のアルファベット、0〜9 の数字、ア〜ンのカタカナ、記号（!、"、#、$、%、...）、制御文字（ENTER、TAB、BACK SPACE、...）といった種類の文字が並んでいます。

図 2.8　キーボードの例

　キーボードに並ぶ文字の種類を数えてみると、キーボードにより数の大小はありますが、160種類ほどあります。これらの文字も、コンピュータはその内部では 2 進数としてしか扱えません。従って、図 2.9 に示すように、160 もの文字をコンピュータは、各文字に対応する 2 進数の値に変換して取り扱います。この文字に対応する 2 進数の値のことを**文字コード**といいます。例えば、図のように大文字のアルファベット B のキーを入力すると、2 進数 8 桁（1 バイト）の文字コード 01000010 として、コンピュータ内部に入力されます。

　コンピュータで扱う全ての文字記号は、各文字記号に対応づけられた文字コードがコンピュータ毎でバラバラであってはいけないので、規格として統一されています。その代表的な文字コードの規格に、**ASCII**（American Standard Code for Information Interchange、アスキー）があります。この規格は、**ANSI**（American National Standards Institute、アメリカ国家規格

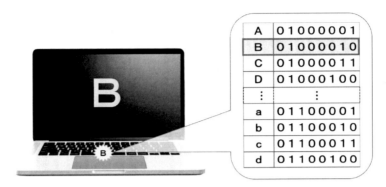

図 2.9　キーボードと文字コード

協会）が 1963 年に定めた文字コードの体系で、その後、**ISO**（International Organization for Standardization、国際標準化機構）が定めた ISO 646 や、**JIS**（Japanese Industrial Standards、日本産業規格）が定めた JIS X 0201 等の原形となっています。

表 2.2 が、ASCII の文字コードの体系です。表では、文字コードを 10 進数と 16 進数でも示し

表 2.2　ASCII の文字コード体系

文字	10進	2進	16進	文字	10進	2進	16進	文字	10進	2進	16進	文字	10進	2進	16進
NUL	0	000 0000	00	SP	32	010 0000	20	@	64	100 0000	40	`	96	110 0000	60
SOH	1	000 0001	01	!	33	010 0001	21	A	65	100 0001	41	a	97	110 0001	61
STX	2	000 0010	02	"	34	010 0010	22	B	66	100 0010	42	b	98	110 0010	62
ETX	3	000 0011	03	#	35	010 0011	23	C	67	100 0011	43	c	99	110 0011	63
EOT	4	000 0100	04	$	36	010 0100	24	D	68	100 0100	44	d	100	110 0100	64
ENQ	5	000 0101	05	%	37	010 0101	25	E	69	100 0101	45	e	101	110 0101	65
ACK	6	000 0110	06	&	38	010 0110	26	F	70	100 0110	46	f	102	110 0110	66
BEL	7	000 0111	07	'	39	010 0111	27	G	71	100 0111	47	g	103	110 0111	67
BS	8	000 1000	08	(	40	010 1000	28	H	72	100 1000	48	h	104	110 1000	68
HT	9	000 1001	09	)	41	010 1001	29	I	73	100 1001	49	i	105	110 1001	69
LF	10	000 1010	0a	*	42	010 1010	2a	J	74	100 1010	4a	j	106	110 1010	6a
VT	11	000 1011	0b	+	43	010 1011	2b	K	75	100 1011	4b	k	107	110 1011	6b
FF	12	000 1100	0c	,	44	010 1100	2c	L	76	100 1100	4c	l	108	110 1100	6c
CR	13	000 1101	0d	-	45	010 1101	2d	M	77	100 1101	4d	m	109	110 1101	6d
SO	14	000 1110	0e	.	46	010 1110	2e	N	78	100 1110	4e	n	110	110 1110	6e
SI	15	000 1111	0f	/	47	010 1111	2f	O	79	100 1111	4f	o	111	110 1111	6f
DLE	16	001 0000	10	0	48	011 0000	30	P	80	101 0000	50	p	112	111 0000	70
DC1	17	001 0001	11	1	49	011 0001	31	Q	81	101 0001	51	q	113	111 0001	71
DC2	18	001 0010	12	2	50	011 0010	32	R	82	101 0010	52	r	114	111 0010	72
DC3	19	001 0011	13	3	51	011 0011	33	S	83	101 0011	53	s	115	111 0011	73
DC4	20	001 0100	14	4	52	011 0100	34	T	84	101 0100	54	t	116	111 0100	74
NAK	21	001 0101	15	5	53	011 0101	35	U	85	101 0101	55	u	117	111 0101	75
SYN	22	001 0110	16	6	54	011 0110	36	V	86	101 0110	56	v	118	111 0110	76
ETB	23	001 0111	17	7	55	011 0111	37	W	87	101 0111	57	w	119	111 0111	77
CAN	24	001 1000	18	8	56	011 1000	38	X	88	101 1000	58	x	120	111 1000	78
EM	25	001 1001	19	9	57	011 1001	39	Y	89	101 1001	59	y	121	111 1001	79
SUB	26	001 1010	1a	:	58	011 1010	3a	Z	90	101 1010	5a	z	122	111 1010	7a
ESC	27	001 1011	1b	;	59	011 1011	3b	[	91	101 1011	5b	{	123	111 1011	7b
FS	28	001 1100	1c	<	60	011 1100	3c	\	92	101 1100	5c			124	111 1100	7c
GS	29	001 1101	1d	=	61	011 1101	3d	]	93	101 1101	5d	}	125	111 1101	7d
RS	30	001 1110	1e	>	62	011 1110	3e	^	94	101 1110	5e	~	126	111 1110	7e
US	31	001 1111	1f	?	63	011 1111	3f	_	95	101 1111	5f	DEL	127	111 1111	7f

ていますが、当然、コンピュータ内では 2 進数で扱われます。また、JIS X 0201 の文字コードには、ア～ンのカタカナ等が追加されています。これらの文字コードは、文字を 1 バイト（8 ビット）で表現するので、**1 バイトコード**[7]ともいわれます。

2.3.2　多バイトコード

　文字コードを 1 バイト（8 ビット）で表現すれば、最大で 256（2^8）個まで表すことができるので、キーボードに並ぶ 160 ほどの文字記号を表現するのには十分です。ただ、日本の場合、漢字やひらがなを使うので、256 種類では全くたりません。また、日本以外の国の文字を扱おうとすると、更に、各国の文字に合わせたコード体系が必要になります。そこで、次に示すコード体系が規格されています。

- **JIS コード**：JIS により定められた文字コード体系で、漢字を含まない 8 ビットの体系（JIS X 0201）と漢字を含んだ 16 ビットの体系 (JIS X 0208) があります。JIS X 0208 では、8 ビットの文字コードと混在ができるように、16 ビットコードの始めと終わりに特別な値をつけて区別できるようにしています。

- **シフト JIS コード**：JIS コードと同じく、漢字を含んだ 16 ビットの体系（JIS X 0208）です。ただし、8 ビットと 16 ビットコードの区切りを示す特別なコードを使わず、16 ビットコードの先頭 8 ビットに JIS8 ビットコード（JIS X 0201）の未使用領域の値を割り当てることで、8 ビットと 16 ビットのコードの区別ができるようにした文字コード体系です。

- **Unicode**：沢山の国の言葉に対応するため、米国の情報産業が主導的に規格した文字コード体系であり、ISO（国際標準化機構）の文字コードの規格となっています。この文字コードには、UTF-8 と UTF-16、UTF-32 という複数のコード体系があります。

- **EUC**（Extended UNIX Code）：**UNIX** という**オペレーティングシステム**（**OS**：Operating System）で使われている文字コード体系です。UNIX は主にサーバ等のコンピュータを動かすために使われる OS で、当初、アルファベット等の文字しか扱えませんでした。そのため、UNIX の文字コード体系を拡張し、日本語等の文字を扱えるようにした規格が EUC（拡張 UNIX コード）です。特に、日本語が使えるように拡張したものを日本語 EUC（EUC-JP）といいます。

　漢字やひらがなを扱うことのできる文字コード体系には上記のように、日本産業規格が JIS X 0208 として標準化した JIS コードとシフト JIS コードと呼ばれる 2 種類があり、これらを **JIS 漢字コード**[8]と呼ぶことがあります。この 2 種類のコード体系は、共に一つの文字記号を 2 バイト（16 ビット）で表現するというものです。2 バイト（16 ビット）の全ての値を使えば 65,536（2^{16}）個の文字を扱えるので、常用漢字の 2,136 字であれば文字コードとして十分取り扱えます。ただ、日本語の文字を取り扱う場合、その見た目から半角文字と全角文字と呼ばれる、前者の 1 バイトコードの体系である JIS X 0201 と後者の 2 バイト（16 ビット）の文字コード体系の

7　キーボードの文字数は 160 ほどであり、2 進数 8 桁では 256 通りの値があるので、1 バイトで全ての文字を表現することができます。英語表記のみを扱う ASCII のコードは、当初 7 ビットで表現されていました。

8　JIS 漢字コードを拡張し、さらに多くの漢字の種類を扱えるようにした JIS X 0213 もあります。

文字があり、これらの文字を混在した文書を書くことができます。

このような混在した文書を取り扱う場合、コンピュータは、各文字コードの長さを 1 バイトなのか 2 バイトなのかを判断する必要があります。そのための仕組みとして、JIS コード（JIS X 0208）では、1 バイトの文字コードから 2 バイトの文字コードに替わるところと、その逆に 2 バイトから 1 バイトに替わるところに、替わることを示す漢字 IN と漢字 OUT と呼ばれる特殊なコードを区切りとして使い、区別できるようにしています。即ち、コンピュータは、漢字 IN を見つけると、文字コードが 1 バイトから 2 バイトに替わることを、逆に、漢字 OUT を見つけると、2 バイトから 1 バイトに替わることを確認します。

シフト JIS コード（JIS X 0208）の場合は、2 バイトの先頭の 1 バイトについては、16 進数で 81（2 進数 10000001）〜9F（2 進数 10011111）、又は EO（2 進数 11100000）〜FF（2 進数 11111111）のいずれの値しか使わないという文字コードになっています。この 16 進数で 81〜9F と EO〜FF は、1 バイトコード（JIS X 0201）では使われていない値なので、この値が出てきたら、コンピュータは 2 バイトの文字コードであると判断できるという仕組みです。以前、PC はこのシフト JIS コードを使うのが一般的でした。しかし、現在では、インターネット等で他国の言語を扱う必要が出てきたので、Unicode が使われるようになってきました。

Unicode（ユニコード）は、上記に示したように日本語を含め、各国の文字を全て統一的に利用できるように、多くの国の文字コードを通し番号で扱えるようにした複数の異なるバイトサイズを扱えるようにした文字コードの規格です。ほぼ同じものが ISO/IEC 10646 として国際標準として定められ、UCS（Universal Coded Character Set）と呼ばれています。この Unicode を取り扱う時、文字コードのサイズを決まったバイト数で扱えるように変換する形式（**UTF**：Unicode Transformation Format）があり、その形式に UTF-8、UTF-16、UTF-32 といった種類があります。UTF-8 は 1〜4 バイトの可変の長さ（可変長）で、UTF-16 は 2 バイト又は 4 バイトの長さで、UTF-32 は 4 バイトの固定長で扱えるように変換します。

演習問題

問 1[9]　32 ビットで表現できるビットパターンの個数は、24 ビットで表現できる個数の何倍か。

　　ア　8　　イ　16　　ウ　128　　エ　256

問 2[10]　データ量の大小関係のうち、正しいものはどれか。

　　ア　1k バイト ＜ 1M バイト ＜ 1G バイト ＜ 1T バイト
　　イ　1k バイト ＜ 1M バイト ＜ 1T バイト ＜ 1G バイト
　　ウ　1k バイト ＜ 1T バイト ＜ 1M バイト ＜ 1G バイト
　　エ　1T バイト ＜ 1k バイト ＜ 1M バイト ＜ 1G バイト

問 3[11]　1G ビットは何 M バイトに当たるか。なお、1 k は 1000 というように、各接頭辞は 1000 の倍数で考える。

9　　平成 28 年度 基本情報技術者試験 秋期 午前 問 4

10　　平成 23 年度 秋期 IT パスポート試験 問 78

11　　令和 3 年度 中央学院大学入学者選抜試験 情報 【I】問題 6 改題

第 2 章　コンピュータが扱うデータ

　　ア　100M バイト　　イ　125M バイト　　ウ　200M バイト　　エ　1,000M バイト

問 4[12]　2 進数の 1000000 を 10 進数に変換した値はどれか。

　　ア　32　　イ　64　　ウ　128　　エ　256

問 5[13]　2 進数の 110010100101000111 を 16 進数に変換すると、16 進数で何桁になるか。

　　ア　3 桁　　イ　4 桁　　ウ　5 桁　　エ　6 桁

問 6[14]　16 進数の A3 は 10 進数で幾らか。

　　ア　103　　イ　153　　ウ　163　　エ　179

問 7[15]　2 進数 10101100、10 進数 160、16 進数 AE の大小関係を表した式はどれか。

　　ア　10101100 < 160 < AE　　イ　10101100 < AE < 160
　　ウ　160 < 10101100 < AE　　エ　160 < AE < 10101100

問 8[16]　2 バイトで 1 文字を表すとき、何種類の文字まで表せるか。

　　ア　32,000　　イ　32,768　　ウ　64,000　　エ　65,536

問 9[17]　英字の大文字（A〜Z）と数字（0〜9）を同一のビット数で一意にコード化するには、少なくとも何ビットが必要か。

　　ア　5　　イ　6　　ウ　7　　エ　8

問 10[18]　世界の主要な言語で使われている文字を一つの文字コード体系で取り扱うための規格はどれか。

　　ア　ASCII　　イ　EUC　　ウ　SJIS（シフト JIS）　　エ　Unicode

12　令和 4 年度 中央学院大学入学者選抜試験 情報【I】問題 8
13　令和 3 年度 中央学院大学入学者選抜試験 情報【I】問題 8
14　平成 24 年度 秋期 IT パスポート試験 問 79
15　令和 5 年度 中央学院大学入学者選抜試験 情報【I】問題 14 改題
16　平成 25 年度 秋期 IT パスポート試験 問 76
17　平成 24 年度 秋期 基本情報技術者試験 午前 問 4
18　平成 25 年度 春期 IT パスポート試験 問 78

第3章

メディアと
インタフェース

　この章では、①メディアの特性と特性による
分類方法、②マルチメディア、ハイパーテキスト
といったメディアの進展、③ Web を特定する
URL と Web ページの表現方法、④ユーザイン
タフェースの表現方法とその設計の考え方につい
て、これらの四つの学びを深めていきます。

3.1 マルチメディア

3.1.1 メディア

メディア（media）という言葉は、図 3.1 に示すテレビやラジオ、新聞だけでなく、CD や DVD 等、色々なものを指す時に使われます。ただ、簡単には説明しづらい言葉で、日本語では「媒体」と訳され、中間にあるもの、間に取り入って媒介するものという意味になります。『高等学校学習指導要領（平成 30 年告示）解説　情報編』[1]では、メディアという言葉がもつ三つの側面（属性）から、次のように分類しています。

- **情報メディア**：情報を他の人に報じるための手段で、新聞や書籍、テレビ放送、ラジオ放送、郵便、電話、スマートフォン、FAX、電子メール、Web ページ等。
- **表現メディア**：情報（意味）を表現するための手段で、文字や音声、音楽、図、表、静止画、動画等。
- **伝達メディア**：情報を物理的に伝達するための手段で、紙や CD、DVD、半導体メモリ、空気、電流、電波等。

図 3.1　メディアの色々な種類

このように、一口にメディアといっても多様なものを指しています。例えば、メディアの一つである本（書籍）についても、本自体を指している場合（情報メディア）と、本の原料である紙を指している場合（伝達メディア）と、本に書かれた文字や図を指している場合（表現メディア）があるということです。また、情報メディアについては、新聞や書籍、テレビ放送、ラジオ放送等のように 1 対多（1 人から沢山の人へ）の伝達を行うメディア（マスメディア）と、郵便や電話、FAX、電子メールのように 1 対 1（1 人と 1 人）の伝達を行うメディアといった特性の違いがあります。また、新聞や書籍、テレビ放送、ラジオ放送等のように一方通行の伝達を行うメディアと、電話のように双方向での伝達が可能なメディアがあります。

現在、最も活躍している情報メディアは、スマートフォンや PC であり、これらはインターネットという伝達メディアを使った通信により、Web や YouTube 等による一対多の伝達や、電

---

[1] 文部科学省：『高等学校学習指導要領（平成 30 年告示）解説　情報編』, p.28, https://www.mext.go.jp/content/1407073_11_1_2.pdf（2019）

子メールや音声通話による 1 対 1 の伝達、SNS や **BBS**（Bulletin Board System、電子掲示板）による多対多の伝達といった、多様な方法でのコミュニケーションが可能になっています。また、スマートフォンや PC では、文字だけではなく、音声、静止画、動画といった表現メディアにより、多様な表現を可能にしています。文字や音声、静止画、動画といった表現メディアを組み合わせて複合的に取り扱うことのできるメディアのことを**マルチメディア**といいます。スマートフォンや PC で、マルチメディア表現が可能なのは、これら全てのデータをコンピュータが扱える 2 進数の値に置き換えて扱っているからです。

3.1.2 ハイパーテキスト

インターネットを使った代表的な情報メディアに Web があります。Web の基になった考えに、テッド・ネルソンが 1960 年代に提唱した**ハイパーテキスト**（hypertext）があります。テッド・ネルソンはその考えを 1980 年に『Literary Machines』[2]という著書にまとめ、普及に努めました。ハイパーテキストとは、テキストを越えるものといった意味であり、ネットワーク上に存在する複数のページを、図 3.2 の左側[3]に示すような、**ハイパーリンク**と呼ばれるページからページに移動できる仕組みを使って、関連する情報の載ったページに自由に移動できるというものです。テッド・ネルソンは、このハイパーテキストにおける有効性を、先の著書の中で「今までの著作物は，無数にある可能性のなかからひとつの説明の筋道を選ぶという形式をとるが、ハイパーテキストは、読者にたくさんの筋道、可能な限りの筋道を提供してくれる」と述べています。

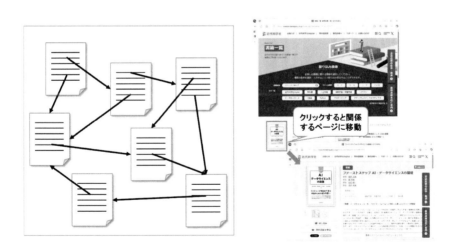

図 3.2　ハイパーテキストのイメージ、Web ページとハイパーリンク

2　テッド・ネルソン、竹内郁雄・斉藤康己監訳:『リテラリーマシン – ハイパーテキスト言論 – 』, アスキー（1994）を参考。
3　上記『リテラリーマシン – ハイパーテキスト言論 – 』の p.80 の図を基に作成。

ちょうど、図 3.2 の右側に示すように、Web のページ（Web ページ[4]）の特定の箇所をクリックすると、そこに関連づけられた別の Web ページに移動することができます。この仕組みがハイパーリンクであり、このような構造をもった Web ページの集まりが、ハイパーテキストに当たります。事実、Web は、テッド・ネルソンのハイパーテキストの考えを基に、ティム・バーナーズ＝リーによって、1990 年に構築されました。Web は、正式には World Wide Web（略称 **WWW**）といい、世界中に広がったクモの巣状のものといった意味になります。

3.2 Web

3.2.1 Web とドメイン

クモの巣状に広がった無数の Web ページの中から見たいページを特定する方法が、Web ブラウザの上部に表示されている記述（図 3.3 の "https://www.kindaikagaku.co.jp/"）です。

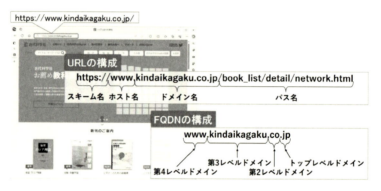

図 3.3　Web ページと URL リンク、URL の構成、FQDN の構成

この記述は、Web ページが置かれているサーバとその中のページの場所を特定するためのもので、**URI**（Uniform Resource Identifier）又は **URL**（Uniform Resource Locator）といいます。URL は、図 3.3 に示す URL の構成例のように、スキーム名とホスト名[5]、ドメイン名、パス名から構成されています。URL の先頭の「https://」の箇所を**スキーム名**といい、URL によって情報資源を入手する方法に HTTPS を使っているという意味を表しています。**ドメイン名**（例では、kindaikagaku.co.jp）は、インターネット上のサーバ（ホスト）のある場所を表しており、**ホスト名**（例では、www[6]）は、サーバにつけられた名称を示しています。ホスト名とドメイン名を合わせたもの（例では、www.kindaikagaku.co.jp）を、**FQDN**（Fully Qualified Domain Name、完全修飾ドメイン名）といいます。**パス名**は、対象となる Web ページが記録されてい

---

[4] Web ページのことをホームページと呼ぶことがありますが、実は、ホームページは、企業紹介や学校紹介のように、複数の連続しているページの中の先頭ページを指す言葉として使うのが正解です。

[5] ホスト名とドメイン名を分けないで、合わせてホスト名という場合もあります。

[6] Web サーバに対するホスト名の場合、WWW とすることが多いです。ただ、WWW を使うことは規則ではなく、習慣的なものであり、Web サーバであってもホスト名に WWW を使っていないこともあります。

るファイルや、その Web ページが格納されたサーバ内の場所（ディレクトリ）を示す情報です。"/book_list/detail/network.html" という例に示すように、パス名はサーバ内のディレクトリ（フォルダ）名やファイル名と、ディレクトリの階層[7]を示す区切り記号「/」で構成されます。

　FQDN は、図 3.3 に示す FQDN の構成例のように、複数のドメインが「.」で繋げられており、トップレベルドメイン、第 2 レベルドメイン、第 3 レベルドメイン、第 4 レベルドメインというように階層的に構成されています。各階層のドメインは、次に示す情報を示します。

- トップレベルドメイン（**TLD**：Top Level Domain）：国を表すドメインを記載します。国毎に、日本：jp、中国：cn、ドイツ：de、フランス：fr、韓国：kr というように決まっており、これを **ccTLD**（country code TLD）といいます。ただ、米国の場合は、分野別を表すドメインをトップレベルに表記する **gTLD**（generic TLD）という方法を取っているため、この場所には com、edu、gov 等を記載します。

- 第 2 レベルドメイン：日本（jp）の場合、大学：ac、企業：co、学校：ed、政府：go、ネットワーク管理：ne といった組織別のドメイン（組織種別型 JP ドメイン）を記載します。

- 第 3 レベルドメイン：特定の組織を識別するためのドメインで、例えば、文部科学省：mext、近代科学社：kindaikagaku、中央学院大学：cgu 等、組織毎に決められた重複のないドメイン名を記載します。

- 第 4 レベルドメイン：第 3 レベルドメインで指定した組織内の Web サーバを識別する名称を記載します。

　第 3 レベルドメインまでは、勝手に名前をつけることはできないので、ドメイン名を全世界的に一元管理するために **ICANN**（The Internet Corporation for Assigned Names and Numbers、アイキャン）という民間の非営利法人の組織[8]が、1998 年に設立されました。

3.2.2　HTML と CSS

(1)HTML

　Web ページは、文字だけでなく音声や静止画、動画といった多様な表現メディアを組み合わせて扱うことができるマルチメディア文書です。この Web ページは、図 3.4 のように **HTML**（HyperText Markup Language）と呼ばれる言語の記述ルールに従って記述されています。

　図 3.4 の左側のブラウザで表示した Web ページは、右側の HTML で書かれた内容を表示したものです。図のブラウザには文字以外に画像も表示されていますが、HTML の記述には画像はなく、全て文字で構成されていることがわかります。また、<head>、</head>、<title>、</title>という、<と>で囲まれた記述の多いこともわかります。<と>で囲まれた記述は**タグ**と呼ばれ、タグを使って HTML の表記ルール[9]を表しています。タグを使って記述する言語

7　ディレクトリの階層については、詳しくは第 7 章で紹介します。

8　日本での JP ドメインは、ICANN の傘下にある JPNIC（Japan Network Information Center、社団法人日本ネットワークインフォメーションセンター）が管理しており、日本でのドメイン名を取得するには、JPNIC に申請する必要があります。

9　HTML のタグの種類とその説明については、巻末の付録 A.1 で紹介しています。

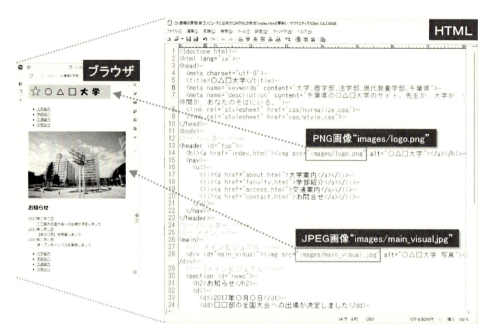

図 3.4　Web ページと HTML の例

を**マークアップ言語**といいます。文字だけで書かれた HTML によって、ブラウザに画像が表示されるのは、図中の枠で囲んだ HTML の記述に理由があります。それは、枠で囲んだ箇所に、画像を表示するタグ（<img ...>）があり、その中に表示したい画像のファイル名やファイルを格納しているフォルダ名を書くことで、ブラウザがそのファイルを解釈して表示するという仕組みになっているからです。ところで、図の枠の中に記述されたファイル名の logo.png と main_visual.jpg の「.」の後に、png と jpg と書かれていますが、これはファイルの種類を表す**拡張子**と呼ばれるもので、これにより、ファイルの種類[10]がわかります。

(2)HTML と入力フォーム

　Web ページでは、内容の表示だけではなく、ネットショッピング等の Web ページには、図 3.5 の左側に示すような入力操作の行えるページがあります。

　HTML には、データを入力するための入力フォームを記述するための<form>や<input>といったタグがあり、これらを使うことで、テキストボックス、ラジオボタン、セレクトボックスといった入力操作のための部品を、Web ページに組み込むことができます。ただ、HTML は入力できる Web ページを表現するだけなので、実際に入力したデータを送信するためには、HTTP（Hyper Text Transfer Protocol）や HTTPS（Hypertext Transfer Protocol Secure）と呼ばれる通信手段[11]に従った仕組みが必要になります。

10　画像ファイルの種類については、第 4 章で紹介します。

11　HTTP 及び HTTPS については、詳しくは第 13 章で紹介します。

図 3.5　Web ページの入力操作画面の例、CSS を使った Web ページの例

(3) CSS

　Web ページは、表示する内容を記述する HTML の他に、表示するものの配置や画面の構成等、画面のデザインを記述するための **CSS**（Cascading Style Sheets）と呼ばれる言語が使われています。図 3.5 の右側に示す Web ページは、図 3.4 の HTML の内容を、CSS を使ってデザインを指定した画面であり、図の配置や構成が大きく変わっていることがわかります。このように、CSS を使って Web ページの文字の種類や大きさ、行間や文字揃え等のレイアウト、色遣い、構成要素の配置等ページの見栄えを記述したものを**スタイルシート**といい、複数のページで構成される Web については、同じスタイルシートを使うことが推奨されています。それにより各ページが統一的なデザインとなることで、見やすさや使いやすさを向上させることができます。

3.3　ユーザインタフェース

3.3.1　GUI と CUI

　図 3.5 の左側の Web ページで示したように、PC の画面を使って入力操作を行う場面があります。このように機械が人間とやり取りを行うためのソフトウェアやハードウェアの操作に関わる機能を**ヒューマンインタフェース**といいます。例えば、入出力を行えるようにした機能や、入力するためのマウスやキーボードといった装置がヒューマンインタフェースに当たります。そして、機械と人間が画面等を通して情報をやり取りするためのインタフェースを**ユーザインタフェース**（**UI**：User Interface）といいます。UI にはマウス等を使わず、図 3.6 の左側に示すような画面で、キーボードから文字による命令（**コマンド**という）を使って、PC を操作する **CUI**（Character User Interface）というインタフェースがあります。

図 3.6　Windows を操作する CUI の画面、Apple Lisa2 の GUI 画面

　図は、記録されているフォルダやファイルを確認する命令（Dir/w）を実行した様子です。初期の PC は、この CUI で PC を操作していました。図の画面は Windows のコマンドプロンプト[12]と呼ばれるインタフェースの画面で、現在でも、プログラム開発やネットワーク管理等の専門性の高い操作を行う場合に、CUI が使われることがあります。ただ、コマンドを覚えないとコンピュータを利用できない CUI では、少し難しさを感じてしまいます。そこで、PC 画面上に表示される矢印の形をしたマウスカーソルをマウスで移動して操作することにより、直感的に利用できるインタフェースである **GUI**（Graphical User Interface）が登場しました。

　図 3.6 の右側は、1983 年に PC で初めて GUI を実現した Apple 社の Lisa という PC です。この GUI で操作できる PC の設計に影響を与えたのが、アラン・ケイの**ダイナミックメディア**（Dynamic Media）という考えです。アラン・ケイは、コンピュータは紙のように自由自在に能動的に活用できるメディアであり、子どもたちがノートのように PC を利用する未来を想像し、その考えのもと、1773 年にマウスで操作する Alto というコンピュータを開発しました[13]。そして、それが現実となり、学校で児童・生徒がタブレットやノート PC を使って学習する時代が到来しました。

3.3.2　ユーザインタフェースの部品

　GUI では、図 3.7 に示す①～⑦の操作に使う代表的な部品によって構成されており、各部品の説明を次に示します。

① **アイコン**

　図のメールの絵のように、ソフトウェアの処理内容やデータの種類を象徴する小さな画像で表現したものをアイコンといいます。アイコンをマウスでダブルクリックすることで、対応するアプリを起動することができます。起動すると、そのアプリを利用するための**ウィンドウ**と呼ばれる四角い画面が表示されます。

12　コマンドプロンプトは、Windows アプリメニューの Windows ツールの中にあります。
13　鶴岡雄二訳，浜野保樹監修：『アラン・ケイ』, p.36, アスキー（1992）を参考．

図 3.7　GUI を操作する代表的な部品の例

② **ラジオボタン**

　並んでいる複数の項目の中から一つだけを選択する時に使う部品です。図に示すように、並んだ小さな丸の記号「○」の中で、選びたい丸をマウスでクリックすると、その丸が黒く塗りつぶされ、項目を選択することができます。他の丸をクリックすると、それまで選択されていた項目は解除され、新たにクリックした項目が選択されます。

③ **チェックボックス**

　並んでいる複数の項目の中から任意の数の項目を選択する時に使う部品です。図に示すように、並んだ小さな四角の記号「□」の中で、選びたい四角内をマウスでクリックすることで四角にレ点が記され、その項目を選択することができます。更に、他の四角をクリックすると、その項目にもレ点が記され、複数の項目を選択することができます。

④ **リストボックス**

　表示されている複数の項目が並ぶリストの中から、選びたい項目をマウスでクリックして選択する時に使う部品です。リストボックスには、項目リストから一つの項目だけが選択できるものと、複数の項目が選択できるものがあります。また、隠れている項目がある場合は、右側の**スクロールバー**（図の▲と▼が縦に並んだ箇所）を操作することで、項目のリストを上下に移動させることができます。

⑤ **セレクトボックス**

　四角い枠の右側にある「∨」の記号をマウスでクリックすることで、その下に表示されるメニュー項目から、一つをマウスでクリックして選択する時に使う部品です。これと同じ機能の部品を、**ドロップダウンリスト**や**プルダウンメニュー**と呼ぶこともあります。

⑥ **ポップアップメニュー**

　図の例は、文書編集を行うアプリである Word のウィンドウ画面の一部で、アプリのウィ

ンドウ上で、マウスの右クリックを行うことで、図のようなメニュー項目が画面上に現れます。そして、表示されたメニュー項目の中なら、選びたい項目（機能）をマウスでクリックすることで、選んだ機能の操作が可能になります。Windows のアプリの場合、マウスの右クリックによりポップアップメニューを表示することで、そのアプリの中で、現在利用できる機能がメニュー形式で表示されるようになっており、作業効率を高めるのに便利なメニューといえます。

⑦ **メニューバー**

　図の例は、文書編集アプリである Word のウィンドウ画面の一部で、画面上部に一列に項目（機能）が並んでいます。この項目をマウスでクリックすることで、行いたい機能を選択することができる部品です。Windows のアプリの場合は、メニューバー上の項目を選ぶと、その項目に含まれる更に細かな機能の一覧を示すメニュー（リボンメニュー）が表示されます。

3.3.3　インタフェース設計の考え方

　ソフトウェアに関わるユーザインタフェースの設計としては、ウィンドウ等の表示画面の作成（画面設計）や Web ページの作成（Web デザイン）、アプリによる伝票等入力画面の作成（帳票設計）といった場面があります。そして、これらのユーザインタフェースを設計する場合、操作のしやすさである**ユーザビリティ**[14]を考えて設計する必要があります。ユーザインタフェース設計での配慮点には、次に示す事項があります。

① 感覚特性：人間の視線の自然な動きにそった設計にする。

- 画面の構成要素は、上から下、左から右といった方向に配置する。
- まとまりのある内容は囲む（チャンキング）等して認識しやすくする。
- 操作部品は、文字や文章より直感的に把握できるアイコンやアイソタイプ（絵文字）等を利用する。

② 動作特性：動作に関わる距離や経路、順序を人間の自然な動きにそった設計にする。

- 連続する入力操作において、操作における動作距離が短くなるようにする。
- 動作経路は、上から下、左から右といった方向にする。
- マウスとキーボードを頻繁に切り替えるといった入力動作はできる限り避ける。

③ 人間の記憶量、ヘルプ機能：人間の短期記憶の容量に配慮し、情報量が多くて操作方法を探すといったような負担をかけない設計にする。

- 短期に記憶できる項目は 7±2 といわれているので、メニュー項目は、キーワード化して、項目数を少なくする。
- 項目数が多い場合は、グループ化して、階層的な構造にする。
- 操作ガイダンスを表示したり、ヘルプ機能を用意したりして、機能を探しやすくする。

14　ユーザビリティよりさらに進めた概念に**ユーザーエクスペリエンス**（**UX**：user experience）があり、操作しやすく、操作を通してわくわくした体験が得られるといったシステム設計の考え方です。

④ ヒューマンエラー：疲労を軽減し、人的操作ミスが発生しない設計にする。

- 感覚特性、動作特性、記憶への負荷を配慮し、疲労が少ない操作環境にする。
- 操作性や表示方法を統一し、誤解が生じない画面を作る。
- データの削除や上書きといった危険性の高い操作を行う時には、注意を喚起して、誤操作を起こさないようにする。

⑤ 学習能力：初心者と熟練者の双方に配慮した設計にする。

- 初心者に対しては、操作回数が増えても、直感的でわかりやすい操作ができるようにする。
- 操作に熟練した者に対する配慮として、ショートカットキー（特殊なキー操作をすることで、マウスを使わなくても、特定の機能を直接選択できるようにすること）等を設けて、操作の効率性を高める工夫をする。

⑥ **ユニバーサルデザイン**：年齢や性別といった違い、身体的な障害、能力の差違、更には、文化や言語の違い等を考慮し、どのような人でも使いやすい設計にする。

- マウスやキーボードによる操作環境だけではなく、タッチパネル、手書きや音声入力といった別の手段も用意する。
- 画面表示に対して、色の変更や文字の大きさの変更といった機能を用意する。
- 画面の読み上げ機能等を利用できるようにする。

　上記のような配慮が必要な代表的な例として、ファイルの削除やファイルの上書きといった危険性の高い操作を行う場合、いったん削除したり上書きしたりしてしまうと元に戻せないので、誤操作を起こさない設計にする必要があるといわれています。この設計の考え方のことを**フールプルーフ**といいます。そのためには、④ヒューマンエラーの記載に示すように、再確認させる等の注意喚起を行う設計が必要になります。このように、安全で使いやすいインタフェースを設計する時には、上記のような考え方が重要になります。

演習問題

問 1[15]　情報メディアには、新聞、ラジオ、テレビ、電話、FAX、インターネットなどがある。この中で、双方向コミュニケーションが可能な情報メディアを列挙したものはどれか。

ア　FAX、新聞　　　　　　イ　FAX、電話
ウ　インターネット、新聞　　エ　インターネット、電話

問 2[16]　電子メールを作成するときに指定する送信メッセージに用いられるテキスト形式とHTML 形式に関する記述のうち、適切なものはどれか。

ア　受信した電子メールを開いたときに、本文に記述されたスクリプトが実行される可能性

15　令和 5 年度 中央学院大学入学者選抜試験 情報 【 I 】問題 1 改題
16　令和 4 年度 IT パスポート試験　問 89

があるのは、HTML 形式ではなく、テキスト形式である。

イ　電子メールにファイルを添付できるのは、テキスト形式ではなく、HTML 形式である。

ウ　電子メールの本文の任意の文字列にハイパーリンクを設定できるのは、テキスト形式ではなく、HTML 形式である。

エ　電子メールの本文の文字に色や大きさなどの書式を設定できるのは、HTML 形式ではなく、テキスト形式である。

問 3[17]　URL に関する説明として、適切なものはどれか。

ア　Web ページとブラウザとの通信プロトコルである。

イ　Web ページの更新履歴を知らせるメッセージである。

ウ　Web ページのコンテンツ（本文）を記述するための文法である。

エ　Web ページの場所を示すための表記法である。

問 4[18]　電子メールのアドレス "ml.example.co.jp" について、組織区分を表すドメインの箇所はどれか。

ア　ml　　イ　example　　ウ　co　　エ　jp

問 5[19]　Web ページの作成・編集において、Web サイト全体の色調やデザインに統一性をもたせたい場合、HTML と組み合わせて利用すると効果的なものはどれか。

ア　CSS（Cascading Style Sheets）

イ　SNS（Social Networking Service）

ウ　SQL（Structured Query Language）

エ　XML（Extensible Markup Language）

問 6[20]　オペレーティングシステム（OS）を、マウスなどのポインティングディバイスを使って、ウインドウやアイコンにより操作するインタフェースを何というか。

ア　API　　イ　CUI　　ウ　DVI　　エ　GUI

問 7[21]　ヒューマンインタフェース設計において、操作の一貫性向上を目的とするものはどれか。

ア　Undo（元に戻す）機能によって、一つ前の操作状態に戻せるようにする。

イ　ショートカットキーによって操作できるようにする。

ウ　どの画面においても操作ボタンの表示位置や形を同じにする。

エ　利用者の操作に対応した処理の進行状況を表示する。

17　平成 22 年度 秋期 IT パスポート試験 問 74

18　令和 4 年度 中央学院大学入学者選抜試験 情報 【Ⅰ】問題 10 改題

19　平成 25 年度 秋期 IT パスポート試験 問 80

20　令和 4 年度 中央学院大学入学者選抜試験 情報 【Ⅰ】問題 5 改題

21　平成 21 年度 春期 基本情報技術者試験 午前 問 28

問 8[22]　GUI の部品の一つであるラジオボタンの用途として、適切なものはどれか。

ア　幾つかの項目について、それぞれの項目を選択するかどうかを指定する。

イ　幾つかの選択項目から一つを選ぶときに、選択項目にないものはテキストボックスに入力する。

ウ　互いに排他的な幾つかの選択項目から一つを選ぶ。

エ　特定の項目を選択することによって表示される一覧形式の項目の中から一つを選ぶ。

問 9[23]　フールプルーフの考え方を適用した例として、適切なものはどれか。

ア　HDD を RAID で構成する。

イ　システムに障害が発生しても、最低限の機能を維持して処理を継続する。

ウ　システムを二重化して障害に備える。

エ　利用者がファイルの削除操作をしたときに、「削除してよいか」の確認メッセージを表示する。

問 10[24]　ユニバーサルデザインの考え方として、適切なものはどれか。

ア　一度設計したら、長期間にわたって変更しないで使えるようにする。

イ　世界中のどの国で製造しても、同じ性能や品質の製品ができるようにする。

ウ　なるべく単純に設計し、製造コストを減らすようにする。

エ　年齢、文化、能力の違いや障がいの有無によらず、多くの人が利用できるようにする。

22　平成 21 年度 春期 基本情報技術者試験 午前 問 26

23　令和 5 年度分 IT パスポート試験 問 93

24　平成 22 年度 秋期 IT パスポート試験 問 71

第4章

ディジタルデータ

この章では、①アナログデータをディジタル
データに変換する方法、②文字の書体や文書に関
するディジタルデータの種類とその取扱い、③静
止画及び動画に関するディジタルデータの種類と
その取扱い、④音声データをディジタル化する
方法とその種類と取扱い、⑤コンピュータグラ
フィックスと、2次元及び3次元データの取扱い
について、これら五つの学びを深めていきます。

4.1 アナログデータとディジタルデータ

4.1.1 ビットマップ画像

　コンピュータはWebページを表示できることからわかるように、文字だけではなく音声や静止画、動画といった多様な表現メディアを扱うことができます。ただ、コンピュータは2進数しか取り扱えないので、これらの表現メディアのデータも2進数として表現する必要があります。PCやスマートフォンといったディジタル機器で扱う写真等の静止画は、図4.1に示すように、その画像を拡大してみると、縦横に並んだ点（ドット）の集まりで表現され、各点に色の情報をもたせたデータであることがわかります。このように表現される静止画データを**ビットマップ画像**と呼びます。ビットマップ画像を構成する点のことを**画素（ピクセル）**ともいいます。

図 4.1　ビットマップ画像

　現実に目に映る風景等の映像は、望遠鏡等でいくら拡大して見ても、ビットマップ画像のような点の集まりではなく、滑らかな映像として見ることができます。即ち、現実の映像は小さな範囲から大きな範囲まで連続した情報をもっていることがわかります。このように、途切れることなく連続している情報（連続的な情報）を**アナログデータ**といいます。ただ、無限に連続するアナログデータを、限られた量しか記憶できないコンピュータでは、記憶して取り扱うことが困難なため、有限の情報に加工して取り扱う必要があります。即ち、連続的な情報を、図4.1の拡大画像のように、等間隔で情報を取り出した飛び飛びの情報（離散的な情報）で近似する必要があります。この離散的な情報を**ディジタルデータ**といいます。

図 4.2　A/D 変換のイメージ

ビットマップ画像は、デジタルカメラ等によって実際の風景（アナログの情報）を離散的な情報（ディジタルの情報）に変換して、それを記録したデータです。このように、アナログデータをディジタルデータに変換することを、**A/D 変換**（Analog-to-digital converter）といいます。図 4.2 は、アナログ画像を、少し間隔が荒くて色数の少ないディジタル画像に変換した場合のA/D 変換のイメージを示しています。

4.1.2　A/D 変換

(1) 標本化

アナログデータをディジタルデータに変換する A/D 変換では、連続的な情報を、間隔をおいた飛び飛びの（離散的な）情報として近似するために、**標本化**と**量子化**、**符号化**という加工を行います。図 4.3[1]はその方法を、画像を例に示したものです。

図 4.3　標本化と量子化のイメージ

標本化では、情報が連続的に繋がっているアナログ画像を等間隔の細かな区切りに分けます。その一つずつの区切りが画素であり、画素の集まりとしてディジタル画像は表現されます。図 4.4 に示すように、各区切りの中から代表的な色の情報を取り出し、それが画素の色となります。例えば、区切りの中心の色を、その画素の色とします。この加工により、連続した画像の情報が、飛び飛びの離散的な画素で構成される画像として近似されます。

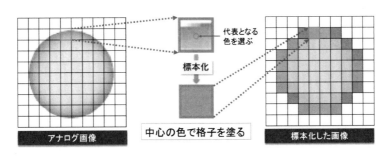

図 4.4　標本化のイメージ

1　カラー図版は本書サポートページ https://www.kindaikagaku.co.jp/book_list/detail/9784764960954/から参照できます。

(2) 量子化

標準化の段階では、各画素の色は、アナログ画像がもつ連続した色の変化の情報を取り出しているので、色数が限定されていません。従って、量子化では、限定した色の中から、各画素の色に近いものに置き換える処理をします。例えば、図 4.5 の左側の標本化した画像では、黄色といっても、白に近い明るい黄色から、黒に近い暗い黄色まで、沢山の黄色の種類があります。そこで、幾つかの色を決め、各画素がもつ色に対して、決めた色（図 4.5 ではカラーパレットの 4 色）の中から近い色で近似します。この量子化により、連続的な色の変化を、離散的な色の変化に置き換えることができます。

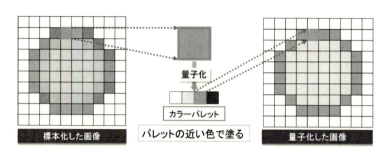

図 4.5　量子化のイメージ

(3) 符号化

全ての色は、図 4.6 に示すように、三原色の混ざり具合で表現することができます。ディスプレイ等の装置では、加法混色といわれる赤・緑・青の三原色の混ざり具合で多様な色を表現します。この三原色のことを **RGB**（Red、Green、Blue）といいます。プリンタ等の装置では、減法混色といわれるシアン・マゼンタ・黄の三原色の混ざり具合で色を表現して印刷します。この三原色のことを **CMY**（Cyan、Magenta、Yellow）といいます。

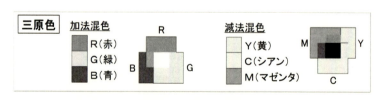

図 4.6　色の三原色

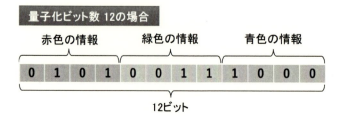

図 4.7　12 ビットカラーと 3 原色

従って、カラーパレットに用意する色についても、三原色の色の混ざり具合の情報を表現する必要があります。例えば、一つの色の情報を 12 ビットの大きさで加法混色により表す場合、赤・緑・青の各原色の濃さを、図 4.7 に示すように、それぞれ 4 ビットの値（一番薄い場合の 0000～一番濃い場合の 1111）で表現します。12 ビットで表現できる色数は、4,096（2^{12}）色となります。12 ビットで色の種類を表現する規格を 12 ビットカラーといいます。このように、色の情報を特定のビット数で表現することを**量子化**、情報を表現するために当てるビット数のことを**量子化ビット数**といいます。

4.2 ディジタルデータの形式

4.2.1 書体

コンピュータ内部では、文字は JIS や ASCII といった文字コードとして取り扱われていることを第 2 章で説明しました。ただ、文字コードには文字の図柄（書体、**フォント**）の情報は含まれていないので、各文字コードに対応した書体の情報を用意しないと、文字をディスプレイやプリンタに出力することはできません。即ち、文字の書体を画素の情報として表現する必要があります。

図 4.8 の左側では、縦 24、横 24 個の点の集まり（24×24 の解像度という）の中で、文字「A」の形に対応する点を使って表現しています。このように、文字の形を点の集まりで表現した書体を**ビットマップフォント**といいます。当然、画素数が多い（解像度が高い）ほど、滑らかな書体の文字が表現できます。ただ、それなりに解像度の高いビットマップフォントであっても、文字を拡大して大きな文字を表示すると、画素のギザギザ（ジャギーという）が目立ってしまいます。そこで、現在では**アウトラインフォント**が利用されています。

アウトラインフォントとは、図 4.8 の中央に示すように、書体の輪郭線を、長さと方向をもったベクトル（又は、ベクタ）と呼ばれる線のデータを繋げた形として文字を表現する方法です。この方法であれば、拡大しても輪郭線で表現されているので、滑らかな形を維持することができ

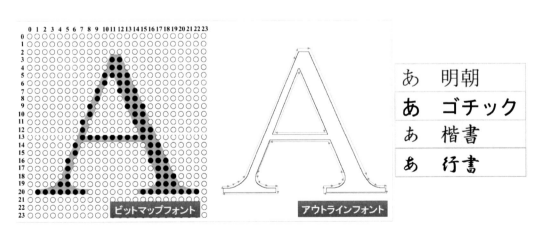

図 4.8　ビットマップフォントとアウトラインフォント、フォントの例

ます。そして、アウトラインフォントの文字を、実際のディスプレイやプリンタで表示する時には、輪郭線の中を画素で塗りつぶして描きます。アウトラインフォントのデータには、図4.8の右側に示すように、同じ文字「あ」であっても、明朝体、ゴチック体、楷書体、行書体等、多くのフォントが用意されているので、多様な表現が可能になります。

4.2.2 文書データ

(1)PDF

文字が集まった文書データを扱う代表的な形式の一つに **PDF**（Portable Document Format）があります。これは、Adobe 社が開発した Acrobat と呼ばれるソフトウェアのファイル形式（ファイルフォーマット）で、この形式で作った文書を見るためのビューア（Acrobat Reader）が無償で提供されたことで広まりました。PDF のデータは、作成したコンピュータ環境と異なる環境でも、作成した時の文書レイアウトや書式を忠実に再現して表示・印刷ができるという特徴をもっています。Microsoft 社の Word で作った文書も、図 4.9 のように印刷イメージを PDF ファイルとして保存することができ、そのデータは Web ブラウザでも表示することができます。PDF は、インターネット上での文書の配信に使われることが多く、文書のファイル形式の**デファクトスタンダード**（業界での標準的な形式）となっています。PDF ファイルの拡張子は pdf です。

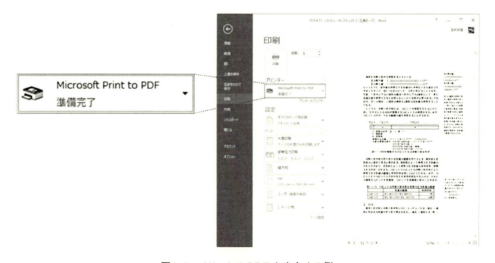

図 4.9　Word で PDF を出力する例

(2)CSV

表形式のデータを扱う代表的な形式の一つに **CSV**（Comma Separated Value）があります。
これは図 4.10 に示すように、表計算ソフトで取り扱う表形式のデータに対して、表の項目（セル）毎のデータをコンマ (,)、表の行ごとを改行[2]で区切ることで表現するデータの形式で

2　**改行**は、キーボードでは Enter や Return と書かれたキーに対応しますが、文字コードとしては、表 2.2 の中の CR（Carriage Return）又は LF（Line Feed）であり、Windows では、その二つを合わせたコードを使っています。

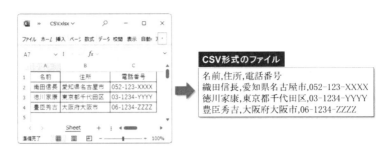

図 4.10　Excel で CSV を出力する例

す。特定の表計算ソフトやデータベースソフトで作成したデータを、異なるアプリに移植するために考案されたデータの形式です。CSV のファイル形式の拡張子は csv となります。

4.2.3　静止画データ

(1) 静止画データの仕組み

　静止画のディジタルデータであるビットマップ画像のデータ量は、標本化した画素の数（**解像度**）と、量子化によって各画素に割り当てた色数（量子化ビット数）によって決まります。例えば、図 4.11 の場合は、横方向に 1,600 個の画素が並び、縦方向に 1,200 個の画素が並んだ画像なので画素の数は 1,600×1,200 個となります。カラーパレットの色数を決める量子化ビット数には、図の場合は 24 ビットを使っています。従って、画素の数は 1,600×1,200 個であり、1 画素当たりの色が 24 ビット（1,677 万色）なので、その情報量は $1{,}600 \times 1{,}200 \times 24$ ビット $= 46{,}080{,}000$ ビットとなり、これをバイトに変換すると $46{,}080{,}000$ ビット $\div 8$ ビット/バイト $= 5{,}760{,}000$ バイト $\fallingdotseq 5.8\mathrm{M}$ バイトとなります。5.8M バイトあれば、日本語の文字なら約 300 万字分に当たります。このように、静止画を綺麗な画像で表現するために画素数と色数を多くすると、データが大きくなってしまうことがわかります。

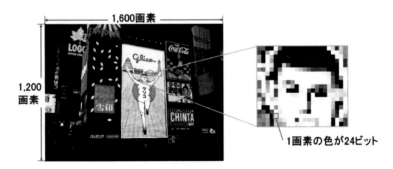

図 4.11　ビットマップ画像の情報量

　色数を決めるビット数の規格には、次に示すように沢山種類があります。例えば、HTML で紹介した PNG 形式の画像では、256 色（8 ビットカラー）や 65,536 色（16 ビットカラー）、16,777,216 万色（24 ビットカラー）といった色数が設定できるようになっています。画像をより自然に近い色で表現しようと思えば、1 画素に当てる色数を大きくするほど、ディジタル画像

第 4 章　ディジタルデータ

の色の表現は豊かになりますが、先の計算で示したように、その分、データ量が増大するので注意が必要です。

- 8 ビットカラー：256 色、R と G の 2 原色に各 3 ビットと B に 2 ビット

- 12 ビットカラー：4,096 色、1 原色当たり 4 ビット

- 15 ビットカラー：32,768 色、1 原色当たり 5 ビット、15 ビットハイカラー（high colors）

- 16 ビットカラー：65,536 色、R と B の 2 原色に各 5 ビットと G に 6 ビット、16 ビットハイカラー

- 18 ビットカラー：262,144 色、1 原色当たり 6 ビット

- 24 ビットカラー：16,777,216 色、1 原色当たり 8 ビット、フルカラー（full color）

- 30 ビットカラー：1,073,741,824 色、1 原色当たり 10 ビット、ディープカラー（deep colors）

(2) 静止画データの種類

静止画データを保存する代表的なファイル形式には、次に示す種類があります。

- **GIF**（Graphics Interchange Format）：コンピュサーブ社が開発した通信を目的とした画像形式であり、画像を圧縮して記録します。ただ、最大で 256 色しか扱えないため、写真よりは、イラスト等人工的な画像を表示するに適した形式です。GIF には、画像中の背景色だけを透明にするといった透過 GIF 形式や、パラパラ漫画のように、複数の GIF 画像を一定時間で次々と表示するアニメーション GIF 形式があります。GIF ファイルの拡張子は gif です。

- **PNG**（Portable Network Graphics）：色数として 8 ビットカラーや 6 ビットカラー、24 ビットカラー、48 ビットカラーを設定することが可能で、画像を圧縮して記録します。GIF と同じく、透過形式やアニメーション形式が可能です。PNG ファイルの拡張子は png です。

- **JPEG**（Joint Photographic Experts Group）：ISO と ITU-T（国際電気通信連合電気通信標準化部門）が共同で規格化した画像形式で、色数は 24 ビットカラーで写真画像の保存等に利用されます。JPEG は、画像データを実際の約 1/10〜1/100 のデータ量（圧縮率 1/10〜1/100）で保存できます。ただ、JPEG の圧縮率を高くすると、非可逆圧縮と呼ばれる方法で圧縮されます。デジタルカメラやスマートフォンのカメラ機能で撮影したディジタル写真は、JPEG の形式で記録されるのが一般的です。JPEG ファイルの拡張子は jpg です。

- **TIFF**（Tagged Image File Format）：解像度や色数、符号化方式が異なる様々な画像データを、タグを使って一つのファイルにまとめて取り扱うことのできる形式で、アプリに依存することがあまりないフォーマットなので便利なファイル形式です。TIFF ファイルの拡張子は tif です。

この他に、Windows での標準的な静止画ファイルの形式に **BMP**（Microsoft Windows Bitmap Image）があり、拡張子は bmp となります。ところで、静止画データは、画素数や色数を多くすると非常に大きなデータ量になってしまうので、GIF、PNG、JPEG の形式では、データを**圧縮**して記録します。圧縮とは、データ量を少なく抑えるために行うデータの加工で、

58

単純な圧縮方法としては、同じ色が連続している場合、各画素に色の情報をもたせるのではなく、色の情報と連続する画素の個数で表現するといった方法（**ランレングス圧縮法**）で行います。ただ、このようなやり方だと圧縮できる割合（圧縮率）に限界があるので、近似色を一つの色にまとめてしまうということで、圧縮率を高める方法があります。この場合、圧縮率を高めてデータ量を小さくすることはできるのですが、一つの色にまとめてしまった近似色は、元に戻すことができません。このような圧縮を**非可逆圧縮**、逆に元に戻せる圧縮を**可逆圧縮**といいます[3]。

4.2.4 動画データ

(1) 動画データの仕組み

動画データは図 4.12 に示すように、少しずつ変化する静止画を例えば、1 秒間に 30 枚のように短い間隔で、入れ替えながら提示することで、動画を表現できるようにしたものです。この 30 枚/秒という動画は 30**fps**（Frame Per Second）という単位で表します。動画データは、静止画データを数多く使うため、当然、データ量が非常に大きくなります。例えば、テレビの映像としてよく使われるフルハイビジョン（フル HD）の解像度（1,920×1,080）で動画を 1 時間記録した場合、データを圧縮しても約 6.5G バイトが必要といわれています。

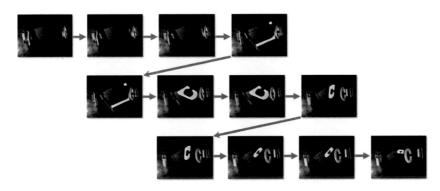

図 4.12　動画データの仕組み

(2) 動画データの種類

動画データを保存する代表的なファイル形式には、次に示す種類があります。

- **AVI**（Audio Video Interleaved）：Microsoft 社の Windows で標準的に利用するために規格された映像ファイルの形式で、当初は Media Player というソフトによって再生していましたが、現在では多くの環境で再生可能になっています。AVI ファイルの拡張子は avi です。
- **QuickTime**：Apple 社が Mac OS で利用するために規格した映像ファイルの形式で、当初は QuickTime という同名の再生ソフトによって再生していましたが、現在では多くの環境で再生可能になっています。QuickTime ファイルの拡張子は mvo です。
- **MPEG**（Moving Picture Experts Group）：ISO の動画の規格を行うグループ名称で、ここ

3　PNG は、可逆圧縮しかできないので、JPGE よりもデータ量が大きくなることがあります。

で規格化された代表的なものに MPEG-1、MPEG-2、MPEG-4 があります。どれも動画を圧縮した状態で保存するファイル形式で、MPEG-1 はビデオ CD の規格として、MPEG-2 は MPEG-1 より高品位な画像に対応し、DVD-Video や HDTV（High Definition Television、高精細度テレビジョン放送）の規格として利用されています。MPEG-4 は 3 次元コンピュータグラフィクスを含めたマルチメディアに対応する規格で、携帯端末やワンセグ（地上デジタル放送の 1 セグメントを使った放送）等のファイル形式として、特にインターネットでの動画配信で広く利用されています。MPEG ファイルの拡張子は mpg（MPEG-4 については mp4）です。

　動画のファイル形式は、ビデオや映画に対応するため、動画データと併せて音声データを一つにまとめているので、この形式をコンテナ形式と呼ぶことがあります。また、動画データや音声データ等をこれらの形式に合わせて記録又は再生するプログラムのことを**コーデック**といいます。そして、形式に合わせて記録することを一般的に**エンコード**（符号化）、逆に記録したデータを再生することを**デコード**（復号化）といいます。

4.2.5　音声データ

(1) PCM による音声データの仕組み

　音声に関する A/D 変換で代表的な方法に、**PCM**（Pulse Code Modulation）があります。この方法は、CD に音楽を記録する時の音楽データの形式等に利用されています。音声のアナログデータをディジタルデータに変換する PCM の方法は、図 4.13 の左側のようになります。

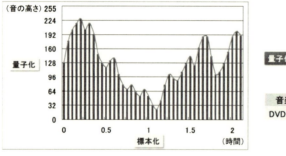 

図 4.13　音声データの A/D 変換の仕組み、量子化ビット数とサンプリング周波数の例

　図の曲線で示す連続する音の波形に対して、図の棒グラフで示すように、一定の時間間隔で音の波形の高さを取り出します。この工程が、音声のアナログデータに対する標本化の工程になります。この時、1 秒間当たり、波形をどれだけの間隔で取り出すかを示す値が**サンプリング周波数**（単位は **Hz**）で、例えば、音楽 CD のサンプリング周波数では、図 4.13 の右側に示すように、1 秒間を 4.41 万回（44.1kHz）の間隔で音の値を取り出します。

　次に、標本化で取り出した音の高さは実数値なので、これを幾つかの有限の音の高さに近似します。この工程が音の量子化の工程になり、図のグラフの場合は、0〜255 の 256 段階の音の高さに近似しているので、量子化ビット数は 8 ビットになります。音楽 CD の量子化ビット数は

16 ビットなので、音の高さを 0〜65,535 段階で表現していることになります。

(2) MIDI による音声データの仕組み

　MIDI は PCM でのデータ形式とは違い、電子楽器による演奏に特化した表現形式で、カラオケの演奏データ等の記録にも使います。MIDI では、音の再生を始めるデータをノートオンメッセージといい、音を止めるデータをノートオフメッセージといいます。

図 4.14　MIDI データの仕組み

　図 4.14 に示すように、ノートオン又はノートオフの情報を、その時の音源（チャンネル番号）と音階（ノート番号）と音の強さ（ベロシティ）を 3 バイトのデータで表現します。そして、電子楽器の音を再生できる MIDI 音源と呼ばれる機器やソフトを使って、MIDI データに従って、鳴らし始める時間に、指定された楽器で指定された音階と強さで音を再生します。

(3) 音声データの種類

　代表的な音声のファイル形式を次に示します。

- **WAV**（又は、WAVE）：Microsoft 社の Windows で標準的に利用するために規格した音声ファイルの形式で、PCM のサンプリングデータを取り扱います。WAV は音声データを非圧縮で記録します。WAV ファイルの拡張子は wav です。

- **MP3**（MPEG-1 Audio Layer-3、AAC）：ビデオ圧縮規格である MPEG-1 のオーディオ規格として開発された形式で、PCM のサンプリングデータを圧縮（非可逆圧縮）して取り扱うことができます。MP3 のファイル拡張子は mp3 です。

- **MIDI**（Musical Instrument Digital Interface）：日本の MIDI 規格協議会（現在の社団法人音楽電子事業協会）が中心となり、電子楽器の演奏データを機器間でディジタル転送するために策定された国際規格です[4]。MIDI のファイル拡張子は mid です。

4　MIDI は、VOCALOID（ボーカロイド）と呼ばれる音声合成の機能を組み合わせて、楽器だけではなく声を表現することができるようになってきました。この表現を使った代表的な取組に、クリプトン社の初音ミク・プロジェクトがあります。

4.3 コンピュータグラフィックスとデータ

4.3.1 2Dと3Dのデータ

　ゲームや映画等の画像はコンピュータを使って作ることが一般的となっており、作成した画像を**コンピュータグラフィックス**（**CG**：Computer Graphics）といいます。CG は画像作成ソフトを使って作成しますが、その CG には 2 次元の画像と 3 次元の画像の 2 種類があり、図 4.15 の左側に示す漫画のような平面的な画像を 2 次元（**2D**：two-dimensional）の CG ということで **2DCG**、立体的な画像を 3 次元（**3D**：three-dimensional）の CG ということで **3DCG** といいます。2DCG 作成用の画像作成ソフトは、漫画やイラストを作成する場合に利用されることが多く、多くの場合、**タッチパネル**や**ペンタブレット**と呼ばれる装置と専用のペンを使って、紙に絵を描く要領で直接、コンピュータに入力する方法が一般的です（図 4.15 の中央）。この方法で作成した画像は、先に説明したビットマップ画像やビットマップフォントのように、点の位置と色の情報をもつ画素が集まったデータとして作成されます。このようにフリーハンドで描画する作図方法を**ラスタ形式**といいます。それに対して、画像の線をアウトラインフォントのように、ベクトルの情報として作成する方法を**ベクタ形式**といいます[5]。図 4.15 の右側に示す 3DCG を作成する画像作成ソフトは、ベクタ形式で画像を作成している例で、3DCG の立体物を作成することを**モデリング**といいます。モデリングには、目的の立体物を 3 次元の座標上の点を線（ベクトル）で繋いで表現する方法や、積み木のように立体の部品を組み合わせたり、変形させたりして立体物の形に近づけていくといった方法があります。3DCG はベクタ形式で入力され、一度入力すればできあがった立体物を自由に回転、伸縮、移動したりできるので、立体物を動かすことで動画を作成することもできます。

図 4.15　2DCG と 3DCG 画像の例と、それらを作成する画像作成ソフトの例

　3DCG のデータ形式には、**VRML**（Virtual Reality Modeling Language）というモデリングしたデータを記録するファイル形式があります。この VRLM を発展させた **X3D** というファイル形式もあり、これは、ISO が定めた **XML**（Extensible Markup Language：拡張可能なマークつけ言語）をベースに、3DCG を表現するファイル形式です。

5　ベクタ形式は、製図やロゴ、地図、3D ゲーム等の作成でよく利用されます。

4.3.2　3Dデータの応用

(1) 3D プリンタ

3Dデータを応用した装置に、**3D プリンタ**があります（図 4.16）。この装置を使うことで、モデリングした3Dデータを、実際の立体物として出力することができます。

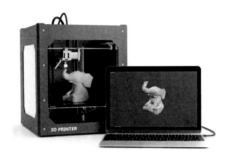

図 4.16　3D プリンタ

3Dプリンタの代表的な仕組みは、溶けた樹脂等を形状に合わせて流し固めながら、下から上に積み重ねていき、立体物を作っていくという方法です。3Dプリンタ利用の代表例には、実際の商品を製作する前に、これにより試作品を作るといった使い方があります。3Dプリンタで試作品を作ることで、実際の商品の見た目や、持って使う商品なら持ちやすさ、動くものであれば空気抵抗といった色々な機能を事前に確認することができ、製品開発の効率化を図ることができます[6]。

(2) バーチャルリアリティ

遊園地のアトラクションや映画等で、**バーチャルリアリティ**（**VR**：Virtual Reality）と呼ばれる技術が利用されています。VRとは、仮想空間を使って表現される**仮想現実**といわれる世界のことで、例えば、**VR ゴーグル（ヘッドマウントディスプレイ）**と呼ばれる映像を投影できる装置をつけて遊具に乗ることで、ジェットコースターに乗っているような感覚になり、仮想的に体験するといったアトラクションがあります（図 4.17 の左側）。VRゴーグルは、人間が右目と左目とそれぞれ独立して見ている二つの映像を脳内で合成するという実際の行為を模して、3DCGで作った映像を右目用と右目用のモニターにそれぞれ独立して画面に映し出すことによって、距離感のある現実に近い立体映像を見せる仕組みになっています。

また、仮想空間上でコミュニケーションや買い物等が行える仮想の世界を作って、サービスを提供するといった取り組みも始まっています。この仮想空間上の世界は、「超 (meta)」と「宇宙 (universe)」を組み合わせて**メタバース**（metaverse）という造語で呼ばれています。例えば、図 4.17 の右側に示すように、離れた場所にいる人達が、VRゴーグルやPCを使って、仮想空間上の教室に自分の**アバター**（自分の分身となるキャラクタ）を使って集い、同じ講義を受け、そ

---

[6]　最近では、巨大な3Dプリンタを使って、実際の家を作るといった取り組みも行われています。

図 4.17　VR コースターとメタバースのイメージ

の中でコミュニケーションを行うといったことを可能にしています[7]。

演習問題

問 1[8]　標本化、符号化、量子化の三つの工程で、アナログをディジタルに変換する場合の順番として、適切なものはどれか。

　ア　標本化、量子化、符号化　　イ　符号化、量子化、標本化
　ウ　量子化、標本化、符号化　　エ　量子化、符号化、標本化

問 2[9]　プリンタなどの印刷において表示される色について、シアンとマゼンタとイエローを減法混色によって混ぜ合わせると、理論上は何色になるか。

　ア　青　　イ　赤　　ウ　黒　　エ　緑

問 3[10]　ビットマップフォントよりも、アウトラインフォントの利用が適しているケースはどれか。

　ア　英数字だけでなく、漢字も表示する。　　イ　各文字の幅を一定にして表示する。
　ウ　画面上にできるだけ高速に表示する。　　エ　文字を任意の倍率に拡大して表示する。

問 4[11]　縦 1,000、横 800 の画素で構成する画像データで、一つの画素は、赤青緑の 3 原色を、それぞれ 256 階調で表現している場合、その画像のデータ量は何バイトか。なお、画像データは圧縮されていないものとする。

　ア　800,000　　イ　2,400,000　　ウ　19,200,000　　エ　2,048,000,000

問 5[12]　静止画データの圧縮符号化に関する国際標準はどれか。

7　実際に、東京大学では、メタバース工学部という名称で教育が行われており、ゲームでも任天堂の「あつまれ どうぶつの森」等で、メタバースを実現しています。
8　平成 28 年度 秋期 基本情報技術者試験 午前 問 5
9　平成 26 年度 秋期 IT パスポート試験 問 73
10　平成 27 年度 春期 基本情報技術者試験 午前 問 24
11　令和 5 年度 中央学院大学入学者選抜試験 情報【I】問題 8 改題
12　平成 21 年度 春期 基本情報技術者試験 午前 問 30

ア　BMP　　イ　GIF　　ウ　JPEG　　エ　MPEG

問6[13]　解像度が 1,000×800 で、各画素は 256 の色数で表現されている画像を、30fps で表示する 10 秒の動画データがある。この動画データを 10 分の 1 に圧縮した場合のデータ量は何 M バイトか。なお、動画データの音声情報や制御情報などは考えないものとする。

　　ア　24M バイト　　イ　192M バイト　　ウ　240M バイト　　エ　6,144M バイト

問7[14]　拡張子「avi」が付くファイルが扱う対象として、最も適切なものはどれか。

　　ア　音声　　イ　静止画　　ウ　動画　　エ　文書

問8[15]　アナログ音声信号をディジタル化する場合、元のアナログ信号の波形に、より近い波形を復元できる組合せはどれか。

　　ア　サンプリング周期が長く、量子化の段階数が多い
　　イ　サンプリング周期が長く、量子化の段階数が少ない
　　ウ　サンプリング周期が短く、量子化の段階数が多い
　　エ　サンプリング周期が短く、量子化の段階数が少ない

問9[16]　マルチメディアのファイル形式である MP3 はどれか。

　　ア　G4 ファクシミリ通信データのためのファイル圧縮形式
　　イ　音声データのためのファイル圧縮形式
　　ウ　カラー画像データのためのファイル圧縮形式
　　エ　デジタル動画データのためのファイル圧縮方式

問10[17]　インターネットを介して、あたかも現実世界のようにコミュニケーションや経済活動などを繰り広げることのできる仮想空間を称して何というか。

　　ア　クラウドコンピューティング　　イ　グループウェア
　　ウ　マルチメディア　　　　　　　　エ　メタバース

13　令和 4 年度 中央学院大学入学者選抜試験 情報【I】問題 7 改題
14　平成 28 年度 春期 IT パスポート試験 問 97
15　平成 21 年度 春期 IT パスポート試験 問 66 一部表現を変更
16　平成 21 年度 春期 IT パスポート試験 問 78
17　令和 5 年度 中央学院大学入学者選抜試験 情報【I】問題 7 改題

第**5**章

ハードウェア
——CPUとメモリ

この章では、①ノイマン型コンピュータの考え方と、その基本的な構成、②CPUの著しい性能向上と、その処理性能を評価するための尺度、③主記憶装置の基本的な仕組みと、装置を構成する半導体メモリの種類と特徴、④記憶装置の階層的な構造とキャッシュメモリの役割について、これら四つの学びを深めていきます。

5.1 コンピュータの仕組み

5.1.1 ノイマン型コンピュータと五大機能

現在のコンピュータの仕組みが確立したのは、1951年（完成形になったのは1960年）に作られたEDVAC（エドバック、Electronic Discrete Variable Automatic Computer）であるといわれています。そして、EDVACの仕組みは、図5.1の左側に示す人物であるJohn von Neumann（ジョン・フォン・ノイマン）[1]の設計に関する報告書が基になっています。このコンピュータの仕組みが、その後のコンピュータの方式に大きな影響を与えたので、この方式のことを、特にノイマン型といい、現代のほとんどのコンピュータはノイマン型コンピュータです。この方式の特徴を短く表現すると、"計算機に記憶装置を備え、計算と手順を符号化して記憶させ、その記憶内容を順次取り出して、これを解読して計算を実行する"となります（図5.1の右側）。

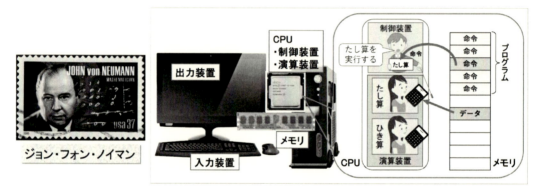

図5.1　ジョン・フォン・ノイマンと、ノイマン型コンピュータのイメージ

即ち、コンピュータは必ず**記憶装置（メモリ）**を備えており、そのメモリには、符号化した計算手順である**プログラム**を記憶しているということです。この特徴を**プログラム内蔵方式**といいます。そして、その符号は、いうまでもなく、0と1からなる**2進数**です。このプログラムを解読して計算を実行する装置が、図に示す**制御装置**と**演算装置**であり、この二つの装置の機能を合わせもつものが**CPU**（Central Processing Unit、**中央処理装置**）です。CPUと記憶装置が、コンピュータを構成する最も重要な装置です。ただ、人間がコンピュータを利用するためには、コンピュータを操作するための**入力装置**と、コンピュータの処理を確認するための**出力装置**が必要になります。このように、コンピュータを構成する**ハードウェア**（ハード）には制御装置と演算装置の二つからなるCPUと、それに加えて記憶装置、入力装置、出力装置を合わせた五つが必要になるので、これをコンピュータの**五大機能（五大装置）**と呼ぶことがあります。

五大機能の関係において、図5.2に示すようにコンピュータを動作させる中心的な役割を果たすものが制御装置であり、この装置から各装置をコントロールする**制御信号**が送られます。ま

---

[1] John von Neumannは、1933年から米国のプリンストン高等研究所に所属し、1946年にEDVACの設計に関する「電子計算機の論理設計に関する準備的な議論（Preliminary Discussion of the Logical Design of an Electronic Computing Instrument）」という論文を執筆しました。

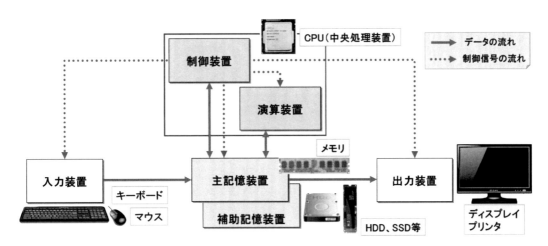

図 5.2　コンピュータの五大機能

た、プログラムを含めたデータの取り扱いにおいて中心的な役割を果たすものが記憶装置であり、各装置は記憶装置との間でデータのやり取りを行います。記憶装置には、実行中のプログラムとデータを記憶する**主記憶装置**（メモリ）と、実行していないプログラムや今は使っていないデータを保存しておく、主記憶装置を補助するための**補助記憶装置**の2種類があります。補助記憶装置には、**HDD**（Hard Disk Drive、ハードディスクドライブ）や**SSD**（Solid State Drive、ソリッドステートドライブ）と呼ばれる装置が利用されています。

5.1.2　PCの仕組み

　PCもノイマン型コンピュータであり、五大装置で構成されています。PCの本体を開けると、図5.3に示すように、その中には**マザーボード**と呼ばれる大きな基盤が入っています。そして、その中にはいくつものソケットやスロット、インタフェースと呼ばれる、部品を接続するた

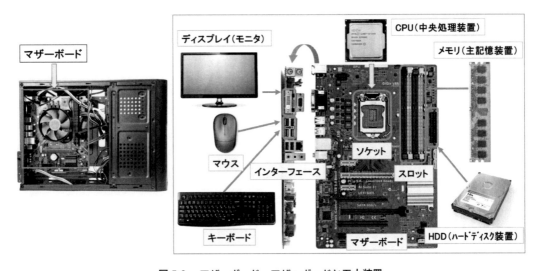

図 5.3　マザーボード、マザーボードと五大装置

めの取付具があります。

　これらのソケットやスロットは、CPU やメモリ（主記憶装置）、更には HDD（ハードディスク）等の補助記憶装置が接続できるようになっています。マザーボードの端には、ディスプレイやキーボード、マウス等を接続するためのインタフェースがついています。ソケットやインタフェースに各部品や装置を繋ぐことで、五大機能をもった PC ができあがります。

　マザーボードには**システムバス**と呼ばれる回線があり、ちょうど人間の脳と手足を繋ぐ中枢神経のように、CPU やメモリと各装置と繋がっています（図 5.4）。そして、この**システムバス**を通って、図 5.2 で示したように、制御信号やデータがキーボードやマウス、ディスプレイ、プリンタ等の入出力装置に伝わります。このシステムバスにより五大装置は CPU（制御装置）の制御信号に従い、メモリと各装置との間でデータのやり取りを行いながら処理を実行します。

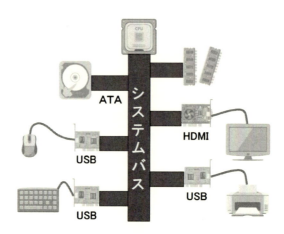

図 5.4　システムバスと五大装置

5.2　CPU と処理性能

5.2.1　初代コンピュータと素子の進化

　最初に誕生したディジタル式のコンピュータは、1946 年（第二次世界大戦終結の翌年の昭和 21 年）、米国のペンシルベニア大学で作られた **ENIAC**（Electronic Numerical Integrator And Calculator、エニアック）であるといわれています。そして、この時から、ディジタル式のコンピュータの歴史が始まります。ただ、開発時点での ENIAC はノイマン型コンピュータである EDVAC とは異なる設計[2]でした。ENIAC は図 5.5[3] の左側に示す表のように、1 秒間に 10 進数のたし算を 5,000 回行えるという人間の計算力を遙かに超える処理性能をもっていましたが、27 トンと非常に重く大きな装置でした。また、ENIAC を含め、初期のコンピュータ（図 5.5 の右側）は 0 と 1 の値を示すスイッチに、図 5.6 の左側に示す真空管と呼ばれる部品を、大量

---

[2]　最初のコンピュータといわれている ENIAC は、2 進数ではなく、10 進数で計算する仕組みであった点等、現在のコンピュータと幾つか異なる点がありました。

[3]　出典:フリー百科事典『ウィキペディア（Wikipedia）』、ENIAC、https://ja.wikipedia.org/wiki/ENIAC

ENIACの仕様	
真空管	17,468本
クロック	100kHz
処理能力（10進数加算）	5,000回/秒
1語長（10進数10桁）	44ビット
消費電力	150kW
大きさ（設置面積）	167m²
重量	27トン
製造年	1946年

図 5.5　ENIAC の仕様、真空管で作られた初期のコンピュータ

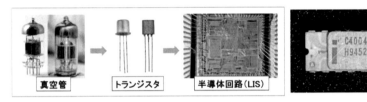

図 5.6　真空管、トランジスタ、半導体回路、Intel 4004

（ENIAC の場合は 17,468 本）に使って作られていました。真空管はその内部を高温に熱して放電する仕組み[4]なので、大量の電力（ENIAC の場合は 150kW[5]）を消費し、また、数本の真空管が毎日故障し、その都度修理が必要になるという耐久性にも問題のある機械であったといわれています。

　それから 80 年ほどが過ぎた現在、スマートフォンを含むコンピュータは驚くべき進歩を遂げ、小型化、省電力化、高性能化し、ほとんど壊れることのなく稼働する機械になり、日常生活の中でなくてはならない必需品となりました。この驚くべき進化は、コンピュータを構成する主要部品であるスイッチの進化にあります。初期のコンピュータで使っていた真空管は半導体を使ったトランジスタに替わり、更に、トランジスタ等の部品を集積した半導体回路である **IC**（Integrated circuit、集積回路）に替わり、現在では、大規模に集積した **LSI**（Large Scale Integrated circuit、大規模集積回路）へと進化していきました。市販品の LSI として最初に作られた CPU[6] は、1971 年に Intel 社と日本のビジコン社が共同開発した Intel 4004 という製品（図 5.6 の右側）です。この LSI には、**ダイ**と呼ばれる 3mm×4mm という非常に狭い面積の半導体のチップに、2,300 個のトランジスタが集積されていました。LSI の集積度は年々、飛躍的に向上しており、Intel 社の創業者の一人であるゴードン・ムーアは約 2 年で 2 倍になっていくと予測し、図 5.7[7] のグラフに示すように、その通りの進化を続けてきたので、この予測を**ムーア**

---

[4] 放電する、放電しないという仕組みで、電気を通す（1 の状態）通さない（0 の状態）というスイッチの役割を果たします。

[5] 150kW（ワット）は、一般的な 1,000W のヘアドライヤーだと、同時に 150 台動かす電力に匹敵します。

[6] LSI でつくられた CPU を、「マイクロプロセッサ」（略して「プロセッサ」）と呼ぶことがあります。

[7] 佐野正博：「Intel 社が開発したマイクロプロセッサの技術的スペックの歴史的変遷」、https://www.sanosemi.com/history_of_Intel_CPU_techspecs-mini.htm のデータを参考に著者が作成。

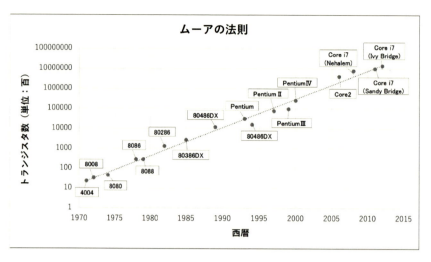

図 5.7　ムーアの法則を示すグラフ

の法則と呼んでいます。

事実、Intel社が、Intel 4004 を開発した約 20 年後の 1993 年に発表した Intel Pentium（ペンティアム）という CPU は、Intel 4004 の 1,000 倍[8]を超える約 310 万個のトランジスタが集積されています。この CPU の集積度の向上は現在も進んでおり、その結果、CPU が一度に処理できる情報量も拡大しました。Intel 4004 が一度に処理できる情報量は 4 ビットだったので、4 ビット CPU といわれており、それが 8 ビット、16 ビットと増え、先の Pentium では 32 ビット CPU となり、現在では、一度に 64 ビットが処理できる 64 ビット CPU が主流になっています。

5.2.2　処理速度を表す指標

(1) クロック速度と CPU

CPU には、デジタル時計等に使われる正確な周期を発信する水晶発振器が入っており、これを使って決まった時間で動作する仕組みになっています。即ち、CPU が 1 回の基本動作を行う時間を、発振器が発生する規則的な振動の 1 回分の周期によって決めています（図 5.8）。

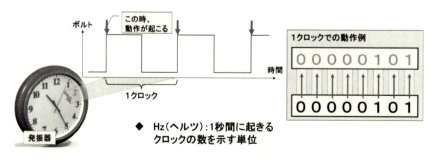

図 5.8　クロックによる動作

---

[8]　2 年で 2 倍ということは、20 年では 2^{10} 倍ということなので、約 1,000 倍になるということになります。

この周期のことを**クロック**といい、一定時間内に 1 クロックが何回起こるかを**クロック周波数**（クロック数）といい、1 秒間でのクロック周波数を Hz の単位で表します。例えば、クロック速度が 5GHz の CPU では、1 秒間に 5G 回（50 億回）の基本動作が起きるということです。CPU で直接実行できる**機械語（マシン語）**[9]の一つの命令を処理するには、命令の種類によって違いがありますが、一般に数回から数十回程のクロックが必要であるといわれています。1 命令が平均何クロックで実行できるかという性能を表す指標に **CPI**（Cycles Per Instruction、クロック周波数／命令）があります。例えば、5GHz の CPU で、1 秒間に平均 5 億の命令が実行できるとすると、$5,000,000,000 \div 500,000,000 = 10$ という計算により 10CPI になります。機械語の種類が同じで、構造も同じ CPU の場合であれば、クロック周波数が高い方が、短い時間でたくさんの命令を実行できるので、CPU の処理性能は高くなります[10]。

(2)MIPS

CPI 以外にも CPU の性能を示す尺度があり、その一つに **MIPS**（Million Instructions Per Second、ミップス）があります。MIPS とは、1 秒間に何百万個の命令を実行できるかを示す単位です。例えば、10CPI で 5GHz の CPU の場合、1 秒間に 5 億の命令が実行できるので、5 億を 100 万で割り 500MIPS になります。

ところで、1990 年代に Intel 社が開発した CPU である i486DX（1992 年）のクロック速度は66MHz で 54MIPS、その 2 年後に登場した Pentium（1994 年）のクロック速度は 100MHz で118MIPS であり、クロック速度の差は大きくないのですが、MIPS 値に 2 倍以上の開きがあります。実は、この二つの CPU の命令体系は同じなのですが、命令を処理する仕組みが進化したことにより Pentium の MIPS 値が向上しました[11]。それは、Pentium が、命令を独立して処理する仕組み（**core**、コアという）を CPU 内に二つもち、一回のクロックで二つの命令を並行し実行できるようになったからです。最近のコンピュータは、CPU 内に複数の core をもつ**マルチコアプロセッサ**になっており、クロック速度の向上だけではなく、CPU 内の core 数を増やし、より高速化を図っています（図 5.9）。

(3)FLOPS

MIPS によく似た尺度に、**FLOPS**（Floating-point Operation Per Second、フロップス）があります。MIPS との違いは、FLOPS は浮動小数点[12]の計算（実数の計算）を行う命令を 1 秒間に何回実行できるかを示す指標で、実数計算の高速性が求められるスーパーコンピュータや、SONY の PlayStation 等のゲーム用コンピュータの性能を示す尺度に使われています。2012 年に日本の理化学研究所で開発された「京」というスーパーコンピュータの性能は、10PFLOPS（ペタ FLOPS）で、1 秒間に 10,000 兆（1 京）回の浮動小数点の計算を実行することができまし

9　機械語は、CPU が直接実行できる命令からなるプログラム言語で、2 進数で表現されています。

10　CPU の種類が異なると、機械語の命令の体系や構造の違いにより CPI の値が異なるので、種類の異なる CPU の処理速度を、単純にクロック周波数で比較することはできません。

11　MIPS の場合も CPI やクロック周波数と同じく、機械語命令の体系や構造が異なっていると、単純にその数値だけで比較することはできません。

12　浮動小数点については第 8 章で紹介します。

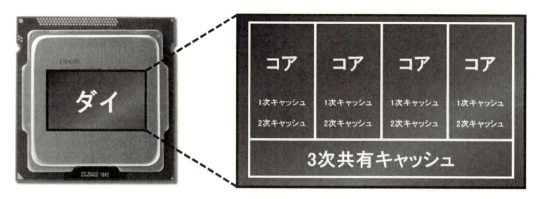

図 5.9　core を四つもつ CPU のイメージ

た[13]。

5.3　主記憶装置と半導体メモリ

5.3.1　メモリとアドレス

　先に説明したように、情報量の単位としてビットとバイトがあり、現在のコンピュータの主記憶装置（メモリ）は、1 バイト（B）単位でデータを管理しています。1 バイト単位での管理とは、図 5.10 に示すように、データを 1 バイト単位に仕切った記憶場所に、データを記憶したり取り出したりできるということです。即ち、データを 1 バイト単位で**アクセス**できるようになっています。データを 1 バイト単位で取り扱うコンピュータのことを**バイトマシン**といいます。

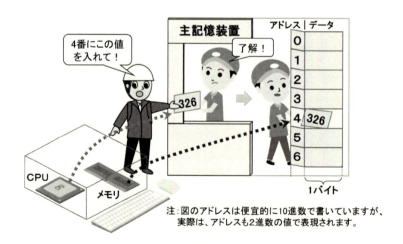

図 5.10　主記憶装置のイメージ

13　京に換わって 2020 年に開発された「富岳」（図 1.4）は、その 44 倍を超える 442PFLOPS という性能をもっています。

最近のPCは、GB（ギガバイト）単位の大きな主記憶装置の領域をもっており、例えば、その大きさが16GBの場合は、1バイト分のデータが記憶できる場所を一つの箱として考えると、この箱が160億個あるということです。そして、各箱は、図5.10に示すように、場所が特定できるように、番号を順番につけて管理されています。この番号を**アドレス（番地）**と呼び、アドレスの値を指定することで、沢山ある主記憶装置の箱の場所が特定でき、目的のデータにアクセスできる仕組みとなっています。これにより、主記憶装置は、どの場所にも自由にアクセスできるので、この特性を**ランダムアクセス**が可能であるといいます。

5.3.2　半導体メモリの種類

(1)RAM と ROM

　メモリは主記憶装置だけを指す言葉ではなく、記憶装置全般を指す総称として使うことがあり、LSIでできたメモリのことを、**半導体メモリ**又は**ICメモリ**と呼びます。主記憶装置は半導体メモリで構成されており、半導体メモリは、その特性からRAMとROMに分類されます。**RAM**（Random Access Memory、ラム）は、先に説明したように、好きな場所に対してランダムアクセスできるメモリのことです。**ROM**（Read Only Memory、ロム）は、既に書き込まれているデータを読み出すことだけができるメモリです。即ち、データを新たに書き込む（記憶させる）ことはできません。ただ、ROMの場合、書き込まれているデータは、電源を切っても消えることはないので、このような特性をもったメモリを**不揮発性メモリ**といいます。逆に、RAMの場合は、PCの電源を切ると記憶しているデータが消えてしまうので、**揮発性メモリ**といいます。

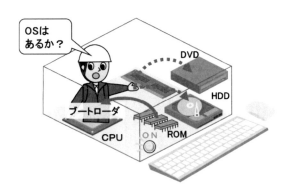

図5.11　ROMとブートローダのイメージ

　主記憶装置は、ほとんどの記憶領域がRAMでできているのですが、一部ROMが使われています。主記憶装置の全てがRAMだとすると、PCの電源を切ってしまうと、記憶していたプログラムも全て消えてしまうので、次に電源を入れた時、Windows等の**OS**（Operating System）を起動することができません。従って、電源を切ってもプログラムが消えないROMを使い、その中にOSを起動するプログラムを記憶しておきます。そうすることで、電源を入れると、図5.11に示すように、最初にROMに記憶したプログラムが動き、OSを起動してくれるので、

OSを利用することができます。ROMに記憶したこのプログラムのことを**ブートローダ**[14]といいます。また、ブートローダがOSを補助記憶装置から読み出して実行するためには、その装置を動かすためのプログラムも必要になり、このプログラムもROMに記憶されており、このプログラムのことを**BIOS**（Basic Input Output System、バイオス）といいます[15]。

(2) 半導体メモリの種類

半導体メモリのRAMとROMには、更に特性の異なる幾つかの種類があります（図5.12）。RAMには、**SRAM**（Static RAM）と**DRAM**（Dynamic RAM）があります。SRAMは、回路が複雑ですが、アクセスを高速に行えるという特徴をもつので、高速な処理が求められるCPU内部の**レジスタ**や**キャッシュ**という記憶装置として利用されています。レジスタは、CPU内で処理中のデータや命令を一時的に記憶しておく素子で、キャッシュ[16]は、これから利用するプログラムやデータを、高速にアクセスできるように、待機させておくために使われる記憶装置です。DRAMは逆に、SRAMと比べるとアクセスが遅いのですが、回路が単純であるという特徴から、LSIの中に多くの記憶素子を詰め込めることから、大容量の半導体メモリを作ることができるので、主記憶装置の部品として利用されています。

ROMには、**マスクROM**と**PROM**（Programmable ROM）があり、マスクROMは製造時にデータが記録され書き換えができない消去不可能型のROMで、PROMは記録しているデータの書き換えが可能なROMです。PROMには**EPROM**（Erasable PROM）や**フラッシュROM**があり、これらは特定の処理を行うことで、書き込まれているデータを何度でも消して違うデータを書き込むことが可能（再書き込み可能）なROMです。EPROMには紫外

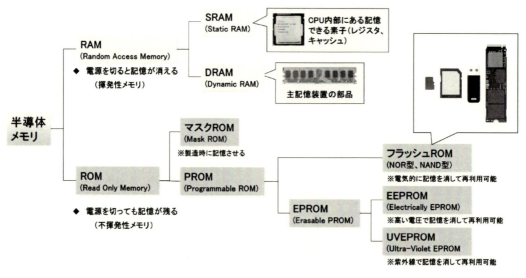

図5.12　半導体メモリの種類

14　ブートローダのことを**IPL**（Initial Program Loader）と呼ぶことがあります。
15　BIOSのように、機械に組み込まれたソフトウェアのことを**ファームウェア**といいます。
16　キャッシュについては、第8章で詳しく紹介します。

線を照射することで再書き込みを可能にする UVEPROM（Ultra-Violet EPROM）と、高い電圧をかけることで再書き込みを可能にする **EEPROM**（Electrically EPROM）があります。フラッシュ ROM も EEPROM と同様に電気的に再書き込みが可能であり、その書き込みが EEPROM よりも容易なことから、現在、図に示すように SSD や USB メモリ、SD カード[17]といった記憶装置の部品として利用されています。フラッシュ ROM を使った記憶装置を**フラッシュメモリ**ということがあります。

(3) 記憶の階層

コンピュータ内部では、主記憶装置や補助記憶装置の他にも、レジスタやキャッシュといった色々な種類の記憶装置が使われ、図 5.13 のように、プログラムやデータを階層的に記憶して利用しています。プログラムを実行する場合の基本的な流れは、図のキャッシュがない場合のように、補助記憶装置（HDD、SSD）から主記憶装置（メモリ）に読み出して実行を開始し、実行中のプログラムやデータを CPU 内のレジスタに一時的に記憶します。

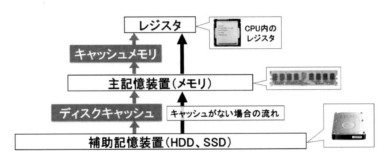

図 5.13　記憶の階層

ただ、これらの記憶装置には、記憶容量とアクセス速度[18]に、

　記憶容量（大きい順）：補助記憶装置 ＞ 主記憶装置 ＞ レジスタ
　アクセス速度（速い順）： レジスタ ＞ 主記憶装置 ＞ 補助記憶装置

という違いがあります。これらの差により、例えば、CPU が主記憶装置からレジスタにデータを読み出す場合、レジスタよりもアクセス速度の遅い主記憶装置によって、CPU が待たされることになります。同じことが、補助記憶装置から主記憶装置にデータを読み出す時にも起こります。従って、CPU の処理速度だけを向上させても、主記憶装置や補助記憶装置によって CPU が待たされることで、コンピュータ全体の処理速度は思ったほど速くならないといったことが起こります。そこで、図に示すように、各記憶装置の間に、キャッシュメモリやディスクキャッシュと呼ばれる記憶装置を配置します。

キャッシュメモリは、レジスタと主記憶装置の中間的な大きさの記憶容量でかつ中間的なアク

---

[17]　SSD や USB メモリ、SD カードについては、第 6 章で詳しく紹介します。
[18]　レジスタのアクセス時間を 1 とすると、キャッシュメモリは 10 倍、メモリは 100 倍、SSD は 10 万倍、HDD は 1 千万倍といわれています。

セス速度の装置です。これを使い、主記憶装置から読み出すデータを予測して、先にキャッシュメモリにコピーしておけば、レジスタはアクセス速度の速いキャッシュメモリから必要なデータを読み出すことができるので、読出し時間が短くなります。主記憶装置と補助記憶装置の間にも、半導体メモリでできている主記憶装置に近い速さの**ディスクキャッシュ**を置くことで、同様の効果を得ることができます。ただ、読み出すデータの予測が外れるとキャッシュではなく、主記憶や補助記憶装置から直接読み出すことになってしまいます。キャッシュから読み出せる割合をヒット率といい、ヒット率が高いほど、平均的な読出し時間[19]は速くなります。

演習問題

問1[20]　コンピュータを構成する一部の機能の説明として、適切なものはどれか。

　ア　演算機能は制御機能からの指示で演算処理を行う。

　イ　演算機能は制御機能、入力機能及び出力機能とデータの受け渡しを行う。

　ウ　記憶機能は演算機能に対して演算を依頼して結果を保持する。

　エ　記憶機能は出力機能に対して記憶機能のデータを出力するように依頼を出す。

問2[21]　1940年代後半に電子計算機（コンピュータ）が登場し、2進の値を電気的に扱うために、コンピュータには、リレーや真空管、トランジスタ、IC、LSIといった部品が利用されてきた。これらの電子部品が2進の値を扱うために共通する特徴は何か。

　ア　液晶の方向を揃える、揃えないを制御できる。

　イ　磁化する、磁化しないを制御できる。

　ウ　電気を通す、通さないを制御できる。

　エ　光る、光らないを制御できる。

問3[22]　CPUの性能に関する記述のうち、適切なものはどれか。

　ア　32ビットCPUと64ビットCPUでは、64ビットCPUの方が一度に処理するデータ長を大きくできる。

　イ　CPU内のキャッシュメモリの容量は、少ないほどCPUの処理速度が向上する。

　ウ　同じ構造のCPUにおいて、クロック周波数を下げると処理速度が向上する。

　エ　デュアルコアCPUとクアッドコアCPUでは、デュアルコアCPUの方が同時に実行する処理の数を多くできる。

問4[23]　50MIPSのプロセッサの平均命令実行時間はいくらか。

　ア　20ナノ秒　　イ　50ナノ秒　　ウ　2マイクロ秒　　エ　5マイクロ秒

19　キャッシュのヒット率を α、キャッシュの平均アクセス時間を Tc、メモリの平均アクセス時間を Tm とすると、CPUがデータを読み出す平均アクセス時間 Ta は、$Ta=\alpha Tc+(1-\alpha)Tm$ となります。

20　平成21年度 秋期 ITパスポート試験 問72

21　令和5年度 中央学院大学入学者選抜試験 情報 【I】問題10 改題

22　令和4年度分 ITパスポート試験 問81

23　平成27年度 秋期 基本情報技術者試験 午前 問9

問 5[24]　マルチコアプロセッサに関する記述のうち、最も適切なものはどれか。

ア　1 台の PC に複数のマイクロプロセッサを搭載し、各プロセッサで同時に同じ処理を実行することによって、処理結果の信頼性の向上を図ることを目的とする。

イ　演算装置の構造とクロック周波数が同じであれば、クアッドコアプロセッサはデュアルコアプロセッサの 4 倍の処理能力をもつ。

ウ　処理の負荷に応じて一時的にクロック周波数を高くして高速処理を実現する。

エ　一つの CPU 内に演算などを行う処理回路を複数個もち、それぞれが同時に別の処理を実行することによって処理能力の向上を図ることを目的とする。

問 6[25]　コンピュータの主記憶中にある命令やデータの格納場所を特定するために、その場所に付けられた値はどれか。

ア　アドレス　　イ　インデックス　　ウ　カウンタ　　エ　デコーダ

問 7[26]　PC に利用される DRAM の特徴に関する記述として、適切なものはどれか。

ア　アクセスは、SRAM と比較して高速である。　　イ　主記憶装置に利用される。

ウ　電力供給が停止しても記憶内容は保持される。　　エ　読み出し専用のメモリである。

問 8[27]　利用者が PC の電源を入れてから、その PC が使える状態になるまでを四つの段階に分けたとき、最初に実行される段階はどれか。

ア　BIOS の読込み

イ　OS の読込み

ウ　ウイルス対策ソフト等の常駐アプリケーションソフトの読込み

エ　デバイスドライバの読込み

問 9[28]　データの読み書きが高速な順に左側から並べたものはどれか。

ア　主記憶、補助記憶、レジスタ　　イ　主記憶、レジスタ、補助記憶

ウ　レジスタ、主記憶、補助記憶　　エ　レジスタ、補助記憶、主記憶

問 10[29]　キャッシュメモリの効果として、適切なものはどれか。

ア　主記憶からキャッシュメモリへの命令の読出しと、主記憶からキャッシュメモリへのデータの読出しを同時に行うことによって、データ転送を高速に行う。

イ　主記憶から読み出したデータをキャッシュメモリに保持し、CPU が後で同じデータを読み出すときのデータ転送を高速に行う。

ウ　主記憶から読み出したデータをキャッシュメモリに保持し、命令を並列に処理すること

24　平成 25 年度 秋期 IT パスポート試験 問 66

25　平成 24 年度 春期 IT パスポート試験 問 78

26　平成 21 年度 秋期 IT パスポート試験 問 83

27　平成 28 年度 春期 IT パスポート試験 問 85

28　平成 23 年度 秋期 IT パスポート試験 問 79

29　平成 28 年度 春期 基本情報技術者試験 午前 問 11

によって演算を高速に行う。

エ　主記憶から読み出した命令をキャッシュメモリに保持し、キャッシュメモリ上でデコードして実行することによって演算を高速に行う。

第6章

ハードウェア
——周辺装置

　この章では、①補助記憶装置の種類と、補助記憶装置の基本的な仕組み、②取外し可能な補助記憶装置（リムーバルメディア）の種類とその特徴、③キーボードとポインティングディバイスの種類と特徴、④ディスプレイやプリンタ、スキャナ等の種類と特徴、⑤USBやHDMI等の入出力インタフェースの種類と特徴について、これら五つの学びを深めていきます。

6.1 補助記憶装置

6.1.1 補助記憶装置の種類と用途

　プログラムやデータが、実行又は処理されるためには、それらが主記憶装置に記憶されている必要があります。しかし、主記憶装置に記憶できる容量は限られており、また、主記憶装置（RAM）に記憶しておいたプログラムやデータは、PCの電源を切ることで失われてしまいます。従って、PCに電源を入れた時、最初に実行する必要のあるWindows等のOSや、時々利用するワープロや表計算ソフトといったアプリ、そして、それらに必要なデータを、必要な時に利用できるように記憶しておく仕組みが必要です。即ち、この目的を実現するものが、不揮発性の特性をもち、主記憶装置よりも大きな記録容量をもつ**補助記憶装置**です。補助記憶装置には、主に次の①〜④に示す用途と、その用途に適した図6.1に示す種類があります。

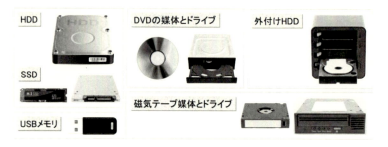

図 6.1　補助記憶装置の種類

① OSは、一般的にPCに内蔵されているHDDやSSD等の補助記憶装置に保存されており、PCに電源が入ると、ブートローダが補助記憶装置からOSを主記憶装置に読み出して（**ロード**して）実行します。

② ワープロや表計算ソフト等のアプリの利用を始める場合、そのアプリをPCに導入（**インストール**）する必要があります。インストールする場所は補助記憶装置で、アプリを実行する場合は、補助記憶装置から主記憶装置にロードして実行します。アプリのインストールには、インターネットからダウンロードする方法や、アプリが記録されたDVD等の媒体からドライブを使って読み出し、HDDやSSDにインストールするといった方法があります。

③ アプリで作成したデータを保存する場所も補助記憶装置で、特にデータを持ち歩く時には、**USBメモリ**等の取り外しのできる補助記憶装置である**リムーバブルドライブ**（Removable Drive）に保存します。USBメモリ以外に、データを記録できるDVD等の媒体を使うこともあり、脱着可能な媒体を**リムーバブルメディア**（Removable Media）といいます。

④ 補助記憶装置に保存している大切なデータやプログラムが装置の故障や操作ミス、不正アクセス等で壊れたり消えたりした時のために、同じものを他の補助記憶装置に保存し、予備を作ること（**バックアップ**）を行います。バックアップでよく使われる装置には外付けHDD

があり、その他に磁気テープドライブを使って**磁気テープ**[1]に保存する方法もあります。

6.1.2 補助記憶装置の種類と特徴

(1)HDD と SSD

PC の補助記憶装置として利用される **HDD** と **SSD** の用途は同じなのですが、図 6.2 の左側に示すように、その構造は大きく異なります。HDD は、機械的な仕組みをもつ装置で、磁気によって記憶できる磁気ディスクに、アームの先についた磁気ヘッドによってデータを読み書き（アクセス）するといった機構になっています。磁気ディスクは図 6.2 の右側に示すように、トラックと呼ばれる同心円上の場所にデータを記録します。**トラック**は更に、**セクタ**[2]と呼ばれる領域に分割され、記憶領域はセクタ毎に管理されます。

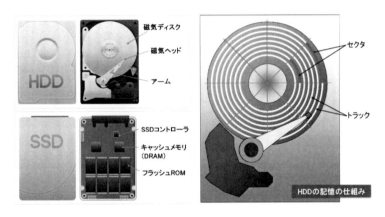

図 6.2　HDD と SSD の構造、HDD の記憶の仕組み

そして、図 6.3 に示すように、目的のセクタのデータをアクセスするためには、まず、磁気ヘッドを目的のトラックへと移動する位置決め動作があり、次に、移動した磁気ヘッドのところまで、目的のセクタが回転してくるのを待ち、到達した時点からデータの転送が始まります。従って、HDD でのアクセスにかかる時間は、"アクセス時間＝位置決め時間＋回転待ち時間＋データ転送時間" となります。この磁気ディスクの回転とアームを移動する機構により、磁気ヘッドはディスクのどの場所（セクタ）でもランダムアクセスできるようになっています。

SSD は、磁気ディスクの代わりにフラッシュ ROM に電気的に記憶する仕組みになっており、SSD コントローラという部品により、沢山あるフラッシュ ROM の中からデータをランダムアクセスできるようになっています。SSD は、HDD よりも一般的に記憶容量が小さいですが、電気的に記憶するので機械的な仕組みの HDD よりも小型軽量で、アクセスにかかる時間（**アクセ**

---

[1] 磁気テープは、他の媒体と比べてアクセス速度が遅いのですが、大容量の記憶ができ、また、外部からの不正アクセスに強いという特徴をもっています。

[2] 図 6.3 ではセクタが等角に分割されていますが、最近の HDD では、セクタを同じ長さに分割して、全体のセクタ数を増やすようにしています。

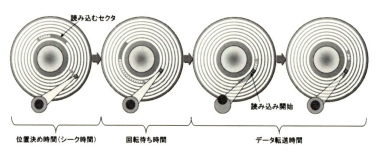

図 6.3　HDD のセクタへのアクセス方法

ス速度）が短いという特徴をもっています[3]。

(2) リムーバルメディアとドライブ

先の補助記憶装置の主な用途の③に利用されることが多い媒体に、**CD** や **DVD**、**BD**（Blu-ray Disc、ブルーレイ）といった**光ディスク**と呼ばれるリムーバブルメディアがあります。それぞれ、直径 12cm の大きさのディスク[4]で、これらの媒体を利用するためのドライブ（例えば、DVD ドライブ）と呼ばれる装置があり、媒体にレーザ光を当ててデータをアクセスする仕組みになっています。光ディスクは、音楽や映画を配布する媒体としても利用されますが、コンピュータのデータを記録する時にも利用されます。各媒体1枚に記録できる記憶容量には、CD は 650MB、DVD は 4.7GB、BD は 25GB 等といった種類があります。また、CD、DVD、BD には、書き込まれている情報を読出すだけの媒体（CD-ROM、DVD-ROM、BD-ROM）と、一度だけ書き込める媒体（CD-R、DVD-R、BD-R）、何度でも消して書き込める媒体（CD-RW、DVD-RW、BD-RE）の3種類があります（図 6.4 の左側）。

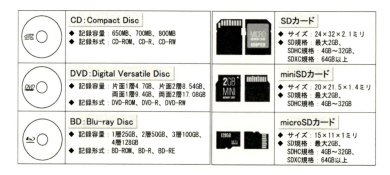

図 6.4　光ディスクの種類、SD カードの種類

光ディスク以外のリムーバルメディアには、図 6.4 の右側に示すフラッシュ ROM を使った **SD カード**（SD メモリカード）があり、USB メモリを含めて、これらを**フラッシュメモリ**と呼

---

[3] デスクトップ PC や大型のノート PC は補助記憶に HDD を使っている場合もありますが、モバイル性能を重視するノート PC、タブレット、スマートフォンの補助記憶装置には、軽量な SSD が使われています。

[4] 直径 8cm のサイズのディスクもあります。

ぶことがあります。SD カードは、図に示すようにサイズの違う SD、miniSD、microSD という 3 種類のメモリカードがあり、一番大きなサイズの SD カードでも切手ほどの大きさです[5]。これらのカードを利用するためには、各サイズに合ったカードスロット（カードの差し込み口）のついた装置が必要です[6]。先の補助記憶装置の主な用途の④で利用されるリムーバブルメディアに、図 6.1 で示した他の記憶媒体と比べて記憶容量が大きな **LTO**（Linear Tape-Open）と呼ばれる磁気テープがあり、LTO ドライブを利用して磁気テープのデータをアクセスします[7]。

6.2 入出力装置

6.2.1 キーボードとポインティングディバイス

(1) キーボード

　文字を入力するための代表的な入力装置にキーボードがあります。キーボードには、キーの数やキーの配置等の異なる種類があり、図 2.8 に示したキーボードのように日本語表記があり、キーの数が 108 個あるものを "日本語 108 キーボード" と呼ぶことがあります。また、日本語表記のない英語キーボードで、テンキー（キーボード右側にある数字キー）を排除したシンプルなキーボード（図 6.5）もあり、キーの数は 86～108 のものが多いようです。キー配列は、図からもわかるように、アルファベットキーの左上の配列が Q、W、E、R、T、Y の順に並んでいるものが多く、この配列のものを QWERTY キーボードと呼ぶことがあります。この他に、日本語のカナ入力をしやすくした親指シフト配列といったものもあります。キーボードを PC に接続するには、一般的に有線の場合は USB が、無線の場合は Bluetooth が使われています[8]。

図 6.5　キーボードの例

(2) ポインティングディバイス

　PC の代表的な入力装置には、キーボードの他にマウスがあります。**マウス**は、それを動かす

5　これらには、記憶容量の違う三つの規格があり、SD 規格は最大 2GB まで、SDHC 規格は 4GB～32GB、SDXC 規格（miniSD カードにこの規格はない）は 64GB 以上となっています。

6　ノート PC やタブレット、デジタルカメラ等には、カードスロットのついた製品があります。

7　LTO の記憶容量には、800GB、1.5TB、2.5TB、12TB、18TB 等の種類があり、大容量のバックアップに適しています。

8　USB と Bluetooth については、後の 6.3 節で紹介します。

ことで、画面上に表示された**マウスポインタ（マウスカーソル）**を動かして画面上の位置を指定する装置で、その位置にあるアイコン等を選択する場合は、マウスについたボタン[9]をクリック又はダブルクリックすることで行います。また、ウィンドウ画面のスクロール（画面を上下に移動）をやりやすくするホイールというボタンのついた製品もあります。画面上の場所を指定する装置の総称を、**ポインティングディバイス**といいます。ポインティングディバイスには、マウスの他に、ボールを指で回すことで操作する**トラックボール**や、レバーを上下左右に動かして操作する**ジョイスティック**、図 4.15 で紹介した装置の盤面を専用のペンでなぞって操作する**ペンタブレット**、ノート PC でよく使われる名刺ほどの板上を指でなぞって操作する**タッチパッド**（トラックパッド）等があります（図 6.6）。また、タブレットやスマートフォンで使われている、ディスプレイの画面上を直接指で触れて操作する**タッチパネル**もポインティングディバイスです。ポインティングディバイスと PC との接続には、キーボードと同じく USB や Bluetooth が使われます。

マウス	トラックボール	ジョイスティック	ペンタブレット	タッチパッド
装置を動かした移動量と方向で画面上のポインタを動かし、ボタンをクリックして位置を指定します。	装置のボールを動かした移動量と方向で画面上のポインタを動かし、ボタンをクリックして位置を指定します。	装置のレバーを倒した量と傾きで画面上のポインタを動かし、ボタンをクリックして位置を指定します。	装置の盤面を専用のペンでなぞって移動量と方向でポインタを動かし、ボタンをクリックして位置を指定します。	キーボードと一体化していることが多い装置で、盤面上を指でなぞり、ボタンをクリックして位置を指定します。

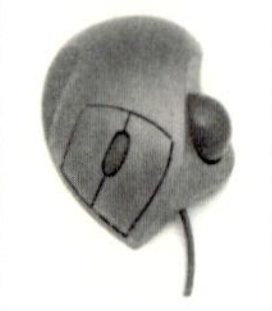

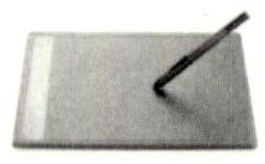

図 6.6　ポインティングディバイスの種類

6.2.2　ディスプレイとプリンタ

(1) ディスプレイ

代表的な出力装置である**ディスプレイ（モニター）**は、コンピュータの操作の様子や処理状況をリアルタイムに確認するために必要な装置です。その種類としては、最も普及している液晶ディスプレイ[10]や、授業や説明会等で表示内容を共有するために大画面で投影できるプロジェクタがあります（図 6.7）。ディスプレイの性能を示す尺度には、画面の大きさと解像度があります。画面の大きさは、表示画面の対角線の長さを**インチ**（1 インチは 25.4mm）で示すことが一般的で、28 インチのディスプレイの場合は、対角線が約 71cm になります。

プロジェクタは、レンズを通して投影した画像をスクリーン等に映し出して利用するもので、プロジェクタとスクリーンの距離を長くすることで、より大きな画面が投影[11]できます。この他

9　マウスには、Microsoft 社の Windows で利用する二つボタンのものや、Apple 社の MacOS で利用する一つボタンのもの、UNIX という OS で利用する三つボタンのもの等があります。

10　ディスプレイには、古くは、ブラウン管と呼ばれる部品を使って表示する CRT（Cathode-Ray Tube）ディスプレイと呼ばれるものがありました。

11　プロジェクタを教室などで利用する場合は、明るさが 4,000ml（ルーメン）以上なら 100 インチ以上の大きさで投影できるといわれています。

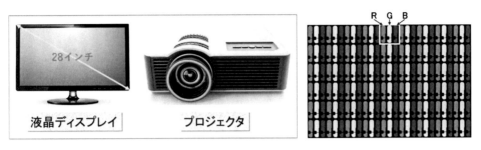

図 6.7　液晶ディスプレイとプロジェクタの例、液晶ディスプレイの拡大画面

に、図 4.18 で示した VR ゴーグルもディスプレイの一種です。ところで、図 6.7 の右側に示す液晶ディスプレイの拡大画面のように、一つのピクセル（画素）は RGB の三原色で構成されており、各ピクセルの三原色の光る強さを調整して、全てのピクセルで図 4.1 に示したようなビットマップ画像を表示します。当然、ピクセルの数が多いほど、表現できる画像の情報量は増加します。

　画面の横一列と縦一列に並ぶピクセルの数が**画面解像度**で、表 6.1 に示す VGA と呼ばれる解像度の場合、横に 640 のピクセルが並び、その 640 ピクセルが縦方向に 480 個並んでいるので、解像度を 640×480 とかけ算の記号を使って表すことが一般的です。事実、画面上のピクセル数はかけ算した値であり、VGA の場合は 307,200 となります。また、画面の横と縦のピクセル数の比率をアスペクト比といいます。現在は FHD（フルハイビジョン）以上の画面解像度のディスプレイが多く、アスペクト比は 16:9 が主流になっています[12]。

表 6.1　画面解像度の代表的な種類

通称	横（ピクセル）	縦（ピクセル）	横と縦の比
VGA	640	480	4 : 3
SVGA	800	600	4 : 3
XGA	1024	768	4 : 3
HD	1280	720	16 : 9
SXGA	1280	1024	5 : 4
FHD（2K）	1920	1080	16 : 9
WUXGA	1920	1200	16 : 10
WQHD	2560	1440	16 : 9
WQXGA	2560	1600	16 : 10
QFHD（4K）	3840	2160	16 : 9
FUHD（8K）	7680	4320	16 : 9

(2) プリンタ

　プリンタの用途は、PC に入力したデータや処理した結果を紙等に印刷することです。その代表的な種類に**インクジェットプリンタ**と**レーザプリンタ**があり、これらの一般的な特徴を図 6.8 に示します。その他に、熱転写プリンタ、ドットインパクトプリンタ[13]といった種類もありま

12　ディスプレイと PC 本体を繋ぐインタフェースには複数の種類があり、後の 6.3 節で紹介します。

13　ドットインパクトプリンタ（ワイヤドットプリンタ）は、細い金属ピンを打ち出して、インクリボンを上からたたくことで印刷する仕組みで、宅配便伝票のようなカーボンのついた複写用紙を印刷することも可能です。

す。ディスプレイでは小さい点（ピクセル）を光らせて表示したように、プリンタも画像や文字の印刷イメージを微細な点（**ドット**）の集まりとして表現し、それを紙等に印刷します。そのドットの描画にインクを使うものがインクジェットプリンタで、トナーと呼ばれる炭素等の色粒子を紙に貼りつけることで行うものがレーザプリンタです。熱転写プリンタ（サーマルプリンタ）は、フィルムに塗ってあるインクを熱で溶かし印刷する方式で、装置の小型化に適しています。

綺麗な印刷をするためには、紙面により小さな沢山のドットで、画像や文字を描画することのできる性能が重要になります。この性能を示す指標に解像度があり、プリンタの解像度は **dpi**（dots per inch）という単位で表します。例えば、300dpi のプリンタの場合、1インチ（25.4mm）の長さの中に 300 の点を印刷することができます。当然、dpi の値が大きいほど解像度が細かくなります。また、印刷する速さ（印刷速度）を表す指標に **ppm**（page per minute）[14]があります。これは、1ページ分の印刷イメージを 1 分間に何枚印刷できるかという単位で、例えば、30ppm だとすると、1 分間に片面で 30 枚印刷できるということになります。

図 6.8　インクジェットプリンタとレーザプリンタ

カラープリンターは、図 4.6 で示した CMY に黒を加えた CMYK（シアン、マゼンダ、イエロー、黒）の 4 色を使います。黒以外の色については CMY の混ぜ合わせる量を変えて作りますが、黒色は他の色より使用量が多いことと、混ぜ合わせて作る黒色が、あまり綺麗な色にならないことから、専用の顔料を使います。プリンタと PC 本体を繋ぐインタフェースには、USB の TYPE B というコネクタが多く使われています。複数台の PC でプリンタを共同利用する場合は、RJ-45 というネットワーク用のインタフェースで接続することが多いです[15]。

(3) その他の入出力装置

紙等に描かれた情報をイメージデータとして PC に読み取る装置に、**イメージスキャナ**（ド

14　ppm と同じ指標の単位に ipm（image per minute）があります。

15　これらのインタフェースについては、後の 6.3 節で紹介します。

キュメントスキャナ）があります。この装置は、紙面に光を当てて、その光の反射で紙面のイメージを読み取って電気信号に換えるイメージセンサ[16]という部品を使っています。イメージスキャナには、図 6.9 に示すフラットベットスキャナやシートフィードスキャナ[17]、ハンドヘルドスキャナ等、読み取り方式の異なる種類があります。また、プリンタとイメージスキャナの機能を一体化した複合機と呼ばれる装置もよく利用されており、二つの機能を合わせもつことでコピーを取ることもできます。更には電話機の機能を備えて FAX としても利用できる機種もあります。

　イメージスキャナは、オフィスでのペーパレス化を進める目的で、紙の情報をディジタル化して保存する時に重宝されます。この処理は、一般にイメージスキャナと OCR ソフトを使って行います。**OCR**（Optical Character Reader）とは、イメージスキャナで画像として読み込んだイメージから、紙に書かれていた文字の形を認識（文字認識）して、それを文字情報（文字コード）に変換する処理です。スキャナの性能は、画像を読み取ることのできる解像度の高さで表され、その指標はプリンタと同じく dpi が使われます。300dpi であれば、原図の 1 インチ当たりに描かれた情報を、300 個の画素に分解して読み取ることができます[18]。

　イメージセンサを使った入力装置には、この他に、図 1.8 で紹介したバーコードを読み取るバーコードリーダーや、QR コードを読み取る **QR コードリーダー**（図 6.10 の左側）があります。どちらの装置も POS システムや商品管理、電子決済等にも利用されています。バーコードは、縦縞の線の太さによって数値や文字、記号を表す表記法で、日本では **JAN コード**として規格化され、標準タイプの 13 桁と短縮タイプの 8 桁の文字を表現できる 2 種類があります。**QR コード**は、日本のデンソーが開発した縦と横に模様を配置する二次元コードで、最大で数字 361 文字、英数字 219 文字、漢字 92 文字を表すことのできる表記法で、国際規格 ISO/IEC 18004 になっています。ところで、QR コードを読み込む方法として、スマートフォンのカメラを利用することできます。スマートフォンやノート PC についているカメラや、デジタルカメラは、図 6.10 の右側に示す光の情報を電気信号に変換する CCD イメージセンサ又は CMOS イ

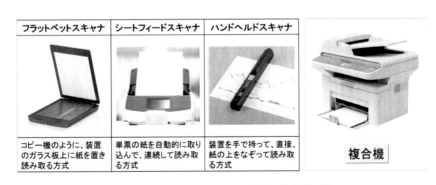

図 6.9　イメージスキャナの種類、複合機の例

16　イメージスキャナには、多くの場合 CIS（Contact Image Sensor）と呼ばれるイメージセンサが使われています。
17　シートフィードスキャナなどで、紙を連続して自動的に取り込む機構を AFD（auto document feeder）といいます。
18　スキャナと PC 本体を繋ぐインタフェースには、プリンタと同様に USB の TYPE B が多く利用されます。

図 6.10　QR コードリーダー、CCD イメージセンサのイメージと Web カメラ

メージセンサと呼ばれる素子によって、イメージ情報を読み取ることができます[19]。イメージセンサの性能の一つに画素数があり、例えば 100 万画素の場合、レンズを通ってセンサーに映った映像を 100 万個の点に分解して読み撮ることができます。

6.3　入出力インタフェース

6.3.1　USB

　入出力装置を PC に接続する場合、図 5.3 で示したように、それに適したインタフェースで繋ぐ必要があります。入出力装置の接続に最もよく使われているインタフェースに、**USB**（Universal Serial Bus）[20]があり、これまでに説明したキーボードやマウス、プリンタ、イメージスキャナ等の接続に使われています。図 6.11 に示すように、USB には、色々な形状の**コネクタ**[21]があり、機器と接続する場合は、その形状と一致するものを選ぶ必要があります。

　最も古くから利用されているコネクタは TYPE A であり、最近、主流になってきているコネクタは TYPE C です。TYPE C は、TYPE A より小型の形状で、また、コネクタに上下の向きがなく、どちらを上に向けても接続できるという特徴があります。USB コネクタは、形状の違いによって、規格が異なる場合があり、USB の規格には、最も古い USB1.0 という規格から最近の USB4.0 という規格まであります。図に USB の代表的なコネクタの種類の名称[22]と対応する規格を示しています。規格の違いによってデータの転送速度（表中に示した値は、最大転送速度）が大きく異なり、最新の USB4.0 の規格に対応する TYPE C のデータ転送速度は 40Gbps となっています。データ転送速度の単位を表す **bps**（bits per second）はビット/秒の意味で、40Gbps の場合、1 秒間に最大で 40G ｂ（ギガビット）のデータを送ることができます。

　また、USB は、データの転送だけではなく、接続した装置に電力を供給（**バスパワー**）することができます。給電できる電力についても、規格や形状によって異なっており、USB3.0〜3.2 の場合の最大電力は 4.5W（5V×0.9A）となっています。USB の TYPE A、TYPE C、MICRO

19　インターネットを使った遠隔会議で使う Web カメラ（図 6.10 の右側）にも使われています。
20　USB はシリアルバスの一種で、シリアルバスは、データを 1 ビットずつ順に送る伝送路です。
21　コネクタは、機器に接続するための部品で、プラグ、アダプタ、ソケットと呼ばれることもあります。
22　形状の MICRO と MINI には、さらに A と B、AB といった若干形状の違う種類があり、表中は、MICRO B と MINI B を示しています。出典:フリー百科事典『ウィキペディア（Wikipedia）』、ユニバーサル・シリアル・バス、https://ja.wikipedia.org/wiki/ユニバーサル・シリアル・バス

名称	MICRO	MINI	TYPE A	TYPE B	TYPE C
形状 					

規格	転送速度	MICRO	MINI	TYPE A	TYPE B	TYPE C
USB 1.0、1.1	12Mbps			○	○	
USB 2.0	480Mbps		○	○	○	○
USB 2.0改訂版	480Mbps	○	○	○	○	○
USB 3.0、3.1	5、10Gbps			○		○
USB 3.2、4.0	20、40Gbps					○

注：○は対応する規格を表しています。

図 6.11　代表的な USB の種類と特徴

B 等のコネクタには、**USB PD**（Power Delivery）という規格に対応するものもあり、その場合は、10 W（5V×2A）、18 W（12V×1.5A）、36 W（12V×3A）、60 W（12V×5A、20V×3A）、100 W（20V×5A）といった種類の電力を供給できるものがあります。

6.3.2　ディスプレイ用のインタフェース

　PC にディスプレイを接続するためのインタフェースには、図 6.12 に示す複数の種類があります。ただ PC やディスプレイに全てのコネクタが接続できるようにはなっていないので、種類の違いを知っておく必要があります[23]。

　最も古くから使われているインタフェースに、**アナログ RGB** があります。このインタフェースは、名前の通り RGB の画像情報をアナログ信号で送ります。ディスプレイ装置のディジタル化に伴い、画像情報をディジタル信号で送るインタフェースである **DVI**（Digital Visual Interface）が登場しました。その中の DIV-D はディジタル信号専用で、DVI-I はディジタル信号とアナログ信号の両方に対応できるインタフェースです。どちらもディジタル信号で画像を送る場合の最大解像度は WQXGA（2,560×1,600）[24]となっています。DVI のコネクタはサイズが若干大きいことから、ノート PC では扱いづらいため、**HDMI**（High-Definition Multimedia Interface）や**ディスプレイポート**（DisplayPort）と呼ばれるインタフェースが、最近よく使わ

23　出典:フリー百科事典『ウィキペディア（Wikipedia)』, Digital Visual Interface, https://ja.wikipedia.org/wiki/Digital_Visual_Interface、出典:楽天ビッグ『DisplayPort と HDMI の違いは？ それぞれの特徴や選び方を解説』, https://biccamera.rakuten.co.jp/c/topics/article/hdmi/difference/

24　DVI には、シングルリンクとデュアルリンクと呼ばれる仕様があり、対応する解像度の最大は、前者が WUXGA（1,920×1,200）で、後者が WQXGA（2,560×1,600）です。 デュアルリンクのインタフェースを DVI-DL と表記する場合もあります。

名称	HDMI	DisplayPort	DVI-I	DVI-D	アナログRGB
形状					
アナログ／デジタル	デジタル映像と音声用	デジタル専用	デジタル及びアナログ両用	デジタル専用	アナログ専用
最大の解像度	8K（7,680×4,320）	8K（7,680×4,320）	シングルリンク：WUXGA（1,900×1,200）、デュアルリンク：WQXGA（2,560×1,600）		2,048×1,536

図6.12　ディスプレイ接続に使うインタフェース

れています。これらには、最大で8K（7,680×4,320）の解像度に対応する規格があります。また、HDMIは、画像だけではなく音声データも送ることができ、テレビ等の家電製品にも利用されています。

　また、TYPE Cのコネクタと同じ形状で、**Thunderbolt**（サンダーボルト）という規格のインタフェースがあります。その中のThunderbolt 4という規格では、USB4.0[25]と同じデータ転送速度をもち、更に、解像度8K（7,680×4,320）のディジタル信号を送ることができます。

6.3.3　その他のインタフェース

(1) ネットワーク用のインタフェース

　デスクトップPCやプリンタには、多くの場合、**RJ45**（又は8P8C）と呼ばれるコネクタ（図6.13）がついています。これはイーサネット（Ethernet）という限られた場所でのネットワーク（**LAN**[26]：Local Area Network）で、PCやプリンタを繋ぐ時に使われるLANケーブル用のコネクタです。これを使って、PCやプリンタをネットワークに繋ぐことで、PC間でのデータの共有や複数のPCで1台のプリンタを共有して使うといったことができます。

図6.13　RJ45

25　USB4.0のインタフェースを使ってディジタル信号の画像を送ることができる場合もありますが、この場合の解像度は保証されていません。

26　LANについては、詳しくは第13章で紹介します。

(2) 無線のインタフェース

　キーボードやマウスを **Bluetooth**（ブルートゥース）という無線規格で接続することが多くなってきました。対応する装置にはBluetoothを示すマークが記されている場合があります。それに対応する装置同士は、**ペアリング**と呼ばれる接続相手を特定する操作を行うことで接続し、データを暗号化して通信することができます。Bluetoothには、データ転送速度の速いBR/EDR/HS（Classicともいう）と、消費電力量の低いLEという二つの種類[27]があり、どちらも2.4GHzの周波数で通信します。それぞれの最大データ転送速度は、図6.14の左側のようになります。また、通信が届く距離を示すClass 1、2、3という分類があり、順に最大で100m、10m、1mです。

　Bluetoothは近距離無線通信（**NFC**：Near Field Communication）の一つの方式で、この他に、**RFID**（Radio Frequency Identification）と呼ばれる通信方式が普及しています。RFIDは図6.14の右側に示す識別情報を発信する仕組みをもつ非接触型ICカードとそれを読み取る装置により、近距離の無線によって通信が行われます。非接触型ICカードやRFIDタグは、アンテナとICチップから構成され、アンテナで電波を受信すると、それにより発電してデータを発信する仕組みになっています[28]。非接触型ICカードは、電子決済や本人認証を行う社員証等に使われています。RFIDタグは、値札に組み込んで商品に付けて、商品管理等に利用しています。

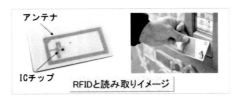

図6.14　Bluetoothのマークと転送速度、RFIDと読み取りイメージ

演習問題

問1[29]　磁気ディスク装置の性能に関する記述のうち、適切なものはどれか。

　ア　アクセス時間は、回転速度を上げるか位置決め時間を短縮すると短くなる。
　イ　アクセス時間は、処理装置の前処理時間、データ転送後の後処理時間も含む。
　ウ　記憶容量は、トラックあたりの記憶容量と1シリンダあたりのトラック数だけで決まる。
　エ　データの転送速度は回転速度と回転待ち時間で決まる。

27　Bluetooth BR/EDR/HSは、Bluetooth Basic Rate/Enhanced Data Rate/ High Speedの略称で、Bluetooth LEは、Bluetooth Low Energyの略称です。
28　この方式の場合、電波が届くのは最大1mぐらいですが、電池を内蔵して自ら発信する方式もあり、その場合は最大100mぐらい届くものもあるようです。
29　平成26年度 春期 基本情報技術者試験 午前 問12

第 6 章 ハードウェア―周辺装置

問 2[30] 読出し専用の DVD はどれか。

ア DVD-R イ DVD-RAM ウ DVD-ROM エ DVD-RW

問 3[31] プリンタが 1 分間に印刷できるページ数を表す単位はどれか。

ア cpi イ dpi ウ ppm エ rpm

問 4[32] インクジェットプリンタの印字方式を説明したものはどれか。

ア インクの微細な粒子を用紙に直接吹き付けて印字する。
イ インクリボンを印字用のワイヤなどで用紙に打ち付けて印字する。
ウ 熱で溶けるインクを印字ヘッドで加熱して用紙に印字する。
エ レーザ光によって感光体にトナーを付着させて用紙に印字する。

問 5[33] 紙に書かれた過去の文書や設計図を電子ファイル化して、全社で共有したい。このとき
に使用する機器として、適切なものはどれか。

ア GPS 受信機 イ スキャナ ウ ディジタイザ エ プロッタ

問 6[34] OCR の役割として、適切なものはどれか。

ア 10cm 程度の近距離にある機器間で無線通信する。
イ 印刷文字や手書き文字を認識し、テキストデータに変換する。
ウ デジタル信号処理によって、人工的に音声を作り出す。
エ 利用者の指先などが触れたパネル上の位置を検出する。

問 7[35] あるデータを表現するために、1 個の JAN コードか 1 個の QR コードのどちらかの利
用を検討する。表現できる最大のデータ量の大きい方を採用する場合、検討結果として、適
切なものはどれか。

ア JAN コードを採用する。
イ QR コードを採用する。
ウ 表現する内容によって最大のデータ量は変化するので決められない。
エ 表現できる最大のデータ量は同じなので決められない。

問 8[36] USB ケーブル経由で周辺装置に電力を供給する方式はどれか。

ア スタンバイ イ セルフパワー ウ バスパワー エ 無停電電源

---

30 令和 5 年度分 IT パスポート試験 問 88
31 平成 26 年度 秋期 IT パスポート試験 問 49
32 令和 4 年度分 IT パスポート試験 問 94
33 平成 28 年度 春期 IT パスポート試験 問 14
34 令和 6 年度分 IT パスポート試験 問 59
35 令和 4 年度分 IT パスポート試験 問 20
36 平成 26 年度 秋期 IT パスポート試験 問 72

問 9[37]　HDMI の説明として、適切なものはどれか。

ア　映像、音声及び制御信号を 1 本のケーブルで入出力する AV 機器向けのインタフェースである。

イ　携帯電話間での情報交換などで使用される赤外線を用いたインタフェースである。

ウ　外付けハードディスクなどをケーブルで接続するシリアルインタフェースである。

エ　多少の遮蔽物があっても通信可能な、電波を利用した無線インタフェースである。

問 10[38]　商品などの情報を非接触で読み取るために使われているもので、交通系 IC カードと同じ原理のものはどれか。

ア　QR コード　　イ　RFID タグ　　ウ　バーコード　　エ　マークカード

37　平成 26 年度 春期 IT パスポート試験 問 73
38　令和 4 年度 中央学院大学入学者選抜試験 情報 【 I 】問題 12 改題

第7章

ソフトウェア

　この章では、①ソフトウェアの分類とオペレーティングシステム（OS）の登場、② OS の基本的な機能と OS の種類、③ファイルを管理するシステムとファイルの管理方法、④ビジネスソフトと業務ソフトの代表的な種類と特徴、⑤グラフィックソフトやプログラミングソフト等の代表的な種類と特徴について、これら五つの学びを深めていきます。

7.1 ソフトウェアの種類と用途

7.1.1 ソフトウェアの分類

ソフトウェア（ソフト）は、コンピュータ（ハード）を動かして、ある目的を達成するために作られたプログラム及びデータの集まりです。例えば、Microsoft 社の Word は、PC を使って文書を作成するという目的で作られたソフトの一種です。ソフトには、色々な目的のために作られたものが数多くあり、それらを大別すると、図 7.1 の左側に示すように、**システムソフトウェア**（システムソフト、基本ソフト）と**アプリケーションソフトウェア**（アプリ、応用ソフト）の二つに分類されます。システムソフトとは、電子機器を管理する目的のソフトで、コンピュータの場合は**オペレーティングシステム**（**OS**：Operating System）がシステムソフトに当たります。

OS は、コンピュータを構成するハードとその上で動く全てのアプリを管理するためのソフトで、その目的を西遊記の物語にたとえると図 7.1 の右側のイメージになります。孫悟空が天竺で暴れ回っているのを見たお釈迦様は、自分の掌の中から飛び出すことはできるかと孫悟空に問うと、自信満々で筋斗雲に乗って遥か彼方まで飛び出していったつもりでしたが、やはり、お釈迦様の掌の中にいたという話です。即ち、OS（お釈迦様）は、コンピュータを構成するハードウェアとその上で動く全てのアプリを管理しており、例えば、システム上で問題のあるアプリ（孫悟空）があれば、それを正常動作に戻したり強制的に終了させたりして、他のアプリに影響を与えないようにするといったことを行います。このように、コンピュータが問題なく動き続けるように、ハードとソフトを監視し、維持する役目を担っているのが OS です。

図 7.1　ソフトウェアの分類、OS と装置・アプリの関係を示すたとえ

システムソフトには、**ユーティリティソフトウェア**（ユーティリティソフト）も含まれます。これは OS と同じく PC の利用環境をよくするために使われるソフトを指します。例えば、データを圧縮したり暗号化したりして保存するソフトや、ファイルの形式を変換するソフト、ウィルスの感染をチェックするソフト（**ウィルス対策ソフト**）等、コンピュータを有効に、また、安全に利用する目的のソフトが含まれます。アプリとは、ユーザがある目的を達成するために利用するソフト全般を指します。先の Word のようなワープロや、図 7.1 に示す表計算ソフト、プレゼ

ンテーションソフト、データベースソフト、業務ソフト等、多様な種類のソフトがあります[1]。

7.1.2 オペレーティングシステムの概要

(1)OS の誕生

OS は、お釈迦様でたとえたように、コンピュータを快適に利用するためには必須のソフトですが、最初から OS があったわけではありません。コンピュータが登場した頃のユーザは、図 2.1 に示した古い PC のように、コンピュータが唯一理解できる 2 進数でプログラム（機械語）を入力して動かしていました。即ち、図 7.2 のイメージのように、ハードを構成する個々の機械が単に電気的に繋がっているだけの裸のコンピュータを動かすためには、目的に合わせて各装置が動作するためのプログラムを書いて利用する必要がありました。

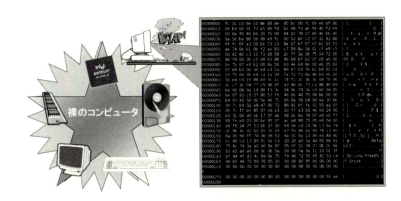

図 7.2　裸のコンピュータを利用するイメージ

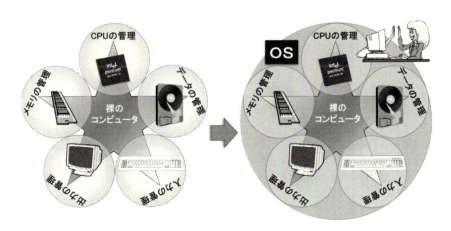

図 7.3　コンピュータを統一的に利用する OS の誕生

極端な言い方をすれば、キーボードから入力するソフトやモニターに文字を出力するソフト、HDD にデータを読み書きするソフト等、全てを一から自分で書く必要がありました。ただ、当時のユーザは、機械語のプログラムを自分で作ることのできる技術者ばかりだったので、そのよ

---

[1] ソフトの種類については、詳しくは、7.2 節で紹介します。

うな利用が可能でした。しかし、いつも各装置を利用するソフトを直接作っているのでは非効率なので、各装置を利用するためのソフトを準備しておき、プログラムを開発する時には、それらのソフトを部品として利用するようになっていったと考えられます。そして、図7.3のイメージのように、個別に存在した各装置を利用するためのソフトを統一的に使えるようにしたソフト、即ち、OS が誕生します。この誕生により、ユーザは、各装置を直接動かすプログラムを作ることなく、OS の機能を利用できるようになり、誰もが利用しやすいコンピュータになりました。

(2)OS の種類

身近な OS には、PC で使われる Windows や macOS、スマートフォンで使われる iOS、Android といったソフトがあります（図7.4）。また、サーバ用の OS には、**UNIX**（ユニックス）と呼ばれる OS が、古くから利用されています。サーバ用の OS には、Windows や macOS の機能を拡張したサーバ用の OS[2]もあります。サーバ用の OS として利用するためには、一台のコンピュータを複数のユーザで同時に利用するための**マルチユーザ**という機能が必要になります。汎用コンピュータについては、機種毎に独自の OS が用意されています。

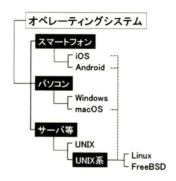

図7.4　代表的な OS の種類

ところで、UNIX については、サーバだけでなく、UNIX を元に PC やスマートフォン等で動作する色々な種類の OS が開発されています。これらを称して PC-UNIX 又は UNIX 系 OS といい、その代表的な OS に **Linux**（リナックス）や **FreeBSD** があります。実は、macOS や iOS、Android も UNIX 系 OS に含まれます。UNIX 系 OS については、Linux、FreeBSD、Android 等の多くが**オープンソースソフトウェア**（OSS：Open Source Software）として元になるプログラムが公開されており、それを自由に使用、改変、再配布することが認められています。従って、これらのプログラムを利用して更に色々な種類の OS が開発されています。

(3)OS の構成と役割

図7.3 に示したように、OS は CPU、メモリ、補助記憶装置、入出力装置といったハードを管理する機能をもっているので、ユーザは、装置の仕組みを意識することなく利用できます。更に、OS がヒューマンインタフェース（図3.6）である CUI や GUI といった利用環境を用意した

2　Windows のサーバ用 OS は Windows Server で、macOS のサーバ用 OS は Mac OS X Server という名称です。

ことで、ユーザはアプリやファイルを容易に操作できるようになりました。このOSとユーザ、アプリ、ハードの関係を表すと、図7.5の左側のようになります。即ち、OSはハードとユーザ及びアプリの間に位置し、例えば、ユーザがOSを操作してアプリを起動（マウスでダブルクリック）すると、その時、必要なハードを動かしてアプリを開始してくれます。また、アプリもOSの機能を借りてハードウェアを動作させ、目的の処理を実行します。例えば、Wordで作った原稿ファイルを補助記憶装置に保存したりプリンタで出力したりするといった処理は、Wordが直接行っているのではなく、OSの機能を借りて行っています。このように、アプリがOSの機能を呼び出して利用するためのインタフェースを**API**（Application Programming Interface）[3]といいます。

図7.5　OSとの関係、UNIX系OSの構成イメージ

UNIX系OSでは、OSとユーザ、アプリ、ハードの関係を、図7.5の右側のように表すことができます。UNIX系OSの中核であるソフトを**カーネル**（Kernel）と呼びます。これはCPUやメモリ、補助記憶装置等の主要なハードウェアを管理するソフトです。そして、そのカーネルと、ユーザやアプリを仲介するインタフェースの働きをするソフトを**シェル**（shell）と呼びます[4]。

7.1.3　ファイルシステム

(1) フォルダとファイルの階層構造

OSの重要な役割の一つに、日常的に使っているファイル管理を行う**ファイルシステム**があります。図7.6は、Windowsのファイルシステムを使って、**フォルダ（ディレクトリ）**[5]とファイルの保存情報を表示するアプリ（エクスプローラ）の画面です。このアプリを使うことで、補助記憶装置の中に保存されているフォルダやファイルの場所を見つけて利用することができます。また、図に示すように、保存したファイル名に加え、そのファイルを直近で記録した日時（更新

3　APIはOSだけの機能ではなく、異なるソフトウェアやプログラムを連携させ、アプリケーションを繋ぐ機能のことを指します。Web上で行っているサービスの機能を連携するためのAPIもあり、それは「WebAPI」と呼ばれています。

4　UNIX系OSは、カーネルとシェルを独立した構成にすることで、シェルであるインタフェースを別の種類に置き換えることができ、OSの操作方法をユーザの好みに合わせて変更するといった柔軟さを実現しています。

5　フォルダは、関連のある複数のファイルを分類して保存するための保存場所であり、保存場所に名前をつけて管理できるようにしたものです。フォルダのことをディレクトリということがあります。

日時）やファイルの種類、ファイルのデータ量（サイズ）を知ることもできます。
　ファイルシステムは、フォルダやファイルを階層的に管理しています。例えば、

① フォルダ「授業」の中にフォルダ「コンピュータ概論」があり、
② フォルダ「コンピュータ概論」の中にフォルダ「2024年度資料」があり、
③ フォルダ「2024年度資料」の中にファイル「コンピュータ概論_テキスト」がある

というように、フォルダ間やフォルダとファイル間での上下関係（親子関係）を階層構造によって示しています。この階層構造の一番上のフォルダの位置（図の例では、「USB3_NST1(D:)」の位置で、この場合のフォルダの名称は括弧内のD）を**ルートディレクトリ**[6]といい、現在開いているフォルダの位置（図の例では、「2024年度資料」の位置）を**カレントディレクトリ**といいます。また、先ほどの①～③に示したように、上位のフォルダから順に目的のファイルまで辿っていく経路のことを**パス**といいます。

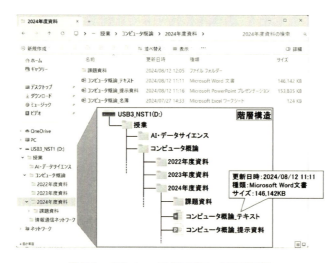

図7.6　Windowsエクスプローラの表示例

(2) 絶対パスと相対パス

　パスの表現には、**絶対パス**と**相対パス**の2種類があります。絶対パスは、ルートディレクトリから目的のファイルに至る経路のことで、例えば、図7.6に示した階層の場合で、ファイル「コンピュータ概論_テキスト」に至る絶対パスは、

　　/授業/コンピュータ概論/2024年度資料/コンピュータ概論_テキスト

となります。絶対パスは、「/」記号[7]で始まり、経由するフォルダを「/」記号で区切って表記します。先頭の「/」記号はルートディレクトリを表しています。相対パスは、カレントディレク

6　Windowsの場合は、ルートディレクトリはフォルダではなく、ドライブ（補助記憶装置）となります。図9.10の「USB3_NST1(D:)」の「USB3_NST1」は補助記憶装置の名称で、括弧内の「D:」がドライブ名となります。従って、ルートディレクトリの名称はDとなります。

7　/記号の代わりに¥記号を使う場合があります。

トリから目的のファイルに至る経路で、例えば、先に示した①のフォルダ「授業」がカレントディレクトリとした場合、その下の②と③を辿ればよいので、

　　./コンピュータ概論/2024年度資料/コンピュータ概論_テキスト

となります。相対パスは、先頭にカレントディレクトリを示す「./」記号をつけて表記します。ただ、「./」記号は省略できるので、"コンピュータ概論/2024年度資料/コンピュータ概論_テキスト"と表記することもできます。

　相対パスで、上位のディレクトリを辿って目的のファイルに至る経路を表す場合は、上位のディレクトリを示す「../」記号を使って表します。ここで、図7.7に示すように、フォルダ「2024年度資料」をカレントディレクトリとした場合、そこから、上位のフォルダ「コンピュータ概論」、更に上位のフォルダ「授業」を辿り、フォルダ「授業」の下にあるファイル「オリエンテーション_提示資料」へと辿る経路は、上位ディレクトリを表す「../」記号を2回使って、

　　../../オリエンテーション_提示資料

という表記になります。また、カレントディレクトリから、フォルダ「AI・データサイエンス」の下にあるファイル「AI・データサイエンス_テキスト」へ辿る相対パスは、

　　../../ AI・データサイエンス/AI・データサイエンス_テキスト

となります。

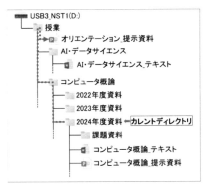

図7.7　相対パスの例

7.2　アプリケーションソフトウェア

7.2.1　ビジネスソフトウェア

(1) オフィスソフトウェア（オフィスソフト）
　図7.1の左側で示した次の4種類は、仕事において欠かせないツールになっているので、**オフィスソフト**（オフィスツール）と呼ぶことがあります。

- **ワードプロセッサ**（ワープロ）：文書の作成及び編集を行う目的で利用するソフトで、代表例にWordがあります。
- **表計算ソフトウェア**（表計算ソフト）：データを表形式で整理し、それを集計・分析する目的で利用するソフトで、代表例にExcelがあります。
- **プレゼンテーションソフトウェア**（プレゼンソフト）：発表用等のスライド画面を作成し、それを発表時にはスライドショーのように1枚ずつ表示する機能をもつソフトで、代表例にPowerPointがあります。
- **データベースソフトウェア**（データベースソフト）：顧客の情報であったり、取扱商品や製品の情報であったり、企業活動に欠かせない重要な情報を、ある一定の規則でデータを蓄えたものをデータベース（**DB**：Data Base）といい、そのDBを管理したり、必要な情報を抽出・加工したりする目的で利用するソフトで、代表例にAcrossがあります。

オフィスソフトの中で、データベースソフトについては、図7.8に示すように、個人的な利用以外に、企業においてDBの情報を複数の人で共有するといった目的で用いられることが多く、他のアプリからDBを利用するといった利用もされます。DBを共有する目的で利用するデータベースソフトの代表例には、PostgreSQL、MySQL、Oracleデータベース、SQL Server、IBM Db2等があり、これらを**データベース管理ソフトウェア**[8]（**DBMS**：Data Base Management System）と呼びます。DBは企業の経営資源であるヒト・モノ・カネを情報として蓄積したものであり、"業務の写し絵"ともいわれます。

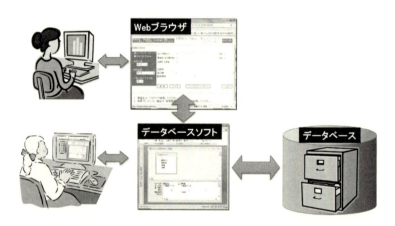

図7.8　データベースとデータベースソフト

ワープロの印刷機能を強化したソフトに、**DTP**（DeskTop Publishing）ソフトがあります。作成した原稿を、チラシや書籍、新聞等の紙面に合わせて割りつけたり編集したりする機能をもち、印刷物の元になる版下原稿を作成することのできるソフトで、代表例としてAdobe InDesign等があります。これまで印刷会社や出版社に依頼していた商用印刷物の版下作成作業

8　DBを管理するデータベースソフトの利用方法については、後の第12章で詳しく紹介します。

を、DTP ソフトによって、PC 上で行えるようになりました。DTP ソフトの重要な要件として、PC のディスプレイを見ながら版下原稿を編集するため、ディスプレイに映し出されている原稿のイメージが、印刷された結果として忠実に再現されることが求められます。この特性を、「見たままが得られる」という意味で **WYSIWYG**（What You See Is What You Get、ウイズウィグ）といいます。

(2) 業務ソフトウェア

業務ソフトウェア（業務ソフト）は、企業の業種にかかわらず一般的に行われている業務、即ち、販売管理や生産管理、財務会計、給与計算等の定型業務で利用されるソフトを指すことが多く、業務システムと呼ぶこともあります。図 7.1 の左側に示したように、オフィスソフトと合わせてビジネスソフトと呼ぶこともあります。業務ソフトに属する代表的な例としては次に示すものがあります。

- **会計管理ソフトウェア**（会計ソフト）：組織の資金管理や会計処理を行う目的のソフト。

- **販売管理ソフトウェア**（販売管理ソフト）：商品の受注から納品、請求、代金回収までの管理を行う目的のソフトで、商品の仕入れや発注管理、在庫管理の機能をもつ種類もある。

- **給与管理ソフトウェア**（給与管理ソフト）：従業員の給与や賞与に関する情報の管理と給与計算処理を行う目的のソフト。

業務ソフトには、これ以外にも、顧客管理、商品管理、生産管理、人事管理等、会社で行う種々の業務に対応したソフトがあり、販売されています。これまで、これらのソフトは、利用したい会社が購入して PC にインストールして使うことが一般的でした。しかし、現在では、ソフトを販売する企業が、自社のインターネットに繋がったサーバでソフトを運用し、そのソフトを利用したい企業は、インストールするのではなく、インターネットを通じてソフトのサービスを受けるという利用形態が増えてきました。このようなサービスを行う企業のことを **ASP**（Application Service Provider）といいます。

7.2.2　その他のアプリケーション

(1) グラフィックスソフトウェア

グラフィックスソフトウェア（グラフィックスソフト）は、画像や図形、動画のデータを作成・編集・加工するソフトウェアの総称で、4.3 節で紹介した CG（Computer Graphics）を作成するソフトは、この分類に属します。代表的な例として、次に示すものがあります。

- **ペイントソフトウェア**（ペイントソフト）：鉛筆やクレヨン、水彩風のイラストや絵をコンピュータ上で描き、2D 画像を作画するラスタ形式のソフト（図 4.15）。

- **ドローソフトウェア**（ドローソフト）：直線（ベクトル）や曲線、図形を組み合わせて、2D や 3D 画像をコンピュータ上で作画するベクタ形式のソフト（図 4.16）で、図 7.9 に示すコンピュータで設計図を作成する **CAD**（Computer Aided Design、キャド）と呼ばれるシステムも、このソフトの一種。

- **3次元ソフトウェア**（3次元ソフト）：ドローソフトの中で、特に3Dのイラストや絵を作画するソフトで、立体画像の陰影や重なり具合等を計算する機能をもち、CG映画やゲームの製作等にも利用されるソフト。
- **画像編集ソフトウェア**（画像編集ソフト）：デジタルカメラやスキャナ等で取り込んだ画像データ（ビットマップ画像）を加工・編集するソフト。
- **動画編集ソフトウェア**（動画編集ソフト）：デジタルカメラやビデオカメラ等で取り込んだ動画データを編集したり、動画データの記録形式を変換したりするソフト。

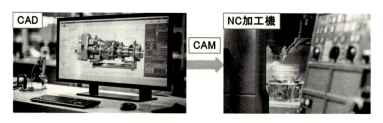

図 7.9　CAD と CAM、NC 加工機

ところで、工業製品の製造分野では、図 7.9 の左側に示す CAD を使って作成した設計図のデータを使って、図の右側に示す NC 加工機（numerical control machining）と呼ばれる自動で部品を加工する機械にデータを出力して、製造を支援する **CAM**（Computer-aided manufacturing、キャム）と呼ばれるシステムがあります。

(2) プログラミングソフトウェア

プログラミング言語（プログラム言語）は、コンピュータで行う処理を記述するための文法の体系のことであり、その文法には色々な種類があります。大別すると、低水準言語と高水準言語に分かれます（図 7.10 の左側）。

低水準言語には機械語とアセンブラ言語があり、**機械語**（**マシン語**）は、CPU が直接実行できる 2 進数[9]で表現される命令の集まりで、これで書かれたプログラムが唯一コンピュータで実行できるものとなります。よって、機械語といっても、その種類は一つではなく、CPU の仕組みの違いにより、機械語の命令は異なるものになります。**アセンブラ言語**（アセンブリ言語）は、数字だけで記述される機械語では、人間にとって命令の意味がわかりづらいので、命令の意味を短いアルファベットに置き換えて表記できるようにしたものです。

高水準言語は、CPU の仕組みの違いに左右されず、より人間にわかりやすい記述でプログラムを開発できるようにする目的で作られた言語で、その種類は非常に沢山あります。高水準言語をその特性から、手続き型言語やオブジェクト指向言語といった分類をすることがあります。**手続き型言語**は、コンピュータで実行する順番を記述したものが手続きであり、プログラム全体を処理のまとまり毎に幾つかの手続きに分けて記述し、それらを組み合わせてプログラムを開発で

---

[9]　機械語は 2 進数で表される命令ですが、2 進数は人間にとってわかりづらくて桁数も多くなるので、機械語のプログラムを開発するときには、一般的に 16 進数で表記します。

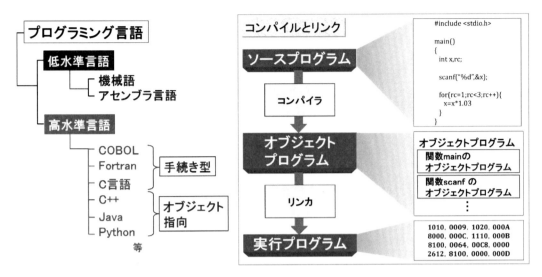

図 7.10　プログラミング言語の分類、コンパイルとリンク

きるようにした言語の総称です。手続きのまとまりを**サブルーチン**又は**関数**等と呼びます。**オブジェクト指向言語**は、機械を作る時に鋳型を用意して、鋳型を使って沢山の部品を作る方法とよく似ており、プログラミング作業で、プログラムに必要な部品となる鋳型（**クラス**）を用意しておき、そこから実際の部品（**インスタンス**）を作って、それらを組み合わせてプログラムを開発することのできる言語の総称です。

　高水準言語の代表的な種類を次に示します。

- **COBOL**（Common Business Oriented Language）：歴史の古い言語で、事務計算処理に向いた言語であるという特徴から、主に、企業の基幹業務を汎用コンピュータで行うシステム開発で多く使われていました。現在はコンピュータのダウンサイジングに伴い、他言語への置き換えが進められています。
- **Fortran**（Formula TRANslation）：COBOL と並び、歴史の古い言語で、科学技術計算に向いた言語であるという特徴をもち、命令を並列で処理することに適した言語に改良がなされ、現在はスーパーコンピュータでの科学技術計算等に利用されています。
- **C 言語**（C）、**C++**：高水準言語でありながら、コンピュータに直結したプログラムも記述できるという特徴をもち、OS の UNIX の開発にも利用されました。C の文法に、オブジェクト指向の表記を追加して改良した言語に C++ があります。
- **Java**：オブジェクト指向の記述に適した言語であるという特徴をもち、Web のアプリケーション開発等で広く利用されています。また、Java のプログラムは、Java 仮想マシンという環境上で実行できるので、CPU の違いを気にせずに利用できるという特徴ももちます。
- **Python**：オブジェクト指向や手続き型等、どちらの形式でもプログラムを書くことができ、また、文法を単純化し、整数や実数、文字といったデータ型を意識することなくプログラムを作ることができるといった特徴をもち、AI のプログラム開発にも利用されています。

第 7 章 ソフトウェア

　高水準言語で開発したプログラムは、そのままコンピュータで実行できないので、それを機械語に変換する必要があります。そのためのソフトが**プログラミングソフト**で、機械語の変換方法には、コンパイラ方式とインタプリタ方式があります[10]。図 7.10 の右側に示した**コンパイラ方式**は、例えば、C 言語で作った元になるプログラム（ソースプログラム）を、コンパイラで機械語に近い状態のプログラムであるオブジェクトプログラム（目的プログラム）に変換し、このプログラムと一緒に利用する他のプログラムとをリンカ（リンケージエディタ）で結合し、最終的な機械語のプログラムである実行プログラム（ロードモジュール）に変換するという方式です。コンパイラとリンカは、各言語及び実行する環境（CPU や OS）毎に適合するものを利用する必要があります。**インタプリタ方式**とは、ソースプログラムの命令を実行する順に、実行する時点で命令毎に機械語に変換して実行を進めていく方式です。この方式のプロフラミング言語にはPython があります。

(3) 通信ソフトウェア

　通信ソフトウェア（通信系ソフト）とは、インターネットや電話回線等のネットワーク上で、データ通信のルールに基づき、目的の PC やサーバに繋ぎ、データの送受信を行うソフトです。通信する目的によって、色々な種類があり、その代表的なものを次に示します。

- **メールソフトウェア**（メールソフト、メーラー）：電子メールを作成したり、メールサーバと電子メールの送受信を行ったりするためのソフト。

- **Web ブラウザ**（ブラウザ）：目的の Web サーバに接続して、Web ページを受信して表示するためのソフト。

- ホームページ作成ソフトウェア（ホームページ作成ソフト）：ワープロで原稿を作るような操作で、Web ページを作成できるようにしたソフトで、多くの場合、発信する Web ページをWeb サーバへアップロード、又は逆にダウンロードする機能を備えたソフト。

- 遠隔操作ソフトウェア（遠隔操作ソフト）：離れた場所にある PC を、インターネットを使って手元の PC から操作するためのリモートコントロールソフトともいわれるソフト。

- FAX 送信ソフトウェア（FAX ソフト）：PC で作った原稿を、電話回線を使って、送り先のFAX に送信することのできるソフト。

演習問題

問 1[11]　オペレーティングシステムに関する説明はどれか。

　　ア　コンピュータを構成するメモリや CPU、ハードディスクなどの装置全体の総称である。

　　イ　コンピュータを最適に動かすために装置やソフトウェアなどを管理するシステムである。

　　ウ　ソフトウェアを開発するために利用するシステムである。

　　エ　ワードプロセッサや表計算ソフトウェア、プレゼンテーションソフトウェアなどの総称

10　変換方式の特徴から、コンパイラ方式は翻訳、インタプリタ方式は通訳にたとえられることがあります。

11　令和 3 年度 中央学院大学入学者選抜試験 情報 【Ⅰ】問題 1 改題

108

である。

問2[12]　次の OS のうち、OSS（Open Source Software）として提供されるものだけを全て挙げたものはどれか。

a　Android　　b　FreeBSD　　c　iOS　　d　Linux

ア　a, b　　イ　a, b, d　　ウ　b, d　　エ　c, d

問3[13]　パソコンの文書処理ソフトウェア（ワープロ）や表計算ソフトウェアなどソフトウェアより、ファイルを保存したり、印刷したりするときに、その機能を提供するソフトウェアを何というか。

ア　アプリケーションソフトウェア　　イ　オペレーティングシステム
ウ　データベースソフトウェア　　　　エ　ユーティリティソフトウェア

問4[14]　ファイルシステムの絶対パス名を説明したものはどれか。

ア　あるディレクトリから対象ファイルに至る幾つかのパス名のうち、最短のパス名
イ　カレントディレクトリから対象ファイルに至るパス名
ウ　ホームディレクトリから対象ファイルに至るパス名
エ　ルートディレクトリから対象ファイルに至るパス名

問5[15]　ある Web サーバにおいて、五つのディレクトリが図のような階層構造になっている。このとき、ディレクトリ B に格納されている HTML 文書からディレクトリ E に格納されているファイル img.jpg を指定するものはどれか。ここで、ディレクトリ及びファイルの指定は、次の方法によるものとする。

〔ディレクトリ及びファイルの指定方法〕

(1) ファイルは、"ディレクトリ名/.../ディレクトリ名/ファイル名" のように、経路上のディレクトリを順に "/" で区切って並べた後に "/" とファイル名を指定する。

(2) カレントディレクトリは "." で表す。

(3) 1 階層上のディレクトリは ".." で表す。

(4) 始まりが "/" の時は、左端にルートディレクトリが省略されているものとする。

(5) 始まりが "/"、"."、".." のいずれでもないときは、左端にカレントディレクトリ配下であることを示す "./" が省略されているものとする。

12　令和 6 年度分 IT パスポート試験 問 97
13　令和 5 年度 中央学院大学入学者選抜試験 情報 【Ⅰ】問題 2 改題
14　平成 26 年度 秋期 基本情報技術者試験 午前 問 19
15　平成 26 年度 秋期 IT パスポート試験 問 75

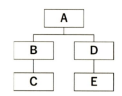

- ア　../A/D/E/img.jpg　　イ　../D/E/img.jpg
- ウ　./A/D/E/img.jpg　　エ　./D/E/img.jpg

問6[16]　ASPの説明として、適切なものはどれか。

- ア　インターネットに接続する通信回線を提供する事業者、又はそのサービス形態
- イ　会員になったユーザが閲覧できる、閉じたコミュニティを形成するインターネット上のサービス
- ウ　サーバ上のアプリケーションソフトウェアを、インターネット経由でユーザに提供する事業者、又はそのサービス形態
- エ　情報システムをハードウェアやソフトウェアといった製品からの視点ではなくユーザが利用するサービスという視点から構築していこうとする考え方

問7[17]　ペイント系ソフトウェアで用いられ、グラフィックスをピクセルと呼ばれる点の集まりとして扱う方法であるラスタグラフィックスの説明のうち、適切なものはどれか。

- ア　CADで広く用いられている。
- イ　色の種類や明るさが、ピクセル毎に調節できる。
- ウ　解像度の高低にかかわらずファイル容量は一定である。
- エ　拡大しても図形の縁などにジャギー（ギザギザ）が生じない。

問8[18]　CADを説明したものはどれか。

- ア　コンピュータを使用して、現物を利用した試作や実験を行わずに、製品の性能・機能を評価する。
- イ　コンピュータを使用して、生産計画、部品構成表及び在庫量などから、資材の必要量と時期を求める。
- ウ　コンピュータを使用して、製品の形状や構造などの属性データから、製品設計図面を作成する。
- エ　コンピュータを使用して製品設計図面を工程設計情報に変換し、機械加工などの自動化を支援する。

16　平成22年度 春期 ITパスポート試験 問13
17　平成25年度 秋期 ITパスポート試験 問61
18　平成26年度 秋期 基本情報技術者試験 午前 問73

問9[19]　プログラムの実行方式としてインタプリタ方式とコンパイラ方式がある。図は、データを入力して結果を出力するプログラムの、それぞれの方式でのプログラムの実行の様子を示したものである。a、bに入れる字句の適切な組合せはどれか。

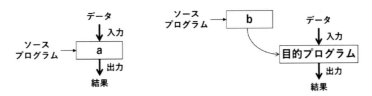

- ア　a：インタプリタ、b：インタプリタ
- イ　a：インタプリタ、b：コンパイラ
- ウ　a：コンパイラ、b：インタプリタ
- エ　a：コンパイラ、b：コンパイラ

問11[20]　Java 言語に関する記述として、適切なものはどれか。

- ア　Web ページを記述するためのマークアップ言語である。
- イ　科学技術計算向けに開発された言語である。
- ウ　コンピュータの機種や OS に依存しないソフトウェアが開発できる、オブジェクト指向型の言語である。
- エ　事務処理計算向けに開発された言語である。

19　平成 25 年度 秋期 IT パスポート試験 問 55 一部表現を変更
20　平成 22 年度 秋期 IT パスポート試験 問 54

第 **8** 章

コンピュータが扱う 数値データ

この章では、①コンピュータ内での整数値の表現方法と負数の表現、②整数値の表現を使ったコンピュータ内での加算と減算方法、③ 10 進数の実数値を 2 進数に変換する方法と利用の留意点、④コンピュータ内での実数値の表現方法と表現された数値の精度、⑤コンピュータ内での実数計算で留意する点について、これら五つの学びを深めていきます。

8.1 整数表現

8.1.1 2進化10進数と固定小数点

(1) 2進化10進数

　図2.9で示したように、キーボードから入力した文字は文字コードとして取り扱われます。例えば、10進数の18という値をキーボードから入力した場合も、1と8に対応する文字コードが入力されるだけで、18に対応する2進数が入力されるわけではありません。即ち、1の文字コード00110001と8の文字コード00111000が入力されるだけなので、これを数値として取り扱えるようにする必要があります。ここで、0〜9の数字の文字コードは00110000〜00111001なので、数字の文字コードを4ビット毎に区切ると、図8.1の左側に示すように、前半の4ビット（ゾーン部という）は全て0011であり、後半の4ビット（数値部という）はその数字に対応する2進数、即ち、10進数の1と8を2進数に変換した0001と1000になっていることがわかります。

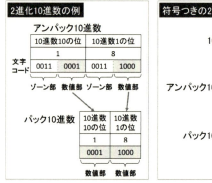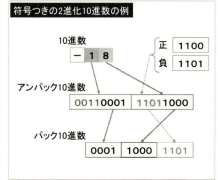

図8.1　2進化10進数の例、符号つきの2進化10進数の例

　従って、後半の数値部に注目すれば10進数の各桁の値を2進数で表現した値として見ることができます。この値のことを**2進化10進数**（BCD:Binary Coded Decimal）といい、ゾーン部がついたままの状態をアンパック10進数（ゾーン10進数）、ゾーン部を取り去った状態をパック10進数といいます。ただ、数字の場合は符号の情報が必要なので、図8.1の右側に示すように正（1100）と負（1101）の4ビットの値を後方に追加して表現します。2進化10進数による数値表現は、プログラミング言語としてはCOBOLで利用されており、この数値表現の特徴として、プログラム中で短い桁から長い桁まで可変長の値が扱えるという長所があり、逆に、コンピュータ内での計算では10進数の桁と2進数が混在した処理を行う必要があるという短所があります。

(2) 固定小数点数

　2進化10進数では、完全な2進数として計算を行うことができないため、多くのプログラミング言語では、数値を完全な2進数として取り扱う**固定小数点数**が使われています。固定小数点

数は可変長ではなく、整数を固定長の2進数として取り扱います。例えば、図8.2に示すように1バイト（8ビット）といった固定長で数値を扱います。10進数の3を2進数に変換すると11となります。11_2を8ビットの固定長で表現すると、00000011というゼロを省略しないゼロパディングの表現になります。ここで、数値には正と負があるので、符号を表すために先頭の1ビットを、符号を表現するための情報（**符号ビット**）として利用します。符号ビットが0の場合は正、1の場合は負を表すので、00000011は、正の11_2ということになります。ただ、この表現方法では、小数点の位置を右端の位置に固定しているので整数のみの扱いで、実数は扱えません。

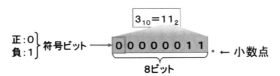

注：10進数は3_{10}というように10を下付文字で、2進数は11_2というように2を下付文字で表現しています。

図8.2　固定小数点数の例

8.1.2　負の数の表現と2の補数

8ビットで表現できる数値の範囲は00000000〜11111111で、かつ先頭が符号ビットなので、単純に考えると、正の数の最大値01111111（127_{10}）〜負の数の最小値11111111（-127_{10}）となります（図8.3の左側）。ただ、この場合、10000000という、負のゼロといった無意味な表現が含まれ、また、負の数の扱いが計算で不便になることがわかっています[1]。

そのため、固定小数点での負の数の表現には、**2の補数表現**といわれる方法が利用されています。2の補数により負の数を表した場合が図の右側です。この表現によって、負のゼロ

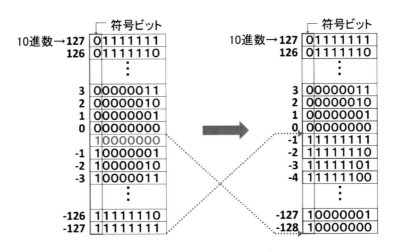

図8.3　固定小数点での負の数の表現

---

[1] 計算での負の数の扱いについては、詳しくは8.2節で紹介します。

（10000000）といった無意味な表現がなくなり、負の数の範囲も -1_{10}〜-128_{10} と広がることがわかります。2の補数が、どのような数であるかというと、8ビットの固定小数点で、2進数の00000011（3_{10}）の場合、図8.4の左側に示すように、8ビットより一つ上の位である9ビット目に1のある値から00000011をひいて求めた結果の11111101が、3_{10} に対する2の補数になります。即ち、8ビットのある値 a に対する2の補数 b は、"$100000000 - a = b$" という計算で求めた数となります。-1_{10}〜-128_{10} に対して同様の計算で求めた2の補数は、図8.3の右側に示す11111111〜10000000となり、負の数を2の補数で表現にした場合でも、符号ビットは負を表す1になっていることがわかります。図8.4の左側に示した2の補数の計算方法は、少し手間がかかるので、図8.4の右側に示す簡単な変換方法があります。①の2の補数を求める値に対して、②に示すように、まず、①の2進数の各桁の値を0なら1に、1なら0に反転した値を求めます。次に、③に示すように、②で求めた値に1を加算すると、求まった値が2の補数になります。この方法で求めた11111101は、図の左側で求めた値と一致していることがわかります。

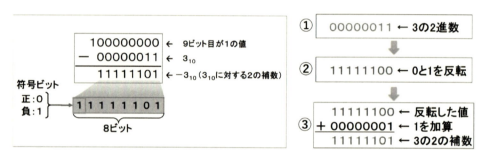

図 8.4　2の補数を求める計算例と簡単な2の補数の求め方

8.2　整数表現の加減算と種類

8.2.1　固定小数点の加減算

(1) 固定小数点の加算

　固定小数点を使ったプログラムでの加算について考えてみましょう。図8.5の左側の①に示す $10 + a$ の計算式をプログラム中に書いたとします。a は**変数**につけた名前（**変数名**）で、変数には色々な値を格納することができます。ここで、②に示すように、変数 a に格納した値が9であったとすると、その計算は、$10 + 9$ になります。コンピュータの中では、③に示すように、10進数の10と9の固定小数点数である00001010と00001001の加算を行います。

　図8.5の③に示す2進数の筆算による加算は、図の右側に示すように (a)〜(f) の順で行います。

(a) 2進数1桁目のたし算は $0 + 1 = 1$ で、結果の1を書きます。
(b) 2進数2桁目のたし算は $1 + 0 = 1$ で、結果の1を書きます。
(c) 2進数3桁目のたし算は $0 + 0 = 0$ となり、結果の0を書きます。
(d) 2進数4桁目のたし算は $1 + 1 = 10$（2_{10} は 10_2）となり、結果が10の2桁になったので、2

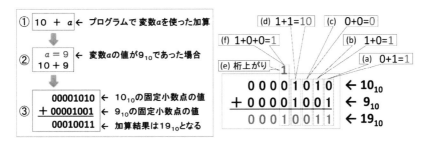

図 8.5　プログラムでの加算処理と 2 進数の加算方法

進数 4 桁目の結果として 0 を書き、1 は上の 5 桁目に桁上がりします。
(e) (d) で桁上がりした 1 を、2 進数の 5 桁目に追加します。
(f) 2 進数 5 桁目のたし算は、(e) で追加した 1 を含めて $1+0+0=1$ となり、結果の 1 を書きます。

このように 2 進数の 6 桁目、7 桁目、8 桁目も計算していくと、10_{10} の 00001010 と 9_{10} の 00001001 との加算結果は、00010011 となり、これは 19_{10} であることがわかります。

(2) 固定小数点の減算

図 8.5 の左側と同様の計算式 $10+a$ について、変数 a に負の数が格納されていた場合を考えてみます。図 8.6 の②に示すように、今度は、変数 a の値が -9 という負の数であったとすると、その計算は、$10+(-9)$ となります。ここで、人間なら、このたし算の計算を $10-9$ というひき算に変えて、答えを求めます。ただ、コンピュータは、人間ほど融通が利かないので、計算式 $10+a$ は、あくまでも加算として処理を行う方が好都合です。

この時、2 の補数表現が役立ちます。図 8.6 の③に示すように、10_{10} は 00001010 で、-9_{10} は 9_{10} の 2 の補数表現なので 11110111 となります。この二つの 2 進数を先ほどと同じ要領で加算すると、結果は 100000001 となります。ただ、この結果は 9 桁の 2 進数になっており、ここでの固定小数点のサイズは 8 ビットなので、先頭の 2 進数 9 桁目の 1 は 8 ビットに収まりません。よって、9 桁目を除いた 8 桁の 2 進数 00000001 が答えとなります。求めた 00000001 は 1_{10} なので、この 2 進数の加算により、$10+(-9)=1$ という正しい結果が得られたことがわかります。

以上のように、2 の補数表現を使うと、負の数についても加算で扱えるのは、図 8.7 の (a) 〜(f) に示す理由によります。即ち、(a) の 10 進数の計算 $10+(-9)=1$ を図 8.6 の③で示し

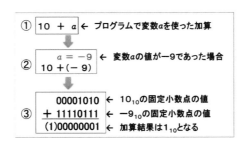

図 8.6　プログラムでの減算処理

た 2 進数の加算の式で表現すると、(b) の 00001010 + 11110111 = 100000001 となります。ここで、-9_{10} の 2 の補数 11110111 に対して、2 の補数を求めた計算方法を当てはめると、100000000 から 9_{10} の 2 進数 00001001 をひくという式で表すことができます。従って、(b) は、(c) の 00001010 + 100000000 − 00001001 = 100000001 と変形することができます。そして、+100000000 と −00001001 を入れ替えると (d) になります。

　ここで、8 ビットの固定小数点には、2 進数 9 桁目が 1 の値 100000000 は収まらないので、(d) の式から 100000000 を省くと、00001010 − 00001001 = 00000001 となります。この式を 10 進数で表すと (f) の 10 − 9 = 1 となり、ひき算を行ったことと同じであることがわかります。この考え方を使えば、コンピュータが実際に 2 進数の減算を行う時も、ひく値を 2 の補数に置き換えることで、加算によって計算で行うことができます。

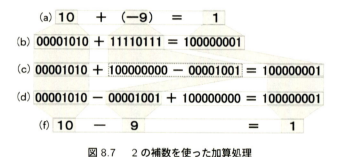

図 8.7　2 の補数を使った加算処理

8.2.2　固定小数点の種類

　ここまで、8 ビットの大きさの固定小数点について説明をしてきましたが、8 ビットでは、− 128〜127 の範囲の 10 進数しか取り扱うことができません。これでは小さな値の計算しかできないので、もっと大きな値が扱えるように、プログラミング言語では、16 ビット（2 バイト）の固定小数点、更には 32 ビット（4 バイト）の固定小数点が利用できます（図 8.8）。16 ビット（2 バイト）の固定小数点では 10 進数で − 32,768〜32,767 の範囲が、32 ビット（4 バイト）の固定小数点では更に大きな − 2,147,483,648〜2,147,483,647 という ±21 億ぐらいの値が取り

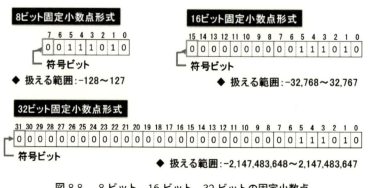

図 8.8　8 ビット、16 ビット、32 ビットの固定小数点

扱えます[2]。

8.3　実数表現

8.3.1　小数点以下の 2 進数

(1) 小数点以下の 2 進数を 10 進数に変換

　コンピュータは整数だけではなく実数も扱うために、実数も 2 進数で表現します。例えば、小数点以下の 2 進数の値 0.1011 を 10 進数に変換してみましょう。0.1011 は、$0.1011 = 0.1 + 0.001 + 0.0001$ という加算の式に分解できます。ここで、図 8.9 に示すように、小数点以下の 2 進数の 0.1 は 2^{-1}、0.001 は 2^{-3}、0.0001 は 2^{-4} というように、負の数のべき乗に対応します。よって、

$$0.1 \quad \rightarrow \quad 2^{-1} = 1/2 = 0.5$$
$$0.001 \quad \rightarrow \quad 2^{-3} = 1/2^3 = 1/8 = 0.125$$
$$0.0001 \quad \rightarrow \quad 2^{-4} = 1/2^4 = 1/16 = 0.0625$$

となり、2 進数の計算 $0.1 + 0.001 + 0.0001$ は、10 進数の計算 $0.5 + 0.125 + 0.0625 = 0.6875$ に置き換えられるので、2 進数の 0.1011 は 10 進数の 0.6875 であることがわかります。

					小数点					
2進数	1	1	1	1	1	↓	1	1	1	1	1
	↓	↓	↓	↓	↓		↓	↓	↓	↓	↓
対応する べき乗	2^4	2^3	2^2	2^1	2^0		2^{-1}	2^{-2}	2^{-3}	2^{-4}	2^{-5}
	↓	↓	↓	↓	↓		↓	↓	↓	↓	↓
対応する 10進数	16	8	4	2	1		0.5	0.25	0.125	0.0625	0.03125

図 8.9　2 進数の各位と対応する 2 のべき乗と 10 進数

(2) 小数点以下の 10 進数を 2 進数に変換

　小数点以下の 10 進数を 2 進数に変換するには、変換する 10 進数の値を 2 倍していき、2 倍した値の 1 の位の値を取り出し、残った値に対して、その値がなくなるまで同様の操作を行い、取り出した値を並べた結果が求める 2 進数になります。例えば、0.28125_{10} を 2 進数に変換する操作は、図 8.10 の①〜⑤のようになります。①〜⑤の計算は、次のように行っています。

① 0.28125 を 2 倍した 0.5625 の 1 の位の値 0 を 2 進数の 0.1 の位として取り出す。

② 0.5625 を 2 倍した 1.125 の 1 の位の値 1 を 2 進数の 0.01 の位として取り出す。

③ 0.125 を 2 倍した 0.25 の 1 の位の値 0 を 2 進数の 0.001 の位として取り出す。

④ 0.25 を 2 倍した 0.5 の 1 の位の値 0 を 2 進数の 0.0001 の位として取り出す。

2　3 種類の固定小数点は、取り扱える値の大きさは違いますが、負の数の表現については、2 の補数を使います。

119

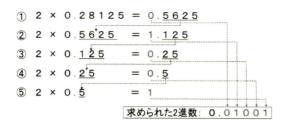

図 8.10　小数点以下の 10 進数を 2 進数に変換する例

⑤ 0.5 を 2 倍した 1 の 1 の位の値 1 を 2 進数の 0.00001 の位として取り出す。

以上の操作により、全ての値が取り出されたので、0.28125_{10} は、0.01001_2 となります。

次に、同じ方法で 10 進数 0.4 を、2 進数に変換してみます。10 進数 0.4 を 2 進数に変換する計算は、図 8.11 に示すようになります。ただ、①〜⑧の計算をしても元の値がなくならず、①〜④と⑤〜⑧では同じ計算を繰り返しています。このことから、いつまで経っても①〜④と同じ計算が続くだけで、終わらないことに気づきます。よって、この変換では、①〜④の計算で求まる 2 進数の 0110 が繰り返すので、結果は $0.0\dot{1}10\dot{0}$ という**循環小数**になります。

即ち、10 進数の 0.4 のように、対応する 2 進数は小数点以下の値が無限に続く**無限小数**になることがあることから、10 進数の有限小数は、必ず 2 進数の有限小数に変換できるとは限らないということです。このため、コンピュータ内の実数計算では、10 進数の実数の多くが、2 進数の実数の近似値を使って行われているということに注意しましょう。

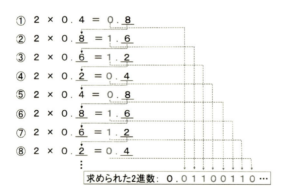

図 8.11　小数点以下の 10 進数が 2 進数の循環小数になる例

8.3.2　指数表現と浮動小数点数

(1) 指数表現

固定小数点の形式では整数しか扱えないので、コンピュータは、少数点以下の値を含む 2 進数の実数を**浮動小数点数**という形式で扱います。浮動小数点の形式は、小数点の位置を移動させることのできる表現形式で、**指数表現**を利用します。例えば、図 8.12 の左側に示すように、10 進数の実数 399610.21 の小数点の位置を、先頭の桁と次の桁の間に移動した場合、3.9961021×10^5 という式で表すことができ、この表現方法を指数表現といいます。

この例のように、10の5乗という指数を使うことで、小数点の位置を五つ左に移動できます。図の左側に示す10進数に対する指数表現と同様に、2進数の実数についても指数表現を使うことができます。図の右側は、2進数10010.101に対して、指数表現で1.0010101×2^4と表現した例です。指数表現では、数値を表記する箇所を**仮数部**、その数値を**仮数**といい、指数を表記する箇所を**指数部**、指数部のべき乗の元になる値を**基数**、べき乗する値を**指数**といいます。10進数の指数表現と2進数の指数表現では、基数が前者は10で後者は2となります。

図8.12　10進数の指数表現と2進数の指数表現

(2) 浮動小数点数の表現

2進数の指数表現で表した実数を、32ビットの大きさで表す場合、コンピュータ内では図8.13のように表現されます。先頭の1ビットが符号部で、次の8ビットが指数部で、残りの23ビットが仮数部となります。この形式を32ビットの**浮動小数点数形式**といいます。

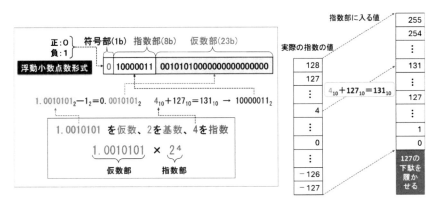

図8.13　32ビットの浮動小数点形式の表現方法、指数部の考え方

ここで、2進数の実数を、浮動小数点数形式に当てはめるには、まず、図8.12の右側に示したように、小数点を先頭の桁と次の桁の間に移動した指数表現にします。この決められた位置に小数点を移動する操作を**正規化**といいます。図8.13の左側は、2進数10010.101を正規化した指数表現の1.0010101×2^4を、32にビットの浮動小数点数形式に当てはめた場合を示しています。

- 符号部：正の値の場合は0、負の値の場合は1を格納します。図では、正の値なので0を格納しています。
- 仮数部：正規化により仮数部の値は、必ず1.… というように先頭に1がくるので、仮数部

の 23 ビットには、1 をひいた小数点以下の値だけを格納します。図では、1.0010101 小数点以下の 0010101 の部分と、その後ろに 0 を補って 23 桁の値にして格納しています。

- 指数部：指数については、例えば、1 より小さい 2 進数の実数 0.00101 を正規化すると 1.01×2^{-3} というように、指数が負の値になることがあります。そのため、8 ビットで表せる 0〜255 の範囲の値で正と負の指数を表すために、実際の指数の値に 127 を加算して、図 8.13 の右側に示すように、−127〜128 の範囲の値を表現できるようにします。このため図の左側では、指数の値が 4 なので、4 + 127 = 131 に対する 2 進数 10000011 を指数部に格納しています。

コンピュータで実数を扱う場合、実際に図 8.13 の左側に示した操作で作った浮動小数点数を使います。この形式は **IEEE**（米国電気電子学会、Institute of Electrical and Electronics Engineers）という標準化を行う団体により、IEEE754 という規格として広く利用されています。

(3) 浮動小数点数を 10 進数に変換

IEEE の規格の 32 ビットの浮動小数点数形式で表現される値を、元の 10 進数の値に戻すには、"$(-1)^S \times 2^{E-127} \times (1+M)$" という式を使います。この式の S、E、M の記号は、S は符号部、E は指数部、M は仮数部の値を指します。図 8.14 の 01000001100101010000000000000000 という 32 ビットの浮動小数点数を、上記の式に当てはめると、符号部の S の値は 0 なので、$(-1)^0$ より 1 となります[3]。もし、S の値が 1 であれば $(-1)^1$ より −1 となり、負の数であることがわかります。指数部の E の値は 10000011 なので、これを 10 進数に変換すると 131 となります。ここで、指数部の値は 127 を加算した値だったので、131 − 127 より結果は 4 となり、指数部は 2^4 となります。仮数部の M の値は 00101010000000000000000 であり、これを 10 進数に変換すると 0.1640625 となります。ここで仮数部の値は 1 を取り除いた値だったので、1 + 0.1640625 より結果は 1.1640625 となります。以上より、図に示した浮動小数点数は、$1 \times 2^4 \times 1.1640625$ の結果から 18.625 となります。

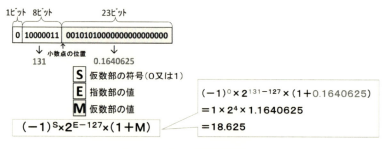

図 8.14　浮動小数点数の変換式

---

[3] 0 乗の値は、基数の値にかかわらず、常に 1 となります。

8.4 実数表現の精度

8.4.1 浮動小数点数の種類と精度

(1) 32ビット浮動小数点数の精度

IEEEの32ビットの浮動小数点数形式で表現できる数値の範囲は、図8.15のようになります。正の最大値は符号部以外が全て1となった時で、この値を指数表現すると$1.111\cdots 1\times 2^{128}$となり、10進数に変換すると約$3.4\times 10^{38}$になります。正の最小値を指数表現すると$0.00\cdots 01\times 2^{-127}$となり、10進数では約$3.4\times 10^{-38}$になります。同様に負の最大値は約$-3.4\times 10^{-38}$、負の最小値は約$-3.4\times 10^{38}$になります。よって、表現できる値の範囲は約$-3.4\times 10^{38}$〜約$-3.4\times 10^{-38}$、0、約$3.4\times 10^{-38}$〜約$3.4\times 10^{38}$となります。ところで、図の数値の範囲の箇所に書いてある$\pm 3.4E-38$の$E-38$という表現は10^{-38}を表す記号なので、$+3.4\times 10^{-38}$と-3.4×10^{-38}を表しています。なお、浮動小数点数形式には、正規化（$1.\cdots$というように先頭に1がくる）の例外があります。例えば、正の最小値$0.00\cdots 01\times 2^{-127}$の場合のように、指数部が最小の$-127$（実際は、127を加えた0）の時に限り、正規化を行いません[4]。また、値0は、浮動小数点数の全てが0の場合、即ち、指数部も仮数部も全て0の場合、値0となります。

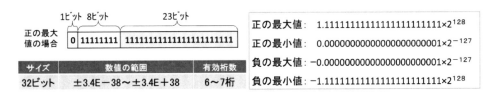

図8.15　32ビット浮動小数点数で表現できる範囲

先の10進数の実数を2進数の実数に変換する説明の中で、10進数の実数の多くは2進数に変換すると無限小数になってしまうので、コンピュータ内では、近似値で表現していることを説明しました。加えて、32ビットの浮動小数点数形式の場合、仮数部は23ビットしかないので、正規化した後の仮数部に小数第23位より小さい値が含まれていた場合、小数第24位以下は切り捨てられてしまい、この時も近似値になってしまいます。よって、32ビットの浮動小数点数形式では、10進数の実数だと6〜7桁（**有効桁数**という）までしか正確に表現できません。浮動小数点数形式では、-3.4×10^{-38}や3.4×10^{38}という非常に小さな値から非常に大きな値まで表現できますが、反面、多くの場合、近似値で表現されていることを覚えておきましょう。

(2) 64ビット浮動小数点数の精度

32ビットの浮動小数点数形式で表現できる範囲や精度では足りない場合のために、図8.16に示す64ビットの浮動小数点数形式（これもIEEE754の規格）があります。この形式は、32ビットの2倍の大きさなので**倍精度浮動小数点数形式**といい、先の32ビットの形式を**単精度浮**

---

[4]　E=0かつM≠0の場合は、先に示した式ではなく$(-1)^S\times(0.M)\times 2^{-127}$という式が適用されます。

動小数点数形式といいます。倍精度浮動小数点数形式で表現できる数値の範囲は、±1.7E − 308 〜±1.7E + 308（−1.7 × 10^{308} 〜 −1.7 × 10^{-308}、0、1.7 × 10^{-308} 〜 1.7 × 10^{308}）と格段に広くなり、有効桁数も 14 桁と 32 ビットの形式の 2 倍ほどになります。

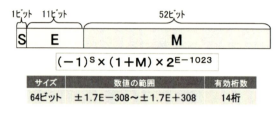

図 8.16　64 ビット浮動小数点数の表現と範囲

8.4.2　浮動小数点数の計算に関わる精度

(1) オーバーフローとアンダーフロー

浮動小数点数は、それを使った計算についても、精度に注意する必要があります。例えば、大きな数値同士のかけ算を行うと、その結果が正の値であれば、先の正の最大値を超えてしまうことがあります。32 ビットの浮動小数点数であれば、指数の最大値である 128 より大きくなってしまうと、表現できる数値の上限の桁数を超えてしまいます。この現象を**オーバーフロー**といいます。オーバーフローは固定小数点の場合も発生し、例えば、8 ビットの固定小数点の場合、計算結果が 127 より大きくなった場合や、− 128 より小さくなった場合、8 桁を超えてしまいオーバーフローが発生します。当然、オーバーフローが発生すると、値は正しくなくなってしまいます。逆に、浮動小数点数で小さな値同士のかけ算を行うと、表現できる最小値を越えてしまいます。32 ビットの浮動小数点数であれば、指数の最小値である − 127 より小さくなってしまうと、表現できる数値の下限の桁数を超えてしまいます。この現象を**アンダーフロー**といいます[5]。

(2) 桁落ち

浮動小数点数の計算では、非常に近い数値のひき算を行うと**桁落ち**と呼ばれる現象が発生することがあります。例えば、10 進数の 1.2 と 1.19999 という非常に近い値のひき算を行ったとします。この時、この二つの値を単精度浮動小数点数形式で表現した場合、図 8.17 に示すように、1.2 は 1.20000004763… という近似値で、1.19999 は 1.19999003410… という近似値で表されます。各値は 8 桁までが正しく表現されていますが、それ以降に誤差が含まれていることがわかります。1.2000000476… から 1.1999900341… をひくと、結果は 0.0000100135… という非常に小さな値になります。この値に対して、正規化が行われ、小数第 5 位にある 1 が 5 桁左に移動することで、単精度浮動小数点数形式の値は 1.00135… × 10^{-5} となります。この値の小数第 3 位以下の 135 は誤差の部分なので、この値で正しく表現されているのは先頭の 3 桁だけになってしまっています。このように、計算前の値では有効桁数が 8 桁あったのに、計算後には有効桁数が 3 桁になってしまうという、有効桁数が少なくなる現象を桁落ちといいます。

5　計算によりオーバーフロー又はアンダーフローが起こる可能性がある場合は、単精度浮動小数点数形式なら倍精度浮動小数点数形式に、固定小数点なら 8 ビットを 16 ビットに置き換える等、計算を工夫する必要があります。

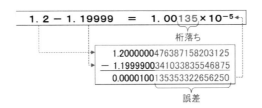

図 8.17　桁落ちの例

(3) 情報落ち

浮動小数点数の計算で、絶対値の大きな数と小さな数のたし算を行うと**情報落ち**と呼ばれる現象が発生することがあります。例えば、10 進数の 81920 と 0.0390625 という大きな値と小さな値のたし算を行ったとします。この二つの値を 2 進数の指数表現で表すと 1.01×2^{18} と 1.01×2^{-5} となり、どちらも誤差を含まない正確な値が、単精度浮動小数点数形式で表現されます。ただ、この二つの値のたし算をするためには、小数点の位置を一方の値に合わせる必要があります。図 8.18 のように、大きな値の 1.01×2^{18} の小数点の位置に、小さな値の 1.01×2^{-5} を合わせるとすると、小数点を右に 23 桁移動することになります。そうすると、単精度浮動小数点数形式の仮数部は 23 ビットしかないので、小数点第 24 位以下の値 01 が入りません。

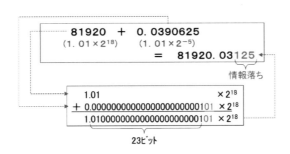

図 8.18　情報落ちの例

これにより、二つの値をたした結果は、小数点第 24 位以下の値 01 がなくなってしまうので、正確な結果である 81920.0390625 ではなくて、8.1920.03125 という結果になってしまいます。このように、正しい値をたしても、結果は正しい値ではなく近似値になってしまう現象が情報落ちです。以上のように、浮動小数点数形式で値を取り扱うと、計算により精度が低下することがあるので注意が必要です。

演習問題

問1[6]　BCD コード（2 進化 10 進符号）の 1001000101011100 は、10 進数で幾らか。

　　ア　−277　　イ　915　　ウ　2325　　エ　4425

問2[7]　負の整数を 2 の補数で表現するとき、8 桁の 2 進数で表現できる数値の範囲を 10 進数で表したものはどれか。

　　ア　−256〜255　　イ　−255〜256　　ウ　−128〜127　　エ　−127〜128

問3[8]　負数を 2 の補数で表す 8 ビットの数値がある。この数値を 10 進数で表現すると −100 である。この値を符号なしの数値とし解釈すると、10 進数で幾らか。

　　ア　28　　イ　100　　ウ　156　　エ　228

問4[9]　多くのコンピュータが、演算回路を簡単にするために補数を用いている理由はどれか。

　　ア　加算を減算で処理できるから。
　　イ　減算を加算で処理できるから。
　　ウ　乗算を加算の組合わせで処理できるから。
　　エ　除算を減算の組合わせで処理できるから。

問5[10]　2 進数 1.101 を 10 進数で表現したものはどれか。

　　ア　1.2　　イ　1.5　　ウ　1.505　　エ　1.625

問6[11]　次の 10 進小数のうち、2 進数で表すと無限小数になるものはどれか。

　　ア　0.05　　イ　0.125　　ウ　0.375　　エ　0.5

問7[12]　10 進数 −5.625 を、8 ビット固定小数点形式による 2 進数で表したものはどれか。ここで、小数点位置は 3 ビット目と 4 ビット目の間とし、負数には 2 の補数表現を用いる。

　　ア　01001100　　イ　10100101　　ウ　10100110　　エ　11010011

問8[13]　数値を 16 ビットの浮動小数点表示法で表現する。形式は図に示すとおりである。10 進

6　平成 12 年度 秋期 第二種情報処理技術者試験 午前 問 1 改題
7　平成 24 年度 春期 IT パスポート試験 問 52
8　平成 17 年度 春期 基本情報技術者試験 午前 問 3
9　平成 9 年度 秋期 第二種情報処理技術者試験 午前 問 31
10　平成 22 年度 春期 IT パスポート試験 問 52
11　平成 26 年度 春期 基本情報技術者試験 午前 問 1
12　平成 23 年度 秋期 基本情報技術者試験 午前 問 2
13　平成 9 年度 秋期 第二種情報処理技術者試験 午前 問 13

数 0.375 を正規化した表現はどれか。ここでの正規化は、仮数部の有効数字よりも上位の 0 がなくなるように指数部を調節する操作である。

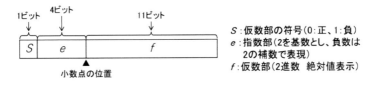

ア ｜ 0 ｜ 0000 ｜ 01100000000 ｜
イ ｜ 0 ｜ 1000 ｜ 00000000011 ｜
ウ ｜ 0 ｜ 1111 ｜ 11000000000 ｜
エ ｜ 1 ｜ 0001 ｜ 11000000000 ｜

問 9[14] 桁落ちの説明として、適切なものはどれか。

ア 値がほぼ等しい浮動小数点数同士の減算において、有効桁数が大幅に減ってしまうことである。
イ 演算結果が、扱える数値の最大値を超えることによって生じる誤差のことである。
ウ 浮動小数点数の演算結果について、最小の桁より小さい部分の四捨五入、切上げ又は切捨てを行うことによって生じる誤差のことである。
エ 浮動小数点の加算において、一方の数値の下位の桁が結果に反映されないことである。

問 10[15] 数多くの数値の加算を行う場合、絶対値の小さな物から順番に計算するとよい。これは、どの誤差を抑制する方法を述べたものか。

ア　アンダーフロー　　イ　打切り誤差　　ウ　けた落ち　　エ　情報落ち

14　平成 27 年度 春期 基本情報技術者試験 午前 問 2
15　平成 17 年度 春期 基本情報技術者試験 午前 問 4

第**9**章

論理演算と論理回路

　この章では、①論理和（OR）、論理積（AND）、否定（NOT）という三つの基本的な論理演算、②論理演算の状態を表す真理値表の使い方と基本の論理演算を組み合わせた演算、③ベン図を使った集合の考え方と論理演算と集合演算の関連、④排他的論理和演算やド・モルガンの法則といった論理演算の応用、⑤コンピュータ内での論理演算の利用方法と論理演算を行う回路について、これら五つの学びを深めていきます。

9.1 論理演算

9.1.1 論理演算の基本 3 演算

(1) 論理和演算

　CPU（図 5.1）は制御装置と演算装置からなり、演算装置では 2 進数での計算を行っています。この演算装置の中で行われている計算を考える上で重要なのが、**論理演算**です。例えば、図 9.1 の左側に示す、**または（又は）**を使った司会者の「飛行機又は新幹線に乗っていますか」という質問が、論理演算です。この質問に対して、①～④の 4 人は次のように答えています。

① 飛行機も「いいえ」で、新幹線も「いいえ」で、どちらも乗っていないので、答えは「いいえ」
② 飛行機は「いいえ」で、新幹線は「はい」で、新幹線には乗っているので、答えは「はい」
③ 飛行機は「はい」で、新幹線は「いいえ」で、飛行機には乗っているので、答えは「はい」
④ 飛行機も「はい」で、新幹線も「はい」で、どちらにも乗っているので、答えは「はい」

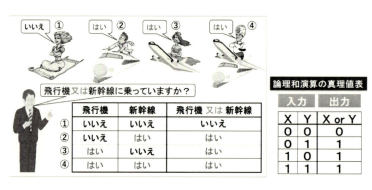

図 9.1　論理和演算の例と真理値表

　①～④の人の状態と回答の「はい（**真**）」と「いいえ（**偽**）」を表にまとめると、図の左側の表の①～④に示す各行のようになります。この質問は、飛行機に対する「はい」と「いいえ」、新幹線に対する「はい」と「いいえ」の組合せなので、表に示すように全部で 4 通りになります。全ての状態（入力）の組合せと、その結果（出力）である真偽の対応関係を示した表のことを**真理値表**といいます。ここで、この表の偽（いいえ）を 0、真（はい）を 1 に対応させると、2 進数の演算として見ることができます。そして、飛行機に乗っているかいないかの状態（以降、飛行機の状態という）を X、新幹線に乗っているかいないかの状態（以降、新幹線の状態という）を Y、「又は」を記号 **or** で表すと、図 9.1 の左側の真理値表は右側の真理値表のようになります。0 と 1 の入力の組合せに対して、真理値表の出力結果に示す論理演算が**論理和演算**（or 演算）となります。論理和演算は、X 又は Y の少なくとも一方が 1 である時、結果が 1 となる演算[1]です。

(2) 論理積演算

　論理和演算の例と同様に、飛行機の状態の「はい」と「いいえ」、新幹線の状態の「はい」と

---

[1] 論理和演算は、両方が 0 のときのみ結果も 0 になる演算ともいえます。

「いいえ」の四つの組合せに対して、今度は「飛行機**かつ**新幹線に乗っていますか？」という質問について考えてみます。この質問の場合は、飛行機と新幹線の両方に乗っていないと「はい」と答えることはできません。従って、図 9.2 の左側に示すように、④の人のみが「はい」で、それ以外の人は「いいえ」と回答します。①〜④の 4 人の状態と回答を表にまとめると、左側の真理値表のようになります。図 9.2 の左側の真理値表に対して、偽を 0、真を 1 に、飛行機の状態を X、新幹線の状態を Y とし、「かつ」を **and** という記号で表すと、図の右側の真理値表のようになります。この真理値表で表される論理演算を**論理積演算**（and 演算）といいます。論理積演算は X と Y の両方が 1 の時のみ、結果が 1 となる演算[2]です。

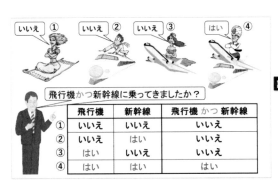

図 9.2　論理積演算の例と真理値表

(3) 否定演算

ここでは、新幹線の状態の「はい」と「いいえ」の二つの組合せに対して、「新幹線に乗って**いない**ですか？」という質問について考えてみます。この質問の場合、新幹線に乗っていることの逆を聞いているので、図 9.3 の左側に示すように、新幹線に乗っていない状態の①の人は「はい」と、乗っている状態の②の人は「いいえ」と回答します。即ち、この質問の場合は、状態と回答の「はい」と「いいえ」が逆になります。①と②の人の状態と回答を表にまとめると、図の左側の真理値表のようになります。図の左側の真理値表に対して、偽を 0、真を 1 に、新幹線の状態を X とし、「ない」を **not** という記号で表すと、図の右側の真理値表のようになります。こ

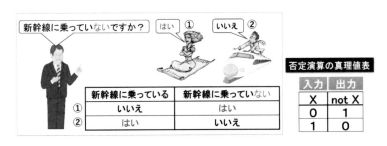

図 9.3　否定演算の例と真理値表

2　論理積演算は、一方でも 0 があると結果も 0 になる演算ともいえます。

の真理値表で表される論理演算を**否定演算**（not 演算）といい、この演算の入力は X のみなので、入力の組合せは 2 通りになります。否定演算は X の 0 と 1 が逆転する結果になる演算です。

9.1.2　論理演算の複合演算

　論理演算の基本となる演算は、論理和演算、論理積演算、否定演算の三つです。そして、これらを組み合わせることで、更に色々な論理演算を行うことができます。例えば、図 9.4 は、「飛行機又は新幹線に乗っていますか？」という論理和演算の質問に対して、それを否定した「飛行機又は新幹線に乗っていませんか？」という質問についての結果を、真理値表で示しています。

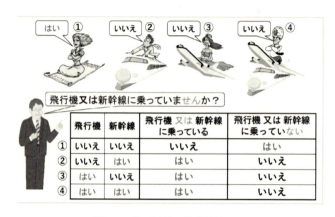

図 9.4　論理演算の複合演算の例

　飛行機に乗っている乗っていないと、新幹線に乗っている乗っていないの四つの組合せに対して、「飛行機又は新幹線に乗っている」という論理和演算の結果（真理値表の左から 3 列目）は、飛行機と新幹線に乗っていない①の人のみが「いいえ」でそれ以外の人は「はい」となっています。それに対して、「飛行機又は新幹線に乗っていない」という質問は、論理和演算の結果を否定しているので、「はい」と「いいえ」が全て逆になった結果（真理値表の一番右の列）であることがわかります。このように、論理和演算を否定することで、論理和演算の結果を全て逆の結果にすることができます。図 9.4 の真理値表に対して、偽を 0、真を 1 に、飛行機の状態を X、新幹線の状態を Y とし、真理値表を表すと図 9.5 の左側のようになります。

否定論理和演算

X	Y	X or Y	not(X or Y)
0	0	0	1
0	1	1	0
1	0	1	0
1	1	1	0

否定論理積演算

X	Y	X and Y	not(X and Y)
0	0	0	1
0	1	0	1
1	0	0	1
1	1	1	0

図 9.5　否定論理和演算と否定論理積演算

　not (X or Y) の演算は、論理和演算を否定した演算なので、**否定論理和演算**といい、記号 **nor** で書くことがあります。従って、not (X or Y) を X nor Y と書くことができます。同様に、図

の右側の真理値表に示すように、論理積演算と否定演算を組み合わせた not (X and Y) という演算もあります。この演算は、論理積演算の結果を否定しているので、**否定論理積演算**といい、記号 **nand** と書きます。従って、not (X and Y) を X nand Y と書くことができます。

9.2 論理演算と集合

9.2.1 ベン図と集合演算

(1) ベン図と命題

ここまで説明してきた、「新幹線に乗っていますか？」と、「飛行機に乗っていますか？」という二つの質問に対する回答の組合せは、図 9.6 のように 4 通りに分類して描くことができます。

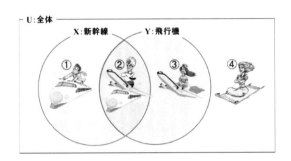

図 9.6　ベン図の例

即ち、新幹線に乗っている人の集まりは①と②なので、図では二人を「X：新幹線」の丸で囲んで表しています。同様に、飛行機に乗っている人の集まりは②と③なので、図では二人を「Y：飛行機」の丸で囲んで表しています。そして、新幹線と飛行機の両方に乗っている②の人は両方の丸が重なったところに位置し、新幹線と飛行機の両方に乗っていない④の人は二つの丸の外に位置します。図 9.6 のように、条件に含まれるか含まれないかといった関係を視覚的に示した図を**ベン図**といいます。また、「新幹線に乗っていますか？」といった真と偽が判断できる条件のことを**命題**といい、命題を満たす要素の集まりのことを**集合**といいます。例えば、「新幹線に乗っていますか？」という命題 X に対して、それを満たす集まりを集合 X とすると、集合 X の要素は①と②の人になります[3]。そして、対象となる全ての要素を含む集合 U（図の全体を囲む外枠で示す集合）を**全体集合**といいます。

(2) 集合演算

論理和演算の例で取り上げた「飛行機又は新幹線に乗っていますか？」という命題は、「新幹線に乗っていますか？」を命題 X、「飛行機に乗っていますか？」を命題 Y とすると、これまで説明してきたように、X or Y という論理和演算で表現できます。そして、X or Y の条件を満たす人は、図 9.6 のベン図では、命題 X を満たす集合 X 又は命題 Y を満たす集合 Y に含まれる

---

[3]　集合 X と要素①と②の関係を X={①, ②} と表すことがあります。

①、②、③の人となります。この3人が含まれる範囲は、集合Xと集合Yの両方を合わせた図9.7の(a)で示す網掛けの箇所となります。これを集合Xと集合Yの**和集合**といい、X∪Yという集合演算の記号で表すことができます。同様に、論理積演算の例で取り上げた「飛行機かつ新幹線に乗っていますか？」という命題を満たす②の人を含む集合は、図9.7の(b)の網掛けの箇所となります。これを集合Xと集合Yの**積集合**といい、X∩Yという集合演算の記号で表します。また、否定演算の例で取り上げた「新幹線に乗っていないですか？」という命題を満たす集合は、図9.7の(c)の網掛けの箇所となり、これを集合Xの**補集合**といい、$\overline{X}$ 又は X^C という集合演算の記号で表します。

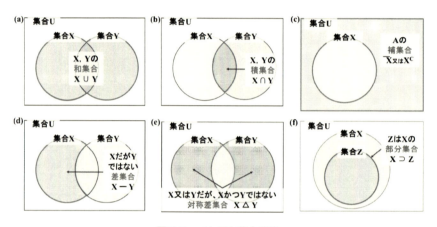

図9.7　ベン図と集合演算

これらの論理演算と集合演算の関係をまとめると、表9.1のようになります。

表9.1　論理演算と集合演算の関係

論理演算の名称	論理演算の記号例	集合演算の名称	集合演算の記号例	図9.8の例
論理和	X or Y	和集合	X∪Y	(a)
論理積	X and Y	積集合	X∩Y	(b)
否定	not X	補集合	$\overline{X}$ 又は X^C	(c)
排他的論理和	X xor Y	対称差集合	X△Y	(e)

図9.7の(d)には、図9.6の例でいうと新幹線に乗っているが、飛行機には乗っていない人の集合であり、①の人がこの集合に含まれます。この集合は、集合Xから集合Yの要素を取り除いた集合で**差集合**といい、X − Yという集合演算の記号で表します。論理演算では、X and (not Y) という演算になります。(e)は、図9.6の例でいうと「飛行機又は新幹線に乗っているが、その両方には乗っていない」人の集合であり、①と③の人がこの集合に含まれます。この集合は、集合Xと集合Yの要素から、その両方に重なっている要素を取り除いた集合で**対称差集合**といい、X△Yという集合演算の記号で表します。論理演算では、図9.8の真理値表の一番右の列に示す (not X and Y) or (X and not Y) という演算になり、XとYのどちらか一

方が 1（真）である時に結果が 1（真）になる演算です[4]。この論理演算を特に**排他的論理和演算**といい、X xor Y というように記号 **xor** で表します。

(f) は例えば、新幹線に乗っている人の集まりを集合 X とし、のぞみに乗っている人の集まりを集合 Z とすると、のぞみは新幹線の一種であり、新幹線に含まれるので、集合 Z は集合 X に内包されます。この包含関係を集合 X に対して集合 Z は**部分集合**であるといい、記号 X ⊃ Z で表現します。

X	Y	notX	notY	notX and Y	X and notY	(notX and Y) or (X and notY) 排他的論理和演算
0	0	1	1	0	0	0
0	1	1	0	1	0	1
1	0	0	1	0	1	1
1	1	0	0	0	0	0

図 9.8　排他論理和演算の真理値表

(3) 集合演算を使った処理の例

コンピュータを使った処理を考える場合に、集合と命題の考え方が役立ちます。例えば、ある学校で国語と数学のテストを行ったとします。この時、それぞれ 60 点以上を合格とすると、図 9.9 に示すように、命題 A 国語 ≥ 60 を満たす国語に合格した人の集合を A、命題 B 数学 ≥ 60 を満たす数学に合格した人の集合を B とします。

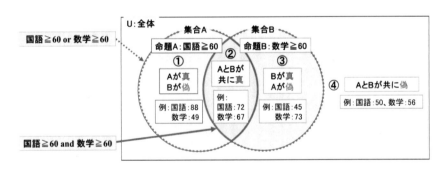

図 9.9　集合の例

ここで、全体の集合から、集合 A と集合 B の和集合 A∪B に含まれる点数を取った人を取り出す場合、国語 ≥ 60 or 数学 ≥ 60 という条件によって取り出すことができます。同様に、集合 A と集合 B の積集合 A∩B に含まれる人を取り出す場合、国語 ≥ 60 and 数学 ≥ 60 という条件によって取り出すことができます。このように、条件を満たすデータを取り出すといった処理を行う時には、集合の関係を論理演算の式で表すことで行うことができます。

---

[4] 図 9.8 に示す真理値表の一番右の列の結果は、「X or Y」の 1 の結果から「X and Y」の 1 の結果を取り除いた結果であることがわかります。

9.2.2 ド・モルガンの法則

(1) not（X or Y）=（not X）and（not Y）

集合演算には、**ド・モルガンの法則**という有名な法則があります。この法則には二つの公式があり、その一つが $\overline{X \cup Y} = \overline{X} \cap \overline{Y}$ という集合演算の等式です。この等式が成り立つことを、ベン図を使って証明してみると、図 9.10 のようになります。まず、左辺の $\overline{X \cup Y}$ をベン図で表すと、X と Y の和集合 $X \cup Y$ は、(a) の網掛けの箇所であり、その補集合である $\overline{X \cup Y}$ は、(a) の箇所の逆である (b) の網掛けの箇所になります。次に、右辺の $\overline{X} \cap \overline{Y}$ をベン図で表すと、X の補集合 $\overline{X}$ は (c) に示す横線の入った箇所であり、Y の補集合 $\overline{Y}$ の箇所である縦線の入った箇所を重ねると (d) のようになります。そして、X の補集合と Y の補集合との積集合である $\overline{X} \cap \overline{Y}$ は、横線と縦線との重なった箇所（格子模様の箇所）なので、その箇所を取り出して網掛けで表すと (e) のようになります。等式の左辺を表す (b) の網掛けの箇所と右辺を表す (e) の網掛けの箇所を見比べると一致しており、この等式が成り立つことがわかります。集合演算で表した $\overline{X \cup Y} = \overline{X} \cap \overline{Y}$ を論理演算の記号に置き換えると、not（X or Y）=（not X）and（not Y）となります。

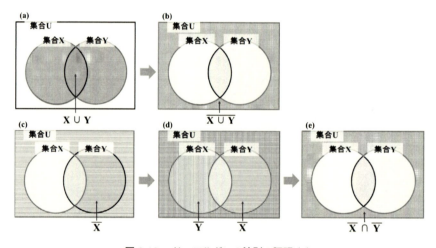

図 9.10　ド・モルガンの法則の証明 (1)

(2) not（X and Y）=（not X）or（not Y）

もう一つのド・モルガンの法則に、$\overline{X \cap Y} = \overline{X} \cup \overline{Y}$ があります。この等式についてもベン図で証明してみると、図 9.11 のようになります。

まず、左辺の $\overline{X \cap Y}$ をベン図で表すと、X と Y の積集合 $X \cap Y$ は (a) に示す網掛けの箇所であり、その補集合である $\overline{X \cap Y}$ は (a) の網掛けの箇所の逆の箇所である (b) の網掛けの箇所になります。次に、右辺の $\overline{X} \cup \overline{Y}$ をベン図で表すと、X の補集合 $\overline{X}$ は (c) に示す横線の入った箇所であり、Y の補集合 $\overline{Y}$ の箇所である縦線の入った箇所を重ねると (d) のようになります。そして、X の補集合と Y の補集合との和集合である $\overline{X} \cup \overline{Y}$ は横線と縦線の入った全ての箇所なので、その箇所を取り出して網掛けで表すと (e) のようになります。等式の左辺を表す (b) の網掛けの箇所と右辺を表す (e) の網掛けの箇所を見比べると一致しており、この等式が成り

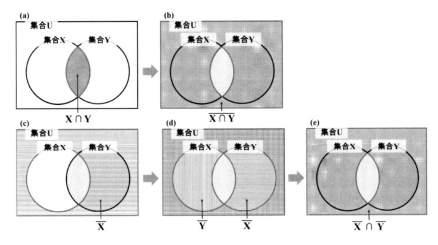

図 9.11 ド・モルガンの法則の証明 (2)

立つことがわかります。集合演算で表した $\overline{X \cap Y} = \overline{X} \cup \overline{Y}$ を論理演算の記号に置き換えると not (X and Y) = (not X) or (not Y) となります。

9.3 コンピュータ内での論理演算

9.3.1 ビット毎の論理演算

ここまで説明してきたように、論理演算の基本は、論理和演算、論理積演算、否定演算の三つで、コンピュータ内では、0と1に対して、これらの演算を適用しています。ただ、コンピュータは、2進数のデータを1バイト（8ビット）の単位で取り扱っているので、例えば、1バイトのデータに対する論理積演算（and 演算）は、図 9.12 のようになります。

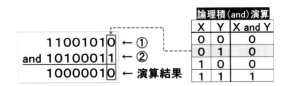

図 9.12 ビット毎の論理積演算（and 演算）

この演算では、1バイトの①の値 11001010 と②の値 10100011 に対して、同じ位にある0又は1の値に対して、and 演算を適用します。ここで、値①の1の位の値0をXとし、値②の1の位の値1をYとして、and 演算の真理値表に当てはめると、その結果は0となるので、演算結果の1の位の値は0となります。次に、①と②の10の位（右から2桁目）の値1と1について、and 演算を行った結果の1が演算結果の10の位の値となります。このように、コンピュータ内部では、同じ位にある0又は1の値に対して、それぞれ and 演算を適用して、1バイト全ての位の結果を求めるという演算を行っています。それぞれ同じ位にある0又は1の値に対して、論理

演算を適用することを**ビット毎の論理演算**といいます。ビット毎の論理演算には、論理和演算（or 演算）と否定演算（not 演算）もあります。図 9.13 の左側は、1 バイトの①の値 11001010 と②の値 10100011 に対して、同じ位にある 0 又は 1 の値に対して、ビット毎の or 演算を行った例です。図の右側は、1 バイトの①の値 11001010 に対して、各位にある 0 又は 1 の値に対して、ビット毎の not 演算を行った例で、0 と 1 が逆転した結果になっています。

図 9.13　ビット毎の論理演算（or と not 演算）

9.3.2　ビット毎の論理演算を使った例

ビット毎の論理演算が利用されている場面として、コンピュータの画像処理を例に紹介します。4.2.3 項 (1) で示したビットマップ画像の色数の種類の中に、一つの画素を 12 ビットで表現する 12 ビットカラーがありました。12 ビットカラー（4,094 色）の場合、3 原色の各色の濃さを 4 ビットの値で表すので、赤は 111100000000、緑は 000011110000、青は 000000001111 であり、全てが 0 である 000000000000 は黒で、全てが 1 である 111111111111 は白になります。

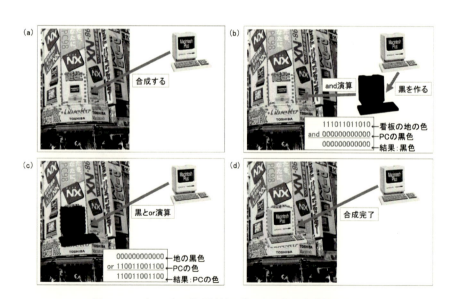

図 9.14　ビット毎の論理演算を使った画像の合成処理の例

ここで、図 9.14 の (a) に示す店の看板の写真に、PC の画像を合成する方法について考えてみます。看板の写真と PC の画像は 12 ビットカラーであるとします。合成するためにはまず、重ねる場所の看板の地の色を消す必要があります。そこで、(b) のように、看板の地の色（図の例では、111011011010）と真っ黒な PC の色（000000000000）との and 演算を行います。全て 0

の値と and 演算を行うと、もう一方の値が何であっても、結果は全て 0 の値となります。この処理を重ねる全ての点に対して行うと、(c) のように、重ねる場所の看板の地の色は真っ黒になります。次に、看板の真っ黒になった地の色（000000000000）と重ねる PC の色（図の例では、110011001100）との or 演算を行います。全て 0 の値と or 演算を行うと、もう一方の値が何であっても、結果はその値と等しくなります。この処理を重なる全ての点に対して行うと、(d) のように、真っ黒であった箇所が PC の色になり、うまく合成できたことがわかります。このようにビット毎の論理演算は、合成処理を含めて色々な処理で利用されています。

9.4 論理回路

9.4.1 論理和回路、論理積回路、否定回路

　CPU の中には、論理演算を行うために**論理回路**が入っています。論理回路を表す記号[5]には規格があり、図 9.15 の左側に示す記号は**論理和回路**（OR 回路）を表します。この回路は、記号の左から出ている二つの線より、それぞれ 0 又は 1 の値（実際には電気信号）が入力されると、右に出ている線から論理和演算の結果が出力されます。即ち、この回路は 0 と 1 の四つの組合せの入力に対して、図 9.15 の右側に示すように論理和演算の真理値表と同じ結果を出力します。論理回路を表現する場合、論理和演算を X + Y というように ＋（プラス）記号で表すことがあります。

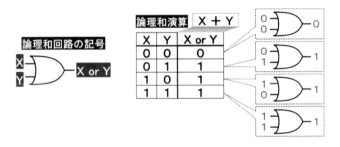

図 9.15　論理和回路（OR 回路）

　論理和回路と同じく、論理積演算と否定演算を行う**論理積回路**（AND 回路）と**否定回路**（NOT 回路）があり、図 9.16 に示す左側が論理積回路で、右側が否定回路です。どちらの記号も、左側から出ている線より 0 又は 1 が入力されると、右側に出ている線から演算結果の値を出力します。また、これら論理回路を表す場合、その論理積演算を X・Y というように・（中黒）記号で、否定演算を $\overline{X}$ というように ̄（上線）記号で表すことがあります。

---

[5]　図 9.16 及び図 9.17 に示した記号は、MIL 論理記号といいます。JIS 規格では異なる記号が使われています。

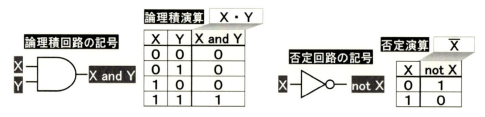

図 9.16　論理積回路（AND 回路）と否定回路（NOT 回路）

　ところで、否定回路[6]を表す記号の ○ は、他の記号に付加して表現するのが一般的です。例えば、図 9.5 で示した否定論理和演算を行う**否定論理和回路**（NOR 回路）を記号で表現する場合は、論理和回路と否定回路の ○ を組み合わせ、否定論理積演算を行う**否定論理積回路**（NAND 回路）を記号で表現する場合は、論理積回路と否定回路の ○ を組み合わせて、図 9.17 のように表します。

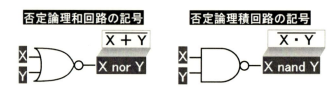

図 9.17　否定論理和回路（NOR 回路）と否定論理積回路（NAND 回路）

9.4.2　排他的論理和回路

　図 9.8 で示した排他的論理和演算は、(not X and Y) or (X and not Y) という演算だったので、分解すると not X and Y と X and not Y との論理和演算になります。not X and Y の演算を行うのが、図 9.18 の①に示す AND 回路の X 側の入力に NOT 回路をつけた記号になり、①の回路を演算記号で表すと $\overline{X} \cdot Y$ になります。X and not Y の演算を行うのが、②に示す AND 回路の Y 側の入力に NOT 回路をつけた記号になり、②の回路を演算記号で表すと $X \cdot \overline{Y}$ になります。そして、この二つの演算回路を OR 回路で繋ぐことで、(not X and Y) or (X and not Y) という演算を行う**排他的論理和回路**（NOR 回路）になります。即ち、$(\overline{X} \cdot Y) + (X \cdot \overline{Y})$ の演算を行う回路になります。ところで排他的論理和回路は、よく利用する演算回路の一つなので、図 9.18 の右側に示す専用の回路記号があり、また、演算記号として X⊕Y というように ⊕（丸に十字）記号で表すことがあります。

---

[6] 否定回路の記号は ○ の箇所だけなのですが、この記号は他の記号に付加して書くため、否定回路を単独で表す場合は、図 9.17 のように、増幅器を表す三角形の回路記号に付加して記載します。

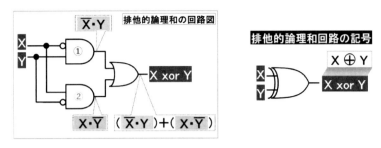

図 9.18 排他的論理和回路（XOR 回路）と記号

演習問題

問 1[7] 次の真理値表に対応する論理演算はどれか。

入力 A	入力 B	出力
0	0	0
0	1	0
1	0	0
1	1	1

　ア　AND　　イ　NOT　　ウ　OR　　エ　XOR

問 2[8] 次の真理値表で示される入力 x、y に対する出力 z が得られる論理演算式はどれか。

x	y	z
0	0	1
0	1	0
1	0	0
1	1	0

　ア　x AND y　　イ　NOT (x AND y)　　ウ　NOT (x OR y)　　エ　x OR y

問 3[9] 次のベン図の網掛け部分を表す論理演算はどれか。なお、U は全体集合を表している。

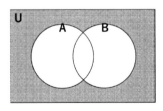

　ア　(NOT A) AND B　　イ　(NOT A) OR (NOT B)
　ウ　NOT (A AND B)　　エ　NOT (A OR B)

7　平成 24 年度 秋期 IT パスポート試験 問 82
8　平成 25 年度 秋期 IT パスポート試験 問 64
9　令和 5 年度 中央学院大学入学者選抜試験 情報【I】問題 9 改題

第 9 章　論理演算と論理回路

問 4[10]　二つの集合 A と B において、常に成立する関係を記述したものはどれか。ここで、$(X \cap Y)$ は、X と Y の共通部分（積集合）、$(X \cup Y)$ は X 又は Y の少なくとも一方に属する部分（和集合）を表す。

ア　$(A \cap B)$ は、A でない集合の部分集合である。

イ　$(A \cap B)$ は、A の部分集合である。

ウ　$(A \cup B)$ は、$(A \cap B)$ の部分集合である。

エ　$(A \cup B)$ は、A の部分集合である。

問 5　論理式 not (X and Y) と等しい論理式はどれか。

ア　not (X or Y)　　　　イ　X or (not Y)

ウ　(not X) and (not Y)　　エ　(not X) or (not Y)

問 6[11]　"男性のうち、20 歳未満の人と 65 歳以上の人" に関する情報を検索するための検索式として、適切なものはどれか。

ア　男性 AND (20 歳未満 AND 65 歳以上)

イ　男性 AND (20 歳未満 OR 65 歳以上)

ウ　男性 OR (20 歳未満 AND 65 歳以上)

エ　男性 OR (20 歳未満 OR 65 歳以上)

問 7[12]　排他的論理和を表す論理式はどれか。ここで、論理変数 A と B に対する排他的論理和の真理値表は次のように表される。また、AND は論理積、OR は論理和、NOT は否定を表す。

A	B	排他的論理和
0	0	0
0	1	1
1	0	1
1	1	0

ア　(A OR B) AND (A OR (NOT B))

イ　(A OR B) AND ((NOT A) OR (NOT B))

ウ　((NOT A) OR B) AND (A OR (NOT B))

エ　((NOT A) OR B) AND ((NOT A) OR (NOT B))

問 8[13]　8 ビットの値の全ビットを反転する操作はどれか。

ア　16 進数表記の 00 のビット列と排他的論理和をとる。

イ　16 進数表記の 00 のビット列と論理和をとる。

10　平成 22 年度 春期 IT パスポート試験 問 69

11　平成 25 年度 秋期 IT パスポート試験 問 54

12　平成 25 年度 春期 IT パスポート試験 問 82

13　令和元年度 秋期 基本情報技術者試験 問 2

ウ　16進数表記のFFのビット列と排他的論理和をとる。

エ　16進数表記のFFのビット列と論理和をとる。

問 9[14]　図の回路の入力と出力の関係として、正しいものはどれか。

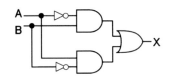

ア	入力		出力
	A	B	X
	0	0	0
	0	1	0
	1	0	0
	1	1	1

イ	入力		出力
	A	B	X
	0	0	0
	0	1	1
	1	0	1
	1	1	0

ウ	入力		出力
	A	B	X
	0	0	1
	0	1	0
	1	0	0
	1	1	0

エ	入力		出力
	A	B	X
	0	0	1
	0	1	1
	1	0	1
	1	1	0

問 10[15]　論理式 $X = \overline{A} \cdot B + A \cdot \overline{B} + \overline{A} \cdot \overline{B}$ と同じ結果が得られる論理回路はどれか。ここで、論理式中の・は論理積、＋は論理和、$\overline{X}$ は X の否定を表す。

14　令和元年度 秋期 基本情報技術者試験 問 22

15　平成 25 年度 秋期 基本情報技術者試験 午前 問 25

第 **10** 章

コンピュータ
アーキテクチャ

　この章では、①加算を行う回路と、その回路を
構成する論理回路、②加算回路を使って加算と減
算を行う仕組み、③ 1/2 倍、1/4 倍、8/1 倍や
2 倍、4 倍、8 倍といった計算を行うシフト演算、
④シフト演算を利用した乗算や除算の考え方、⑤
CPU が命令を実行する基本的な仕組みとメモリ
のアドレスを指定する方法、⑥ CPU の処理を高
速化する方法とメモリのアクセスを高速化する
方法について、これら六つの学びを深めていき
ます。

10.1 加算回路

10.1.1 半加算回路

　コンピュータ内部で行う演算として論理演算があることを紹介しました。ただ、コンピュータ内部では、たし算やひき算といった四則演算ができなければいけません。まず、2進数1桁同士のたし算（加算）について考えてみましょう。2進数の1桁同士の加算は、① $0+0=0$、② $0+1=1$、③ $1+0=1$、④ $1+1=10$ の四つの場合に限られ、④の場合は結果が2桁になります。そこで、①〜④の加算結果を全て2桁で表すと、図10.1の左側に示す四つの筆算になります。

図 10.1　2進数1桁の加算と半加算回路

　①〜④の各筆算に対して、$X+Y=CS$ というように、たす二つの値をXとYとし、2桁の加算結果の上位桁をC、下位桁をSとして、真理値表の①〜④の各行に対応させて表すと、図の中央に示す真理値表になります。この真理値表の加算結果を示すCの列とSの列に注目すると、Cの列の結果は、論理積演算の結果と同じになっていることが、また、Sの列の結果は、排他的論理和演算の結果と同じになっていることがわかります。このことから、この加算を行う演算回路は、図10.1の右側に示すように、論理積回路と排他的論理和回路を組み合わせることで実現できます。この2進数1桁同士の加算を行う回路のことを、**半加算回路**（HA：Half Adder）[1] といいます。半加算回路によって、真理値表と同じ結果が得られることを示したものが図10.2です。

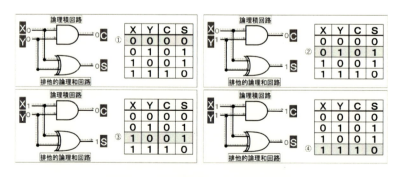

図 10.2　半加算回路の入力と出力結果

---

[1]　半加算回路を半加算器ということもあります。

例えば、図の②の場合を見てみると、論理積回路のXとYに0と1が入力されて、Cの結果として0が出力され、排他的論理和回路のXとYに0と1が入力されて、Sの結果として1が出力され、これは真理値表の②の行と一致しています。同様に①、③、④の場合についても、真理値表と一致することから、半加算回路によって2進数の1桁同士の加算が行えることがわかります。

10.1.2　全加算回路

2進数1桁同士の加算が、半加算回路によって行えることがわかりました。ただ、コンピュータ内部では、1桁ではなく、1バイト（8桁）といった複数桁同士の加算を行っています。例えば、2進数4桁同士の加算（0101 + 0111）を考えてみると、図10.3に示す筆算のように桁上がりを考慮した加算を行う必要があることがわかります。

図に示す1桁目の加算（1 + 1 = 10）は、図10.2の④に示したXに1、Yに1を入力すると、Cに1、Sに0を出力する半加算回路の計算に当たるので、1桁目の加算は半加算回路で行えることがわかります。ただ、2桁目の加算では、1桁目から桁上がりしてきた値（Cの値）である1が加わるので、1 + 0 + 1 = 10 という、三つの2進数1桁の加算を行う必要があります。このように、複数桁同士の加算を行うためには、桁上がりが発生するために、2桁以降は半加算回路では計算できません。従って、図10.3に示す真理値表のように、X、Y、Zの三つの入力に対して、上位桁Cと下位桁Sの2桁の加算結果を得る、X + Y + Z = CS という計算を行う必要があります。

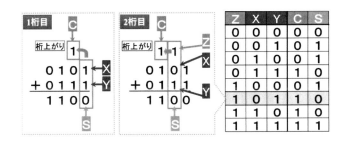

図 10.3　三つの 2 進数 1 桁の加算を示す真理値表

三つの2進数1桁の加算を行う回路は、図10.4のように、二つの半加算回路と論理和回路で構成されます。この回路では、XとYの加算結果にZを加算することで、三つの加算を行います。具体的には、図の (1) の半加算回路でXとYの加算を行い、その加算結果の下位桁S1とZの加算を (2) の半加算回路で行い、その加算結果の下位桁S2が三つの加算結果のSとなります。そして、(1) の半加算回路で求めた加算結果の上位桁C1と、(2) の半加算回路で求めた加算結果の上位桁C2とを加算した値が、三つの加算結果のCとなります。ただ、C1とC2の加算では結果が2桁になることはないので、この加算を論理和回路で行っています[2]。この三つの2進数

---

[2]　二つの 2 進数 1 桁の加算において、結果が 2 桁になる 1+1 の計算がない場合、即ち、C1 と C2 の加算のように 0+0=0、0+1=1、1+0=1 の場合だけの加算は、論理和回路で行うことができます。

1桁の加算を行う回路を、**全加算回路**（FA：Full Adder）[3]といいます。図10.4の全加算回路での計算の過程は、図10.5に示す真理値表で確認することができます。即ち、(1)の半加算回路、(2)の半加算回路、論理和回路の順に入力と出力の値が、次のように変化していきます。

- (1)の半加算回路の真理値表は、XとYの加算結果の上位桁C1と下位桁S1の2桁を示しています。
- (2)の半加算回路の真理値表は、(1)で求めた下位桁S1の四つの値に対して、Zの値が0であった場合の加算を上の表で、Zの値が1であった場合の加算を下の表で示しています。上の表と下の表で求めた結果のS2が、三つの2進数1桁の加算結果の下位桁Sになります。
- (3)の論理和回路の真理値表は、図の(1)で求めた上位桁C1と(2)の上と下の表でそれぞれ求めた上位桁C2の値との加算を、それぞれ上と下の表で示しています。ここで求めた結果のCが、三つの2進数1桁の加算結果の上位桁Cになります。

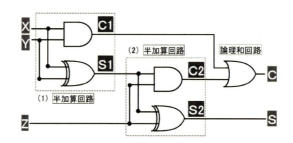

図10.4　三つの2進数1桁の加算を行う全加算回路

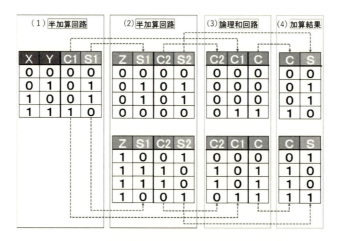

図10.5　全加算回路での計算過程を示す真理値表

以上により求めた(4)の加算結果に示す真理値表の八つの値が、図10.3で示した真理値表のCとSの八つの値と一致しており、このことから、全加算回路によって図10.3の真理値表と同

3　全加算回路を全加算器ということもあります。

じ結果が得られることがわかります。

10.2 複数桁の加算と減算

10.2.1 複数桁の加算

二つの2進数1桁の加算は半加算回路で、三つの2進数1桁の加算は全加算回路で行えることがわかりました。それでは、複数桁同士の加算はどのような回路で行えるでしょうか。図10.6の左側の2進数4桁同士の加算の例に示すように、一番下の1桁目（図の(1)）は二つの加算なので半加算回路で行えますが、2桁目〜4桁目（図の(2)〜(4)）は、下からの桁上がりが発生する可能性があるので、三つの加算の行える全加算回路が必要となります。

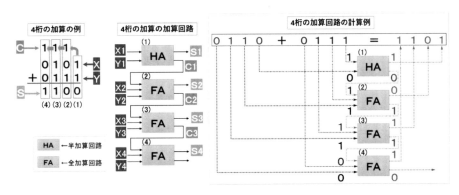

図10.6　2進数4桁の加算例と加算回路、2進数4桁の加算回路の計算例

従って、2進数4桁同士の加算を行う回路として、図10.6の中央に示す回路が考えられます[4]。この回路を使って2進数4桁同士の加算を行うと、図の右側のように、0110と0111の1桁目の値が(1)の半加算回路に、2桁目〜4桁目の各値が(2)〜(4)の全加算回路に入力され、また、(1)〜(3)の結果の上位桁（図の中央のC1〜C3）の値は、桁上がりの値として(2)〜(4)に入力され、加算結果として1101が求められることがわかります。

10.2.2 複数桁の減算

複数桁同士の減算[5]は、減数を2の補数表現することで、加算で計算できます。例えば、0111 − 0101という減算は、図10.7の左側に示すように、減数の0111の各桁の値の0と1を反転して1を加えて2の補数1011を作り、0111 + 1011という加算によって求めることができます。

4　図10.6の4桁の加算回路にあるX1、Y1、S1、C1は、1桁目の入力である二つの値X1とY1、1桁目の出力結果である上位桁C1（桁上がりの値）と下位桁S2を表しています。同様に、X2〜C2は2桁目、X3〜C3は3桁目、X4〜C4は4桁目の入力と結果の値を表しています。

5　a-bという減算では、aが非減数で、bが減数となります。

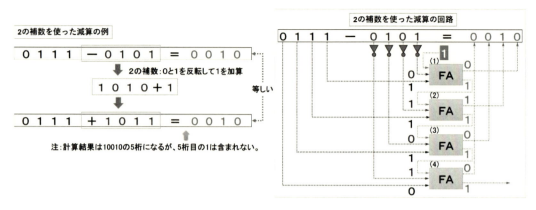

図 10.7 　 2 の補数を使った減算の例、2 の補数を使った減算の回路

　この方法により 2 進数 4 桁の減算を行う回路として、図 10.7 の右側の回路が考えられます。この回路図は、四つの全加算回路と四つの否定回路からなり、減数の各桁の値を否定回路により 0 と 1 を反転し、(1) の全加算回路に 1 を入力することで、減数の 2 の補数を作り、作った 2 の補数との加算により減算を行っています。

10.3 　シフト演算

10.3.1 　論理シフト演算

(1) 論理左シフト演算

　コンピュータ内では、2 進数の加算と減算以外に、かけ算（乗算）やわり算（除算）も行います。これらの計算では、**シフト演算**と呼ばれる仕組みが利用されます。シフト演算のシフトとは、2 進数の桁をずらすことを意味しており、この演算には四つの種類[6]があります。

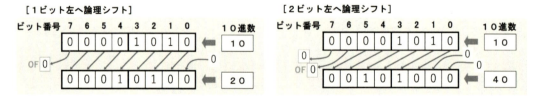

図 10.8 　論理左シフト演算の例

　図 10.8 に示す演算は、**論理左シフト演算**と呼ばれる演算の例です。図の左側は、2 進数 8 桁（8 ビット）の値を左に 1 桁（1 ビット）ずらした（シフトした）様子を示しています。この 1 桁左シフト演算により、2 進数 00001010 が 2 進数の 00010100 に変化しました。前者は 10 進数の

6 　四つのシフト演算の種類は、論理と算術、左と右の組合せで、論理左シフト演算、論理右シフト演算、算術左シフト演算、算術右シフト演算となります。

10、後者は 10 進数の 20 であるので、この 1 桁左シフト演算により値が 2 倍になったことがわかります。また、図の右側は、2 桁左にシフトしたことで、2 進数の 00101000 に変化しました。この値は 10 進数では 40 なので、2 桁左シフト演算により値が 4 倍になったことがわかります。ここで、2 進数の各位は下から 2^0、2^1、2^2、2^3、…という 2 のべき乗に対応しているので、1 桁左にシフトするということは、例えば、一番下の 2^0 の位（ビット番号 0 の位置）は 2^1 の位（ビット番号 1 の位置）に移動することからわかるように、全ての位が 2 倍されるということになります。同様に、2 桁左にシフトするということは、2^2 である 4 倍となり、更に、3 桁左にシフトは 2^3 の 8 倍、4 桁左にシフトは 2^4 の 16 倍というように、シフトする桁数が増える毎に 2 の倍数で大きくなっていきます。

ところで、この論理左シフト演算では、図に示すように、先頭の桁が前に押し出され、押し出されたことで空いた後尾の桁には 0 が入ります。また、先頭の桁（ビット）の値が前に押し出されることでなくなってしまうので、押し出された桁の中に 1 の値が含まれていた場合（表現できる値の範囲を超えてしまった場合）、必要な情報が失われてしまうので、**オーバーフロー（OF：Over Flow）** が発生したといいます。

(2) 論理右シフト演算

シフト演算には、論理左シフトと逆方向にシフトする**論理右シフト演算**があります。

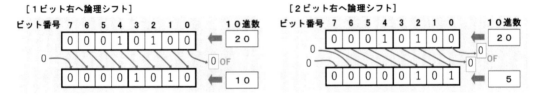

図 10.9　論理右シフト演算の例

図 10.9 は論理右シフトの例です。図の左側は、1 桁論理右シフト演算を行った例を示しており、このシフト演算により、2 進数の 00010100 が 2 進数 00001010 に変化しました。前者は 10 進数の 20 で、後者は 10 進数の 10 なので、この 1 桁右シフト演算により値が 1/2 倍（2^{-1} 倍）になったことがわかります。図の右側は、2 桁論理右シフト演算を行った例で、2 進数の 00010100 が 2 進数 00000101 に変化したことで、10 進数の 20 が 10 進数の 5 になっていることで、この 2 桁右論理シフト演算により値が 1/4 倍（2^{-2} 倍）になったことがわかります。

更に、3 桁右に論理シフトすると 1/8 倍（2^{-3} 倍）、4 桁右に論理シフトすると 1/16 倍（2^{-4} 倍）というように、1/2 の倍数で小さくなっていくことがわかります。そして、論理右シフト演算では、下に値が押し出されるので、後尾の桁が押し出されることで空いた先頭の桁には 0 が入ります。

10.3.2　算術シフト演算

(1) 算術左シフト演算

固定小数点では、先頭の桁（ビット）は符号ビットでしたが、論理左シフト演算では符号ビッ

トの情報が押し出され、論理右シフト演算では符号ビットが移動してしまうため、符号の情報が維持できません。従って、符号情報が維持できる算術シフト演算[7]があります。

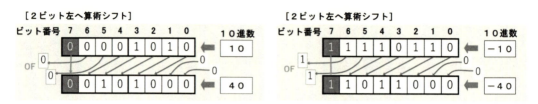

図 10.10　算術左シフト演算の例

　図 10.10 は、算術シフトのうちの**算術左シフト演算**の例です。図の左側と右側に示すように、それぞれ、先頭にある符号ビット（ビット番号 7）の情報はシフトしないで、そのまま先頭の桁に残り、次のビット番号 6 以下の値が左に移動し、空いた後尾の箇所には 0 が入ります。図では、2 ビット左にシフトしているので、ビット番号 6 と 5 が押し出され、空いた後尾のビット番号 0 と 1 の箇所に 0 が入っています。この結果、図の左側では、正の 10 進数の 10（2 進数 00001010）が 4 倍の 10 進数の 40（2 進数 00101000）になり、図の右側では、負の 10 進数の －10（2 進数 00001010 の 2 の補数である 11110110）が 4 倍の 10 進数の －40（2 進数 00101000 の 2 の補数である 11011000）になっていることがわかります。このように、算術左シフト演算は、符号を維持して 2 倍、4 倍、8 倍と 2 の倍数で絶対値を大きくすることができます。

(2) 算術右シフト演算
　算術左シフト演算に対して、逆方向にシフトするのが**算術右シフト演算**です。

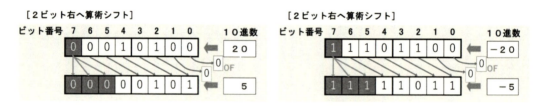

図 10.11　算術右シフト演算の例

　図 10.11 がその例です。図の左側と右側に示すように、それぞれ、先頭にある符号ビット（ビット番号 7）の情報はシフトしないで、そのまま先頭の桁に残り、次のビット番号 6 以下の値が右に移動し、ビット番号 6 以下の空いた箇所には符号ビットの情報が入ります。図では、2 ビット右にシフトしているので、ビット番号 6 と 5 に符号ビットの情報が入り、後尾のビット番号 0 と 1 の箇所が押し出されます。この結果、図の左側では、正の 10 進数の 20（2 進数 00010100）が 1/4 倍の 10 進数の 5（2 進数 00000101）となり、図の右側では、負の 10 進数の －20（2 進数 00010100 の 2 の補数である 11101100）が 1/4 倍の 10 進数の －5（2 進数

---

[7]　算術シフト演算に対して、符号情報を維持する必要がないシフト演算が論理シフト演算となります。

00000101 の 2 の補数である 11111011）となっていることがわかります。このように、算術右シフト演算では、符号を維持して 1/2 倍、1/4 倍、1/8 倍と 1/2 の倍数で絶対値を小さくすることができます。

10.4 乗算と除算

10.4.1 乗算の考え方

シフト演算を使うことで、2 の倍数で大きくしたり、1/2 の倍数で小さくしたりできることがわかりました。それでは、このシフト演算を使って乗算の方法を考えてみましょう。例えば、10 進数の 10×6 の乗算の場合、$10 \times 6 = 10 \times (2 + 4) = 10 \times 2 + 10 \times 4$ という式に変形することができます。ここで、10×2 は 1 ビット左シフトの演算で行え、10×4 は 2 ビット左シフトの演算で行えるので、シフトした二つの結果を加算することで、10×6 の乗算結果を求めることができます。即ち、図 10.12 の (1) に示すように、乗数（図では 2 進数 00000110）の 1 になっている桁に注目すると、2^1 と 2^2 の位に 1 があるので、被乗数（図では 2 進数 00001010）を 2 倍と 4 倍すればよいことがわかります。

従って、(2) に示すように、被乗数に対して、1 ビット左シフト（2 倍）と 2 ビット左シフト（4 倍）を行います[8]。そして、(3) に示すように、(2) で求めた結果を加算することで、(4) に示す 2 進数 00111100（10 進数 60）という結果を求めることができます。

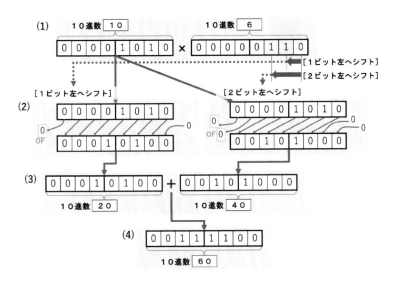

図 10.12　シフト演算を使った乗算の例

---

[8] 図 10.12 の例は、論理左シフト演算を使っていますが、算術左シフト演算を使っても、同様の考え方で行えます。

10.4.2 除算の考え方

除算の場合、除数が 2 や 4、8 といった 2 の倍数であれば、右シフト演算を使って行うことができますが、一般的には、図 10.13 のように、わり算の筆算と同じ要領で計算[9]する方法があります。即ち、図の例で示すように、除数を左シフトし、被除数からひいていくという操作を、ひき算の結果が 0、又は、除数より小さくなるまで繰り返すという方法です[10]。

図 10.13 では、図の (1) に示すように、10 進数の 30（2 進数 00011110）を、10 進数の 5（2 進数 00000101）でわる計算を行っています。(2) に示す筆算の要領で、最初に、被除数（2 進数 00011110）から、除数（2 進数 00000101）を左シフトした値でひき算した時に、結果が負にならない一番大きな数でひき算します。この例では、2 ビット左シフトした時の値が、ひき算の結果が負にならない一番大きな値なので、(3) に示すように、00000101 を 2 ビット左シフトした 00010100 を、00011110 からひきます。このことは、被除数には除数を 2 ビット左シフトした値が含まれるということなので、商には 2 進数の 100 が含まれます。

次に、図の (3) のひき算で求めた余りの 00001010 に対して、(4) に示すように、00000101 を 1 ビット左シフトした 00001010 が、ひき算の結果が負にならない一番大きな数なので、この値を被除数からひきます。このことから、商には 2 進数の 10 が含まれることがわかります。そして、(4) に示すように、このひき算の結果、余りが 0 になったので、これでわり算は終了します。以上の計算より、商には 100 と 10 が含まれることがわかったので、商は 2 進数の 110、即ち 10 進数の 6 になります。このように、コンピュータ内部では、2 進数の加算、減算、乗算、除算という四則演算が行えるようになっています。一般に、2 進数の加算と減算は演算回路で行い、除算と除算はシフト演算や加算、減算を組み合わせて行います。

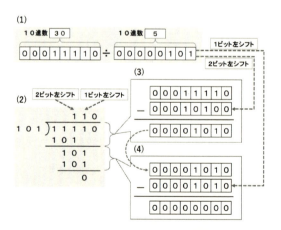

図 10.13　シフト演算を使った除算の例

---

[9] 割り算の筆算と同じ要領で行う計算では、負の数の割り算を行う場合、符号のない数値として計算した後、符号を調整する必要があります。

[10] ひいた結果の値が除数より小さくなった場合、その値は割り算の余りとなります。

10.5 CPUと命令

10.5.1 CPUの基本構造

　ここまでに紹介した論理演算や加算、減算、シフト演算は、演算装置内に用意され、それらは、コンピュータで直接実行できる機械語の命令によって利用できるようになっています。機械語の命令により動くCPUの仕組みを、非常に単純化すると図10.14[11]のようになります。

　図に示す演算装置内にある**算術論理回路**には、論理和、論理積、排他的論理和、加算、減算、論理左シフト、論理右シフト、算術左シフト、算術右シフト等の演算を行う回路が用意されています。これらの演算を行う各機械語命令は、それぞれの種類を番号（**命令コード**）で表しています。また、**ロード命令**と**ストア命令**といった主記憶装置のメモリからデータを読み出す命令とデータをメモリに書き込む命令、二つの値を比較する**比較命令**、条件によってプログラムの実行する場所を変更する**分岐命令**等も用意されています。**汎用レジスタ**は、プログラムの実行中のデータを一時的に記憶しておくために用意されたレジスタの集まりで、1個1個が番号（レジスタ番号）で管理されています。

　制御装置内にある**プログラムカウンタ**（命令アドレスレジスタ）は、主記憶装置中に記憶されているプログラムから順番に命令を読み出すためのレジスタで、次に読み出す命令が入っている主記憶装置の番地（アドレス）を示しています。**命令レジスタ**は、読み出した一つの命令を解読・実行するために、その命令を一時的に記憶しておくためのレジスタです。命令レジスタのOP（Operation Code）、GR（General Register）、AD（Address）の三つの箇所には、順に、実行する命令の命令コード、実行時に利用する汎用レジスタの番号、実行時に利用する主記憶装置の番地の情報が入ります。CPUには、アドレスの情報が流れる基幹の線である**アドレスバス**と、データが流れる基幹の線である**データバス**があります。ところで、命令レジスタのOP、GR、ADは、図に示すコンピュータの機械語命令の形式（**命令形式**）を構成する要素です。実際のコンピュータの命令形式は、もっと要素の数が多く、CPUの種類毎に使用する機械語命令の構成要素と各要素のサイズ（ビット数）が決まっています。

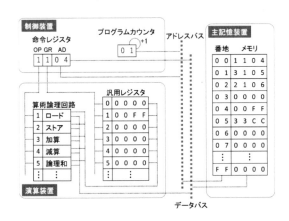

図10.14　単純化したCPUの構成

11　CPU内の情報は全て2進数ですが、説明の都合上、図では2進数を変換した16進数で表記しています。

10.5.2 命令の実行

図 10.15 の (1)〜(4) は、図 10.14 に示した CPU において、一つの命令が実行される過程を順に示しています。(1)〜(4) での動作は、次のようになります。

(1) ①では、プログラムカウンタが示す番地（図の 01）の命令が選択され、②では、選択された命令（3105）が命令レジスタに読み出されます。読出しが終わったら、③では、次の命令の読出しに備えて、プログラムカウンタの値を増やします（図では 1 が加算され 02 となります）。

(2) ④、⑤、⑥では、命令レジスタの OP、GR、AD に格納された各値を解読し、OP の命令コード（図の 3）が示す加算回路を、GR の汎用レジスタ番号（1）が示すレジスタを、AD の番地（05）が示す主記憶装置のメモリを選択します。

(3) ⑦と⑧では、選択されたレジスタに格納されている値（図の 00FF）とメモリに格納されている値（33CC）が、選択された加算回路に入力され、演算が実行されます。

(4) ⑨では、演算結果（図の 00FF と 33CC を加算した結果の 34CB）が出力され、その結果が選択されたレジスタに格納されます。

以上が、CPU において一つの命令が実行される一連の動作の様子です。この動作の中で、(1) の動作を**命令読み出しサイクル**（instruction fetch cycle）、(2)〜(4) の動作を**命令実行サイクル**

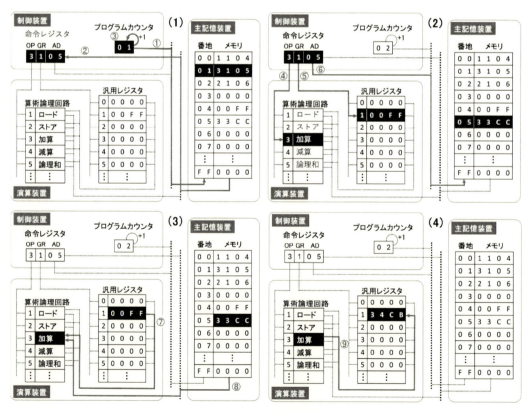

図 10.15　CPU での命令実行の様子

(instruction execution cycle)、この二つを合わせた動作を**命令サイクル**（instruction cycle）といいます。この命令サイクルを繰り返すことで、主記憶装置に格納されたプログラム内の命令を順に実行できるので、この方式を**逐次制御方式**といいます。

10.6 CPU とメモリを高性能化する技術

10.6.1 命令パイプライン

一つの命令を実行する命令サイクルの基本的な動作をイメージで表すと、図 10.16 の (1) のように、メモリから命令を読み出し（①命令読出）、制御装置で命令を解読し（②命令解読）、演算装置で命令を実行する（③実行解読）といった三つの基本的な処理として捉えることができます。

この処理の流れを並行して行える仕組みによって CPU の処理を高速化する技術の一つに、**命令パイプライン**があります。図の (2) の上側は基本的な三つの処理工程での命令実行を示しており、下側は三つの処理工程を並行して行える三つのラインをもつ命令パイプラインを示しています。この二つの実行の違いを (3)〜(6) で比較しています。(3) では、各メモリ中の 1 番目の命令 1 を読み出します。(4) では、各命令 1 が命令解読の処理工程に移動します。この時、命令パイ

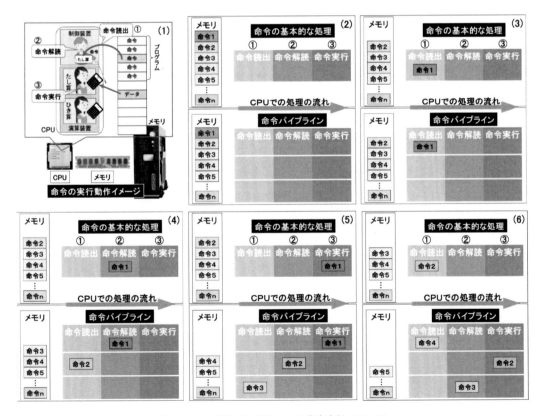

図 10.16　命令パイプラインの命令実行イメージ

プラインでは、空いている2番目のラインに命令2を読み出します。(5)では、各命令1が命令実行の処理工程に移動します。この時、命令パイプラインでは、2番目のラインの命令2は命令解読の処理工程に移動し、空いている3番目のラインに命令3を読み出します。(6)では、各命令1の実行が終了したので、基本的な仕組みの方では、次の命令2を読み出します。この時、命令パイプラインでは、空いた1番目のラインに命令4を読み出し、2番目のラインの命令2は命令実行の処理工程に移動し、3番目のラインの命令3は命令解読の処理工程に移動します。

　この図の二つの仕組みの比較からわかるように、命令パイプラインによって、命令を並行して行うことで、命令実行の高速化が実現できます[12]。命令実行の高速化を図る仕組みはこの他にも色々あり、例えば、命令パイプラインの仕組みを複数もち、更に命令の並列処理の性能を高めた**スーパースカラ**という仕組みがあります。また、図5.9で示したように、現在のCPUでは、その中に単独のCPUと同じ働きができるコアを複数もち、処理を分割して複数のコアで分担して処理を並行して行うことのできる**マルチコアプロセッサ**の構造になっています。

10.6.2　命令形式とアドレス指定

(1) 直接アドレス指定と間接アドレス指定

　図10.14で、命令コード (OP)、汎用レジスタ (GR)、アドレス (AD) の三つで構成される命令形式を紹介しました。ただ、実際の命令形式はもっと複雑で、高度な処理に対応するために、色々な方法でアドレスを指定すること (**アドレス指定**) が行えるようになっています。図10.15の (2) で示したCPUでの命令の実行動作のように、命令のAD（アドレス）の箇所に書かれた値がそのままメモリのアドレスを指す方法を、**直接アドレス指定**といいます。その他の代表的なアドレス指定に、間接アドレス指定やインデックスアドレス指定、ベースアドレス指定があります。例えば、図10.17に示す命令形式の場合、それらのアドレス指定が行えるように、CPU内の汎用レジスタを**インデックスレジスタ** (XR) や**ベースレジスタ** (BR) に指定するための要素をもっています。

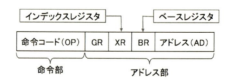

図 10.17　色々なアドレス指定に対応できる命令形式の例

　間接アドレス指定は、図10.18に示すように、命令のADの箇所の値（図では1000）が示す番地のデータ（図では2000）が、実際のアドレス（**実効アドレス**）であるというアドレスの指定方法です。この指定方法は、プログラム中でアドレスを扱う場合に利用されます。例えば、プログラミング言語のC言語には、アドレスを記憶できる変数 (**ポインタ変数**) があり、この変数を使って間接アドレス指定を行うことで、プログラム中でアドレスを扱うことができます。

12　図10.16では命令サイクルを3段階に分けていますが、実際の命令サイクルはもっと複雑で、多くの段階に分けて並列処理が行えるようになっています。

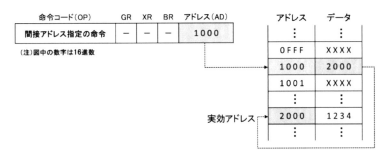

図 10.18　間接アドレス指定のイメージ

(2) インデックスアドレス指定とベースアドレス指定

インデックスアドレス指定（インデックス修飾）は、図 10.19 に示すように、インデックスアドレスレジスタ（図では XR の値が指す 1 番のレジスタ）内の値（0005）と AD の値（1000）とを加算した結果（1005）が、実効アドレスとなるアドレスの指定方法です。

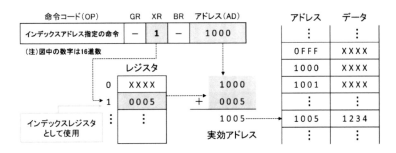

図 10.19　インデックスアドレス指定のイメージ

　このアドレス指定は、複数のデータを連続したアドレスの領域に格納して取り扱う**配列**と呼ばれるデータ構造を、プログラム中で利用する時に役立ちます。例えば、インデックスレジスタ内の値を 0 から 1 ずつ順に増やしていくことで、同じ命令を使って、アドレスの 1000 番地から 1 ずつ順に位置をずらしながら連続する番地のデータを取り扱うことができます。

　ベースアドレス指定（基底アドレス変換）は、図 10.20 に示すように、ベースアドレスレジスタ（図では BR の値が指す 0 番のレジスタ）内の値（5000）と、直接アドレス指定やインデックスアドレス指定等で決まったアドレス（0021）とを加算した結果（5021）が、実効アドレスとなるアドレスの指定方法です。即ち、その他のアドレス指定で決まったアドレスに、常にベースレジスタの値を加算するというアドレス指定です。例えば、あるプログラムで利用するアドレスの範囲が、0000 番地～0100 番地だったとすると、常にベースレジスタの値 5000 を加算することで、利用するアドレスの範囲を 5000 番地～5100 番地に変換することができます。プログラムを実行する時、そのプログラムがメモリのどの番地に格納されているかは、プログラムがメモリにロードされた時にしかわからないので、プログラムを作る場合は、メモリの先頭番地（0000 番地）から利用することを想定して作ります。このようにして作ったプログラムが、もし、5000 番地からの場所に格納された場合、ベースレジスタに 5000 を入れてベースアドレス指定を行え

ば、0000番地からを想定したプログラムでも常に5000が加算されるので問題なく実行することができます。このように、ベースアドレス指定の仕組みを使うことで、プログラムをメモリのどの場所に配置しても実行できるので、この仕組みを**動的アドレス変換機構**といいます。

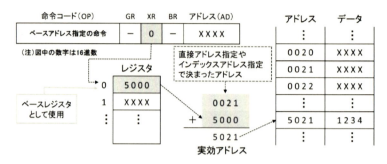

図10.20　ベースアドレス指定のイメージ

実際のCPUは、一つの命令形式だけでなく、構成やサイズ（命令の長さ）の違う複数の命令形式の命令を処理できるようになっています。ただ、サイズが違う命令を処理できるようにするためには、CPUの構造が複雑になり並列処理等の高速化を実現しづらくなります。そこで、命令の長さを統一してCPUを設計するという考え方があり、これを**RISC**（リスク）といいます。

10.6.3　メモリインターリーブ

メモリをアクセスする場合、プログラムの中で連続した領域のデータをアクセスするという場面が多くあり、このような場合のメモリアクセスを高速化する仕組みに、**メモリインターリーブ**があります。図10.21の左側に示す基本的なメモリアクセスの場合、アドレスの00000110～00001001番地という連続した領域をアクセスする場合でも、図の①、②、③、④の順に、一つ

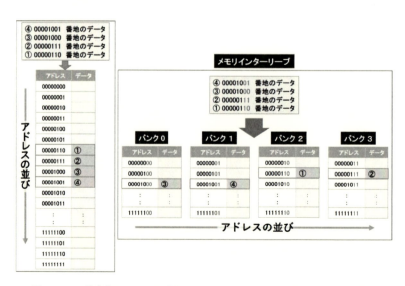

図10.21　基本的なアクセス動作とメモリインターリーブでのアクセス動作

のアドレス毎に順番にアクセスする必要があります。

特に、主記憶装置のメモリにはDRAMが使われているので、一つのアドレスをアクセスすると、その仕組みの関係で、すぐに次のアドレスにアクセスできないため、若干の待ちが発生してしまいます。それを解消するために、図の右側に示すメモリインターリーブでは、メモリを2又は4、8といった個数に区分（図では、四つに区分）し、各区分が独立してアクセスできる仕組みになっています。この区分をバンクといいます。例えば、図に示すように、バンクが4個の場合は、バンク0は00000000番地から、バンク1は00000001番地から、バンク2は00000010番地から、バンク3は00000011番地から始まり、それぞれ四つおきに番地をつけます。

このように、連続する番地が横に並ぶようにすることで、例えば、アドレスの00000110〜00001001番地という連続した領域にアクセスする場合、図のように、①〜④のアドレスを分かれている四つのバンクに同時にアクセスすることができます。この並行してアクセスできるバンクの仕組みによって、アクセスの高速化を図ることができます。

演習問題

問1[13]　図に示す1けたの2進数xとyを加算し、z（和の1けた目）及びc（けた上げ）を出力する半加算器において、AとBの素子の組合せとして、適切なものはどれか。

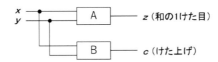

　　ア　A：排他的論理和、B：論理積　　　イ　A：否定論理積、B：否定論理和
　　ウ　A：否定論理和、B：排他的論理和　　エ　A：論理積、B：論理和

問2[14]　図は全加算器を表す論理回路である。図中のxに1、yに0、zに1を入力した時、出力となるc（けた上げ数）、s（和）の値はどれか。

　　ア　c：0、s：0　　イ　c：0、s：1　　ウ　c：1、s：0　　エ　c：1、s：1

問3[15]　8ビットの2進数11010000を右に2ビット算術シフトしたものを、00010100から減じた値はどれか。ここで、負の数は2の補数表現によるものとする。

　　ア　00001000　　イ　00011111　　ウ　00100000　　エ　11100000

問4[16]　数値を2進数で表すレジスタがある。このレジスタに格納されている正の整数xを10

---

[13]　平成23年度 春期 特別 基本情報技術者試験 午前 問25 一部表現を変更
[14]　平成21年度 秋期 基本情報技術者試験 午前 問25 一部表現を変更
[15]　平成24年度 秋期 基本情報技術者試験 午前 問1 一部表現を変更
[16]　平成29年度 秋期 基本情報技術者試験 午前 問1

第 10 章　コンピュータアーキテクチャ

倍にする操作はどれか。ここで、桁あふれは起こらないものとする。

ア　x を 2 ビット左にシフトした値に x を加算し、更に 1 ビット左にシフトする。

イ　x を 2 ビット左にシフトした値に x を加算し、更に 2 ビット左にシフトする。

ウ　x を 3 ビット左にシフトした値と、x を 2 ビット左にシフトした値を加算する。

エ　x を 3 ビット左にシフトした値に x を加算し、更に 1 ビット左にシフトする。

問 5[17]　CPU におけるプログラムカウンタの説明はどれか。

ア　次に実行する命令が入っている主記憶のアドレスを保持する。

イ　プログラムの実行に必要な主記憶領域の大きさを保持する。

ウ　プログラムを構成する命令数を保持する。

エ　命令実行に必要なデータが入っている主記憶のアドレスを保持する。

問 6[18]　コンピュータにおける命令の実行順序に関する次の記述中の a、b に入れる字句の適切な組合せはどれか。

　　コンピュータの命令実行順序は、
　　　(1)　プログラムカウンタの参照
　　　(2)　命令の ［　a　］
　　　(3)　次の命令の主記憶アドレスをプログラムカウンタにセットする。
　　　(4)　命令の ［　b　］
　　　(5)　命令に応じた処理を実行
　　　(6)　(1) に戻る。
　　を繰り返す。

ア　a：解読、b：読込み　　イ　a：書き込み、b：解読

ウ　a：読込み、b：解読　　エ　a：読込み、b：書き込み

問 7[19]　プロセッサにおけるパイプライン処理方式を説明したものはどれか。

ア　単一の命令を基に、複数のデータに対して複数のプロセッサが同期をとりながら並列にそれぞれのデータを処理する方式

イ　1 つのプロセッサにおいて、単一の命令に対する実行時間をできるだけ短くする方式

ウ　1 つのプロセッサにおいて、複数の命令を少しずつ段階をずらしながら同時実行する方式

エ　複数のプロセッサが、それぞれ独自の命令を基に複数のデータを処理する方式

問 8[20]　マルチコアプロセッサに関する記述のうち、適切なものはどれか。

17　平成 24 年度 春期 IT パスポート試験 問 61

18　平成 24 年度 秋期 IT パスポート試験 問 76 一部表現を変更

19　平成 21 年度 春期 基本情報技術者試験 午前 問 11

20　平成 26 年度 秋期 IT パスポート試験 問 53

ア 各コアでそれぞれ別の処理を同時に実行することによって、システム全体の処理能力の向上を図る。
イ 複数のコアで同じ処理を実行することによって、処理結果の信頼性の向上を図る。
ウ 複数のコアはハードウェアだけによって制御され、OS に特別な機能は必要ない。
エ プロセッサの処理能力はコアの数だけに依存し、クロック周波数には依存しない。

問 9[21] 主記憶のデータを図のように参照するアドレス指定方式はどれか。

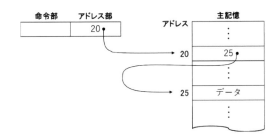

ア 間接アドレス指定　　イ 指標アドレス指定
ウ 相対アドレス指定　　エ 直接アドレス指定

問 10[22] コンピュータの高速化技術の一つであるメモリインターリーブに関する記述として、適切なものはどれか。

ア 主記憶と入出力装置、又は主記憶同士のデータの受渡しを CPU 経由でなく直接やり取りする方式
イ 主記憶にデータを送り出す際に、データをキャッシュに書き込み、キャッシュがあふれたときに主記憶へ書き込む方式
ウ 主記憶のデータの一部をキャッシュにコピーすることによって、レジスタと主記憶とのアクセス速度の差を縮める方式
エ 主記憶を複数の独立して動作するグループに分けて、各グループに並列にアクセスする方式

21　平成 28 年度 秋期 基本情報技術者試験 午前 問 9
22　令和 5 年度 基本情報技術者試験 科目 A 問 3

第 **11** 章

オペレーティング システム

　この章では、① OS が行う主要な管理項目とその概要、②コンピュータで実行する処理（プロセス）の開始から終了までの管理方法、③主記憶装置と補助記憶装置を連携させて記憶領域を効率的に利用する方法、④ファイルの管理方法と補助記憶装置内のファイルをアクセスする方法、⑤入出力装置の管理方法と入出力処理を効率的に行う方法について、これら五つの学びを深めていきます。

11.1　プロセス（タスク）管理

11.1.1　OS の機能

　OS は、図 7.3 と図 7.5 で示したように、裸のコンピュータを統一的に利用できるように、CPU やメモリ、補助記憶装置等のハードを管理し、それらをユーザやアプリが利用できるようにしています。そのために OS は、インタフェースの提供、プロセス（タスク）管理、メモリ管理、データ管理、入出力管理等[1]を行っています。インタフェースの提供については、既に紹介したように GUI や CUI といったユーザインタフェースと、アプリが OS の機能を利用するための API がありました。それ以外に OS は、次のような管理を行っています。

- **プロセス管理（タスク管理）**：コンピュータ上でアプリ等のプログラムが行う一連の処理のことを**プロセス（タスク）**といい、この処理の開始から終了までを OS は管理しています。そして、その管理を行うために、コンピュータの資源である CPU やメモリ、入出力装置の動作も管理します。図 11.1 は Windows のタスクマネージャーというアプリの画面で、これを見ると Windows が実行中のアプリ毎に CPU やメモリの状態を管理していることがわかります。

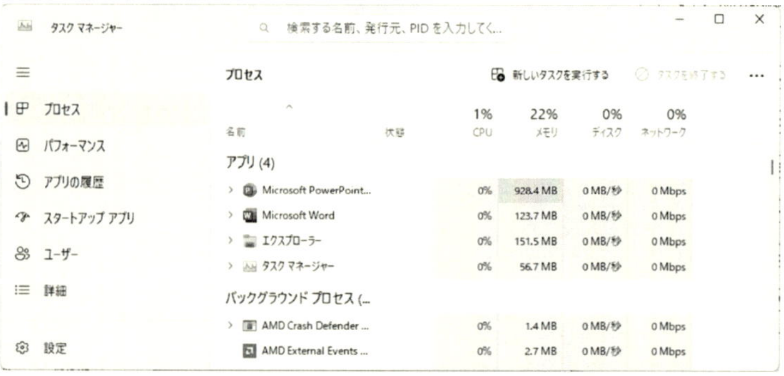

図 11.1　　Windows のタスクマネージャー画面

- **メモリ管理**：コンピュータ上では沢山のプログラムが動いており、そのためにはまず、それらのプログラムを主記憶装置に格納する必要があります。そこで OS は、限られたメモリの大きさの中で実行するプログラムを効率よく格納するための管理を行っています。

- **データ管理（ファイル管理）**：HDD や SSD 等の補助記憶装置には、いつでも利用できるように、非常に沢山のプログラムやデータをファイルとして格納しています。それらが必要になった時に読み出したり保存のために書き込んだりする等の管理を OS が行っています。その管理の一つが、図 7.6 と図 7.7 で示したファイルの場所を階層的に管理するためのファイルシステムです。

1　OS はその他に、LAN やインターネット等のネットワークとのデータのやり取りの管理や、ネットワークを安全に利用するためのセキュリティに関する管理、更には、コンピュータを複数の人で利用する場合のユーザ管理も行っています。

- **入出力管理**：プロセスの実効中に、キーボードやマウス、モニター、プリンタ等の入出力装置とのデータのやり取りが発生することがあります。そのために、OS はこれらの装置の動作を管理するため、各装置を動作させる**デバイスドライバ**というソフトを使ってやり取りができるようにしています。

11.1.2 イベント駆動と TSS

(1) イベント駆動

GUI を利用する Windows 等の OS では、図 11.2 に示すように、一つのアプリを表示した一つのウィンドウを、ディスプレイ上に複数表示することができます。この OS の機能を**マルチウィンドウ**といい、この機能のおかげで、ディスプレイ上に表示した複数のアプリを同時に開いて作業することができます。ただ、PC の CPU は一つなので、ディスプレイ上では複数のアプリを同時に動かしているように見えますが、実は図のように、OS が瞬時に CPU を切り替えてアプリを動作させています[2]。即ち、アプリのウィンドウを複数開いていても、実際にユーザが使っているのは、今、マウスやキーボードで操作しているアプリだけということです。

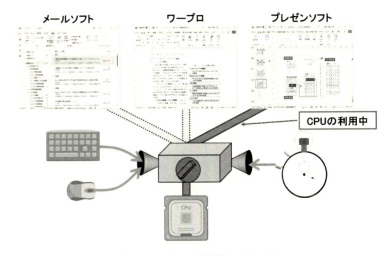

図 11.2　イベント駆動のイメージ

図の例では、今動いているのはプレゼンソフトだけで、ワープロは開いていますが、操作を待っている状態です。メールソフトの場合は、一定の時間が経つと、自動的にメールの到着を知らせてくれます。これは、メールソフトが常時動いているわけではなく、**タイマ機能**[3]を使って時間がくると実行を要求する仕組みになっているからです。マウスやキーボードの入力操作やタイマからの知らせは、OS にとって動作要求の知らせであり、これをイベントといいます。イベントに従って動作するマルチウィンドウの方式を**イベントドリブン（イベント駆動）**といい

---

[2] 現在の CPU は、図 5.9 で示したように、一つの CPU 中に複数の core をもち並列処理が可能なマルチコアプロセッサになっているので、複数のコアにアプリを振り分けることで、限定した数のアプリを同時実行することも可能になっています。

[3] タイマ機能は、図 5.8 に示したクロック周波数を使って、時間を測ることで実現しています。

ます。

(2)TSS

1台のサーバや汎用コンピュータを複数のユーザで利用する方法に、**TSS**（Time Sharing System、**時分割システム**）があります。その方式は図11.3に示すように、中心にある円弧が一定の時間で一周するように回っており、円弧の開いている間の時間だけ、その箇所の人がコンピュータ（CPU）を利用でき（図ではAさん）、開いている時間が終わると、その人の利用は終了し、次の人が利用を開始するといったイメージです。即ち、TSSは、CPUを利用できる時間（割当時間）を複数のユーザで分割[4]し、それぞれの割当時間を繰り返し利用できるようにすることで、コンピュータを共同利用するシステムです。この繰り返しの時間は非常に短いため、利用している人達は時間が区切られていることを気にすることなく利用できます。このシステムを実現するために、OSはタイマ機能を使い、CPUを利用する権利（利用権）を与えたり剥奪したりを繰り返します。利用権を与えることを**ディスパッチ**、剥奪することを**プリエンプション**といいます。

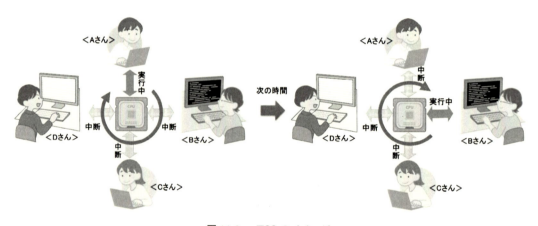

図 11.3　TSS のイメージ

11.1.3　プロセスの管理

(1) プロセスの状態遷移

イベント駆動やTSSでは、コンピュータ上に複数のプロセスが存在しており、現在実行中のものや、実行するためにCPUの利用を待っている状態のものがあります。複数のプロセスが、CPUを共同利用できるようにする方式を**マルチタスク（マルチプロセス）**といいます。そして、このマルチタスクを可能にするのが、OSの**プロセス管理（タスク管理）**の機能です。OSは、起動できる状態にある複数のプロセスに対して、それらのプロセスにCPUの利用権利を与えたり（ディスパッチ）、剥奪したり（プリエンプション）しながら、各プロセスが無事終了するまで管理します。

このプロセスの管理の流れを示したのが図11.4で、OSは①～③の三つのプロセスの状態の変

4　CPUを利用できる時間を分割することを**タイムスライス**といいます。

化（**プロセスの状態遷移**）を管理します。①〜③の変化の過程は、次のようになります。

① 補助記憶装置等に格納されているプログラムを起動すると、OS はプログラムをメモリに移動して、いつでも実行できる状態のプロセス[5]を生成します。この状態を**実行可能状態**といいます。

② ①の実行可能状態にあるプロセスがディスパッチされると、CPU によって実行できる**実行状態**になります。逆に、この状態のプロセスに対してプリエンプションが起こると実行可能状態に戻ります。TSS で、割り当てられた時間が終了すると CPU が剥奪される現象が、その一例です。

③ ②の実行状態にあるプロセスに、プリンタ出力等の入出力処理等が発生すると、そのプロセスは入出力処理が終了するまで次の処理ができないので、そのプロセスは CPU を利用する必要のない**待機状態**へ移ります。入出力処理等の発生[6]により待機状態に移ることを**イベント待ち**といいます。待っていた入出力処理等が終わると、**イベント発生**により待機終了の知らせがあり、実行可能な実行可能状態に移ります。なお、待機状態のプロセスは、いきなり実行状態に戻るのではなく、いったん実行可能状態に戻ります。

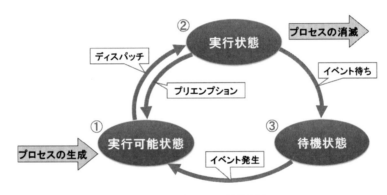

図 11.4　プロセスの状態遷移

プロセス管理において、どのプロセスに CPU を与えるかを決める機能を**タスクスケジューリング**[7]といい、プロセスが実行可能状態になった順番、即ち早いものから順にディスパッチするやり方を **FIFO**（First In First Out、到着順）、TSS のように、ぐるぐると割当時間の順に繰り返しディスパッチする方法を**ラウンドロビン**（round robin、巡回方式）といいます。

(2) 割込み制御

OS がプロセス管理により CPU の利用をコントロールするためには、CPU がもつ**割込み制**

---

[5] プロセスとは、プログラムの実行を OS が管理できるように、そのプログラムを格納したメモリのアドレス情報や、実行の中断時に処理中の状況を待避する記憶領域などを付加したものを指します。

[6] 入出力などの処理はアプリが直接行うのではなく、OS の入出力機能を利用するので、アプリは OS に対して入出力処理をお願いするシステムコールを発します。

[7] OS のタスクスケジューリングを行うプログラムのことを**タスクスケジューラ**といいます。

御という機能を使っています。割込み制御とは、図 11.5 に示すような制御で、ちょうど、レースカーがサーキットを回っている時、ピット（車を管理している場所）からの指令があると、レースを中断して、ピットに入ってタイヤ交換やガソリン補給するというレースの流れに似ています。これと同様に、実行状態にあるプロセスが処理を中断する仕組みが割込み制御です。実行中のプログラム（プロセス）は、プログラム中の一つの命令の処理（図の①）が終わる度に、割込みの発生を確認します。割込みが発生している場合（②）、割り込みの原因が記された**割込みフラグレジスタ**（IFR：Interruption Flag Register)[8]を調べます。IFR には、TSS での割り当て時間の終わりを示すタイマや、コンピュータの電源装置の不調を示す箇所等があり、その原因を示す箇所（ビット）の値が 1 になっていた場合、その原因が、現在行っているプログラムを中断する必要があるものであれば、中断のための準備処理（③）を行います。そして、他のプログラムの実行（④）に移り、その処理が終わって CPU の利用権が戻ってくると処理を再開（⑤）します。

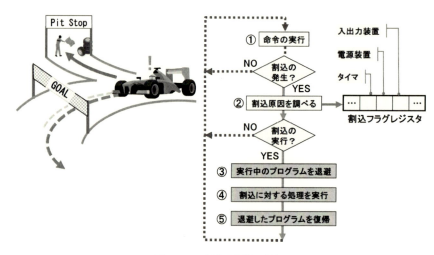

図 11.5　割込み制御の流れ

(3) プロセスの監視

OS が複数のプロセスを並行して行えるような機能をもつ場合、デッドロックという現象が発生することがあります。それは、例えば、図 11.6 に示すように、二つのプロセスが共通のファイルを利用するような場合に起きます。

図の①で A のプロセスが実行を開始し、②で B のプロセスが、ほぼ同時に実行を開始したとします。③で A は、ファイル 1 を利用するためにファイルを確保します。④で B は、ファイル 2 を利用するためにファイルを確保します。次に、⑤で A はファイル 2 を利用しようとしてアクセスの要求を出しますが、ファイル 2 は既に B が先行して確保しているので、B の処理が終わってファイル 2 が解放されるのを待つことになります。この時、同様に、⑥で B がファイル 1

---

[8] **フラグ**とは、1 ビット分の情報を使い、ある状態が発生したかどうかを知らせる旗の役割をするもので、0 のときは旗が立っておらず、1 のときは旗が立ったことを示します。割込みフラグレジスタは、割込み原因を知らせるフラグの集まったレジスタです。

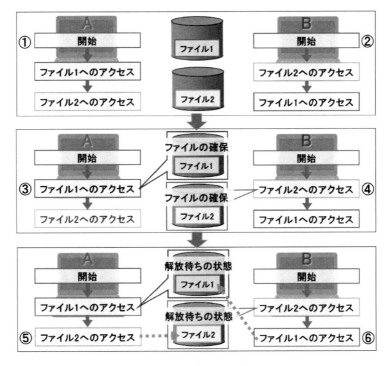

図 11.6　デッドロック

へアクセスしようとすると、ファイル 1 は既に A が確保しているので、A の処理の終了を待つことになります。しかし、A と B はお互いの処理の終了を待つ状態に陥っているので、当然、どちらも終了することができなくなっています。

このような状態を**デッドロック**（Dead Lock）といい、各プロセスの CPU の使用状況を監視する**アイドルモニタ**を使って、この問題を回避する方法があります。アイドルモニタを使うことで、上の例では、プロセスの A と B が長い間 CPU を利用していない休止の状態にあることが検出できます。この状態を検出すると、OS は問題が発生した可能性があると判断し、それらのプロセスを強制的に中断させ、時間をおいて再起動させることでデッドロックを回避します。

11.2　メモリ管理

11.2.1　実記憶方式

複数のプログラムを実行するためには、実行するプログラム（プロセス）を補助記憶装置から主記憶装置（メモリ）に読み込む（ロードする）必要があります。そのためには、OS は、メモリのどこにプログラムが入っており、どこが空いているのかを管理する必要があり、この機能が**メモリ管理**（**記憶管理**）です。図 11.7 に示すメモリ管理は、古くから行われている方式で、主記憶装置のメモリ領域だけを使って管理する**実記憶方式**といいます。

この方式では、補助記憶装置から新たにプログラムをロードする時、メモリ上に保存できる大きさの空き領域を探して、その場所にロードします。ただ、そのサイズが大きくて空き領域に入

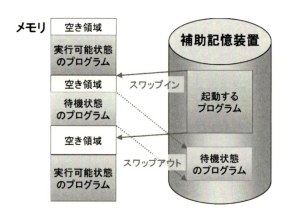

図 11.7　実記憶方式

らない場合があります。そのような時には、図に示すように、すぐには実行されないプログラム（例えば、図のように待機状態にあるプログラム）を一時的に補助記憶装置に退避（**スワップアウト**）して、新たにロードするプログラムが格納できる領域を確保し、その場所にロード（**スワップイン**）します。この方法を**スワッピング**といいます。

ところで、一時的にスワップアウトしたプログラムは、処理を再開するためにスワップインする必要がありますが、前と同じ場所（アドレス）にロードされるとは限りません。従って、実行するプログラムのメモリの場所が変わることで、アドレスが変更になってしまうことがあり、そのため、CPU には動的にアドレスを変換する動的アドレス変換機構[9]が用意されています。

11.2.2　仮想記憶方式（ページング方式）

実記憶方式では、多くのプログラムや、大きなサイズのプログラムを実行する場合、当然、メモリの大きさに制限されてしまいます。そこで、現在では、主記憶装置よりも大きな記憶領域が利用できるように、補助記憶装置を利用して仮想的に大きな領域を作り出す**仮想記憶方式**（仮想メモリ方式）が行われています。仮想記憶方式は、主記憶装置と補助記憶装置の領域を関連づけ、補助記憶装置にも仮想的なアドレス（**仮想アドレス**）をもつ仮想記憶領域（仮想アドレス空間）を作って管理する方法で、その代表的な方法に**ページング方式**があります。

ページング方式は、図 11.8[10]に示すように、主記憶装置のメモリ領域と、補助記憶装置上の仮想記憶領域を、ページと呼ばれる固定長の記憶領域に分割します。そして、メモリ領域と仮想記憶領域上のページを関連づけるための**ページテーブル**という表を用意します。ページテーブルには、図に示すように、仮想記憶領域上の全てのページの番号が入っており、それぞれのページには、仮想記憶領域のページ番号の順に割り当てられた仮想アドレスが割り振られています。OS は、この仮想アドレスを使って実際のメモリ領域よりも広い仮想記憶領域を使ってプログラムを

9　プログラムが格納されている場所が変わったとき、実行していた命令が、その変更された場所のアドレスから、どれだけ進んだ位置にあるかという相対的な位置関係を示すアドレス（**相対アドレス**）によって実行できるようにするアドレス変換機構です。第 10 章で紹介したベースアドレス指定は、動的アドレス変換機構を実現する一つの方法です。

10　図 11.8 では仮想アドレスや実アドレスを 16 進で表記しています。仮想アドレスは 16 進数の 8 桁に対して実アドレスは 6 桁の大きさなので、仮想アドレス空間が非常に大きなことがわかります。

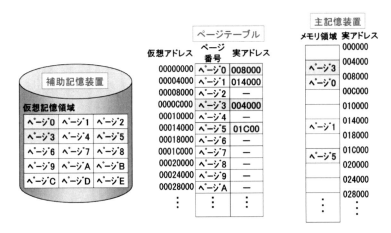

図 11.8　仮想記憶方式とページテーブル

実行します。ただ、主記憶装置のメモリ領域には、仮想記憶領域にある全てのページを格納することはできないので、実行に必要なプログラムの入ったページだけをメモリ領域にロードして格納します。図の場合は、仮想記憶領域のページ 0、1、3、5 だけがメモリ領域に格納された状態になっています。そして、メモリに格納されているページについては、ページテーブルの該当するページ番号の箇所に、メモリ上の実際のアドレス（**実アドレス**）を記録します。これにより、仮想アドレスとメモリに格納されているページの実アドレスを関係づけることができます。

　CPU が実行しているプログラムの中で、これから実行する命令の入っている実効アドレスの値が図 11.9 のように、16 進数の 00004300 であったならば、そのアドレスは、仮想アドレスの 00004000〜00008000 の間にあるアドレスなので、ページテーブルを見ると、それはページ 1 の中に入っていることがわかり、ページ 1 は実アドレスの欄を見ると、メモリの実アドレス 014000 からのページに入っていることがわかります。この仕組みにより、CPU は求めるアドレスの情報を、主記憶装置のページ 1 が記憶されたメモリから取り出すことができます。

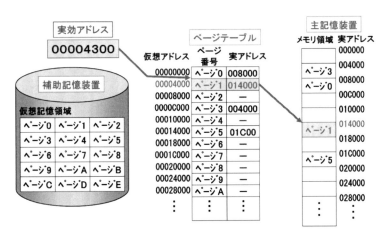

図 11.9　仮想記憶方式と実行アドレス

173

しかし、当然、メモリに格納されていないページのアドレスを CPU が要求する場合があります。この状況を、**ページフォールト**（ページ不在）が発生したといいます。図 11.10 は、ページフォールトが発生した時の様子を示しています。実効アドレス 00009000 は、仮想アドレス 00008000〜0000C000 のページ 2 の中にありますが、ページテーブルのページ 2 の実アドレス欄を見ると、ページ 2 がメモリ領域に格納されていないので、まだ実アドレスの欄には何も記録されていません（図の①）。そこで、OS は、仮想記憶領域よりページ 2 の内容を読み出し、メモリの空いているページに格納します（②）。この動作を**ページイン**といいます。これにより、ページ 2 を格納した場所が実アドレス 018000 の場所に決まったので、ページテーブルに記録のなかったページ 2 の実アドレスの欄に、018000 を記録します（③）。以上の操作により、CPU は求める実効アドレスの情報を、メモリから取り出すことができます。ところで、ページインしようとした時、メモリ上に空き領域（ページ）がないという場合が考えられます。その場合は、長らく使われていないページの内容を仮想記憶領域に戻して、空き領域を作ります。この動作を**ページアウト**といいます。仮想記憶方式であっても、主記憶装置のメモリ容量が少ないと、ページフォールトが頻繁に発生し、そのたび、補助記憶装置上の仮想記憶領域との間でページアウトとページインのやり取りが起こるので、CPU での処理が度々中断するといった結果を招くことになります。このような現象を**スラッシング**といいます。従って、仮想記憶方式であっても、主記憶装置の容量が極端に小さいと、コンピュータシステムの処理速度が遅くなることがあります。

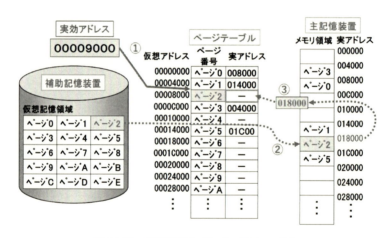

図 11.10　仮想記憶方式とページフォールト

11.3　データ管理

11.3.1　エントリテーブル

OS が、ディレクトリ（フォルダ）やファイルを階層的に管理していることを図 7.6 で紹介しました。OS は、図 11.11 に示すように、ディレクトリやファイルの階層構造を**エントリテーブル**と呼ばれる表で管理しています。例えば、「コンピュータ概論」というディレクトリ内に新規に「2024 年度資料」というディレクトリを作成すると、OS は新たなディレクトリを管理するた

めに「2024年度資料」という名のエントリテーブルを作成します。そして、図にあるように、このディレクトリがどのディレクトリの下位にあるかを示すために、自分の上位ディレクトリ（**親ディレクトリ**）の位置情報をエントリテーブルに書き込みます。また、親ディレクトリから自分（2024年度資料）のディレクトリがたどれるように、親に対して**子ディレクトリ**との位置（図の自分の位置）を関連づけます。このように、各ディレクトリの階層構造が、エントリテーブルの上下関係の情報によって表現されます。

次に、作成したディレクトリにファイルを登録する場合、OSは、そのディレクトリに対応するエントリテーブルに**エントリ**と呼ばれるファイルの情報を、一つの行に書き込みます。図11.11では、ディレクトリ「2024年度資料」にファイル「コンピュータ概論_テキスト」を登録した様子を示しています。エントリには、図に示すように、ファイル名、ファイルの拡張子[11]、そのファイルを保存又は更新した最新の日時、ファイルのサイズ等が記録されます。Windowsのエクスプローラでの表示は、このエントリテーブルの情報を使って、ディレクトリ及びファイルの階層構造を視覚的に表示したものです。

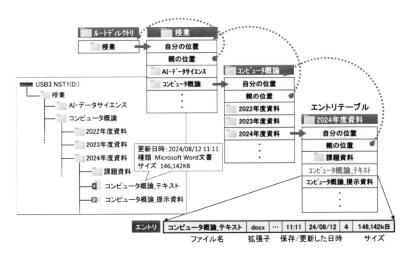

図 11.11　ファイルシステムとエントリテーブル

11.3.2　ファイルのアクセス方法

OSはエントリテーブルによりディレクトリとファイルを階層的に管理していますが、ファイルの中身であるデータはエントリの中には記録されていません。当然、そのデータは補助記憶装置内に格納されているので、OSはそのファイルを見つけてアクセスする必要があります。補助記憶装置は図6.2で示したように記憶領域がセクタに分割されているので、OSはこのセクタを管理しています。Windowsの場合は、幾つかのセクタをまとめた単位であるクラスタを管理しています。図11.12に、補助記憶装置のクラスタを管理してファイルをアクセスする一つの方法を示しています。各クラスタにはその場所を特定できるように一意の番号がつけられ、クラスタ

11　図11.9のエントリに示すdocxは、wordのファイルを表す拡張子です。

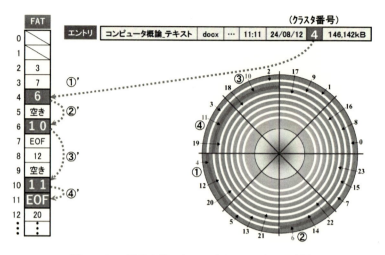

図 11.12　FAT を使ったファイルへのアクセス方法

の番号と同じ数の欄をもった **FAT**（File Allocation Table）[12] と呼ばれる表が用意されています。

図 11.12 の①〜④' に、クラスタ番号と FAT を使って、ファイルにアクセスする様子を示しています。図 11.11 で説明したエントリの情報には、補助記憶装置に記憶されているクラスタ番号が記録されています。図の例では 4 と書いてあるので、4 番のクラスタにアクセスすればデータを読むことができます（図の①）。ただ、ファイルのサイズが大きいと一つのクラスタだけでは記録できません。そのため、FAT の 4 番の場所を見に行くと 6 と書いてあるので、この場合は更に 6 番のクラスタをアクセスします（①' と②）。同様に、6 番のクラスタへのアクセスが終わると FAT の 6 番の場所に書いてある 10 番のクラスタをアクセスし（②' と③）、それが終わると FAT の 10 番の場所に書いてある 11 番のクラスタをアクセスし（③' と④）、更にそれが終わると FAT の 11 番の場所を見に行くとファイルの終わりを示す **EOF**（End Of File）と書いてあるので（④'）、これでファイルのアクセスを終了します。

11.4　入出力管理

11.4.1　デバイスマネージャー

OS は、コンピュータを構成する全ての装置を管理しています。Windows の場合は、図 11.13 の左側に示す**デバイスマネージャー**という管理用のソフトを確認すると、そのことがわかります。図の画面から、OS が、CPU（図ではプロセッサ）を含め、キーボードやモニター等、PC を構成するありとあらゆる装置を認識し、管理していることがわかります。例えば、図に示す画面では、PC に接続した USB メモリが OS に認識され、利用できるようになったことがわかり

---

[12] FAT による補助記憶装置の管理方法は、Windows で古くから用いられている方法ですが、現在ではもっと複雑で大容量が管理できる NTFS（NT File System）という方式が主流になっています。

ます[13]。

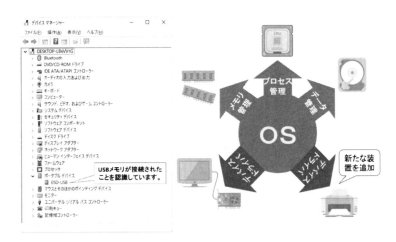

図 11.13　デバイスマネージャーの画面例とデバイスドライバ

　ところで、PC に新たな装置を追加する場合、図 11.13 の右側に示すイメージのように、その装置を OS のもとで動かすためのデバイスドライバが必要になります。例えば、USB 等のインタフェースに新たなキーボードを接続するといった時には、OS はその装置を利用するために必要なデバイスドライバを探して自動的に追加し、利用者が意識することなく利用を開始できるようにします[14]。ただ、プリンタ等の装置を接続する時には、それを最適に利用するためのデバイスドライバをプリンタのメーカが用意しているので、利用者は事前にインストールすることが必要な場合もあります。どちらにしても、OS と装置を繋ぐデバイスドライバを使うことで、新たな装置を追加して OS の下で利用できる仕組みになっています。

11.4.2　スプーリング

　コンピュータの入出力処理では、電気的に動作する高速な CPU と、機械的な動作を伴うために、CPU と比べると遅いプリンタ等の装置が協力して行います。そのため、図 11.14 の①の矢印で示すように、CPU がプリンタの動作に合わせて出力するデータを順に送っていると、CPU はプリンタの出力が終わるまで、その間長く待たされることになります。そこで、入出処理を効率的に行うために、**スプーリング**（spooling）という仕組みがあります。

　それは、図に示すように、CPU がプリンタに直接データを送るのではなく、プリンタより動作の速い記憶装置に、出力するデータをいったん蓄えることのできるスプールと呼ばれる領域を利用する方法です。まず、CPU はプリンタに送るデータを、全てスプール領域に書き込み、その後にプリンタに出力の指令を出します（②）。プリンタは指令を受けると、スプールに蓄えられたデータを取り出して印刷を行います（③）。この方法により、CPU はスプールへの書き込み

13　デバイスマネージャーの画面の中で、もしある装置の箇所に！や？、× の記号がついている場合は、その装置が OS でうまく認識できていないこと知らせています。

14　OS がデバイスドライバを自動的に探して追加してくれる機能をプラグアンドプレイ（Plug and Play）といいます。

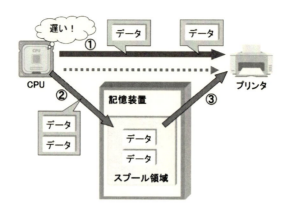

図 11.14　スプーリングのイメージ

が終われば、プリンタの印刷が終わるのを待つことなく、他の処理を行うことができます。

スプーリングは、印刷だけでなく、通信等、データの送受信で時間のかかる処理にも利用されています。スプール領域のような、データの受取りのために一時的にデータを蓄えておく記憶領域のことを、一般的に**バッファ**（buffer）といいます。

演習問題

問 1[15]　PC の OS に関する記述のうち、適切なものはどれか。

　ア　OS が異なっていても OS とアプリケーションプログラム間のインタフェースは統一されているので、アプリケーションプログラムは OS の種別を意識せずに処理を行うことができる。

　イ　OS はアプリケーションプログラムに対して、CPU やメモリ、補助記憶装置などのコンピュータ資源を割り当てる。

　ウ　OS はファイルの文字コードを自動変換する機能をもつので、アプリケーションプログラムは、ファイルにアクセスするときにファイル名や入出力データの文字コード種別の違いを意識しなくても処理できる。

　エ　アプリケーションプログラムが自由に OS の各種機能を利用できるようにするために、OS には、そのソースコードの公開が義務付けられている。

問 2[16]　オペレーティングシステムのプロセス管理（タスク管理）に含まれる機能はどれか。

　ア　CPU の割当て　　イ　スプール処理　　ウ　入出力の実行　　エ　ファイル保護

問 3[17]　図はマルチタスクで動作するコンピュータにおけるタスクの状態遷移を表したものである。実行状態のタスクが実行可能状態に遷移するのはどの場合か。

15　平成 22 年度 春期 IT パスポート試験 問 56
16　平成 10 年度 春期 第二種情報処理技術者試験 午前 問 32
17　平成 23 年度 秋期 基本情報技術者試験 午前 問 20 改題

　ア　TSSでの自分の割当て時間が終わった。　　イ　タスクが生成された。
　ウ　入出力要求による処理が完了した。　　　　エ　入出力要求を行った。

問4[18]　割込み処理の終了後に、割込みによって中断された処理を割り込まれた場所から再開するために、割込み発生時にプロセッサが保存するものはどれか。

　ア　インデックスレジスタ　　イ　データレジスタ
　ウ　プログラムカウンタ　　　エ　命令レジスタ

問5[19]　デッドロックの説明として、適切なものはどれか。

　ア　コンピュータのプロセスが本来アクセスしてはならない情報に、故意あるいは偶発的にアクセスすることを禁止している状態
　イ　コンピュータの利用開始時に行う利用者認証において、認証の失敗が一定回数異常になったときに、一定期間又はシステム管理者が解除するまで、当該利用者のアクセスが禁止された状態
　ウ　複数のプロセスが共通の資源を排他的に利用する場合に、お互いに相手のプロセスが占有している資源が解放されるのを待っている状態
　エ　マルチプログラミング環境で、実行可能な状態にあるプロセスが、OSから割り当てられたCPU時間を使い切った状態

問6[20]　OSの機能である仮想記憶方式の目的はどれか。

　ア　OSが使用している主記憶の領域などに、アプリケーションプログラムがアクセスすることを防止する。
　イ　主記憶の情報をハードディスクに書きだしてから電源供給を停止することで、作業休止中の電力消費を少なくする。
　ウ　主記憶の容量よりも大きなメモリを必要するプログラムも実行できるようにする。
　エ　主記憶よりもアクセスが高速なメモリを介在させることによって、CPUの処理を高速化する。

問7[21]　ページング方式の仮想記憶において、ページフォールトの回数を増加させる要因はどれか。

　ア　主記憶に存在しないページへのアクセスが増加すること

18　平成30年度 秋期 基本情報技術者試験 午前 問10
19　平成24年度 秋期 ITパスポート試験 問67
20　平成21年度 秋期 ITパスポート試験 問59
21　平成29年度 秋期 基本情報技術者試験 午前 問20

イ　主記憶に存在するページへのアクセスが増加すること

ウ　主記憶のページのうち、更新されたページの比率が高くなること

エ　長時間アクセスしなかった主記憶のページをアクセスすること

問8[22]　500 バイトのセクタ 8 個を 1 ブロック（クラスタ）として、ブロック単位でファイルの領域を割り当てて管理しているシステムがある。2,000 バイト及び 9,000 バイトのファイルを保存するとき、これら二つのファイルに割り当てられるセクタ数の合計は幾らか。ここで、ディレクトリなどの管理情報が占めるセクタは考慮しないものとする。

ア　22　　イ　26　　ウ　28　　エ　32

問9[23]　PC に接続された周辺装置と、OS やアプリケーションソフトとを仲介して、周辺装置を制御・操作するソフトウェアはどれか。

ア　アーカイバ　　イ　インストーラ　　ウ　デバイスドライバ　　エ　ミドルウェア

問10[24]　プリンタへの出力処理において、ハードディスクに全ての出力データを一時的に書き込み、プリンタの処理速度に合わせて少しずつ出力処理をさせることで、CPU をシステム全体で効率的に利用する機能はどれか。

ア　アドオン　　イ　スプール　　ウ　デフラグ　　エ　プラグアンドプレイ

22　平成 27 年度 秋期 基本情報技術者試験 午前 問 12 一部表現を追加

23　平成 28 年度 春期 IT パスポート試験 問 81

24　IT パスポート試験 平成 27 年度 春期 問 80

第 **12** 章

データベースと
システム構成

　この章では、①データを構造的に管理するためのデータベースのモデル、②データベースを管理するデータベース管理システムの主要な機能、③データベースを設計するための考え方とデータを整理する方法（正規化）、④データベース内のデータを加工するための考え方、⑤処理を集中して行うシステムと分散して行うシステムの特徴、⑥システムや補助記憶装置の信頼性を高める仕組みと信頼性の考え方について、これら六つの学びを深めていきます。

12.1 データベース

12.1.1 データベースについて

(1) データモデル

　企業で取り扱うデータには色々な種類あります。例えば、小売業者が取り扱う商品の情報の場合、販売する商品を管理するために、商品名、製造メーカ、商品の種別、価格といった情報が必要になります。当然、これらの情報は、取り扱う商品毎にあるので、かなりの情報量になるはずです。**データベース**は、これらの情報を取り扱いやすいように整理して、蓄積したものを指します。その情報を整理する代表的な方式には、次に示す3種類のデータベースのモデル（データモデル）があり、それらの構成を図12.1に示します。現在では、データを表形式で整理して蓄積するリレーショナル型のデータベース（**リレーショナルデータベース**[1]、**RDB**：Relational DataBase）が主流であり、データベースというとRDBを指すことが一般的です。

- **階層型**：データ項目を分類して、階層的な構造（木構造）で整理する方式
- **網型（ネットワーク型）**：データ項目と項目間の関連情報を合わせて整理する方式
- **関係型（リレーショナル型）**：一つの対象（図の例では一つの商品）を表すデータ項目の組を行とし、表（テーブル）形式で整理する方式

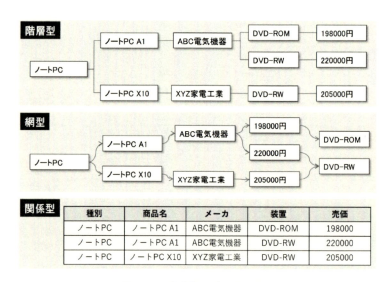

図 12.1　代表的なデータモデル

(2) データベース管理システムの機能

　RDBを管理するDBMSには、データ定義機能やデータ操作機能、データ制御機能等があり、これらの機能を利用する一つの手段として、多くのDBMSでは、**SQL**（Structured Query

---

1　本書では、以降、リレーショナルデータベースを取り上げます。

Language)[2]という規格化（JIS SQL:2023）されたデータベース用の言語が利用できるようになっています。

- **データ定義機能**：データベースを設計するための機能で、例えば、図 12.1 にある関係型の表を作る場合であれば、種別、商品名、メーカ、...といった項目をもつ表であることを DBMS に登録する機能
- **データ操作機能**：蓄積したデータベースから必要な情報を取り出す機能で、例えば、図 12.1 にある関係型の表から、メーカが「ABC 電気機器」のものと指定すると、最初の 2 行を取り出すといった機能
- **データ制御機能**：データを利用できるユーザの範囲を制限[3]するといったセキュリティ機能、データが壊れた時に復旧できるようにする**バックアップ機能（リカバリ機能）**、複数の人がネットワークから同時にデータを利用した時に問題なく使えるように制御する機能（排他制御機能）、障害が発生した時のための障害回復機能等
- **支援機能**：データベースの表の項目を変更して再構成したり、データを取り出す時間を短縮するためにデータの構成方法を変更したりするといった機能

12.1.2　データ分析とデータベース設計

(1) 3 層スキーマ

データベースを利用する場合、業務で発生するデータを整理してから、そのデータを、DBMS を使って投入します。業務で発生するデータとしては、伝票や台帳等の帳票類があります。図 12.2 に示すように、これらの帳票をデータベースで利用する場合、まず、帳票類に含まれるデータの項目を取り出し、正規化と呼ばれる整理を行います。そして、整理した結果（正規化された表）に基づいて DBMS を使ってデータを投入します。図に示す三つの設計段階のことを、

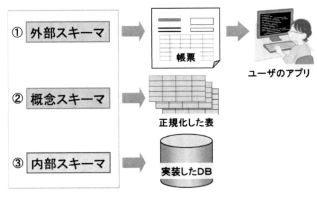

図 12.2　3 層スキーマ

2　SQL の文法では、必要なデータを取り出す時に使う SELECT 文等があり、これらの代表的な文法の使用例については巻末の付録 A.2 に示しています。

3　ユーザによって利用範囲を制限するとは、アクセス権（パーミション）を設定する機能で、R：読み込みの権利、W：書き込み（作成，追加，削除）の権利、X：プログラム実行の権利という種類があります。

3層スキーマアーキテクチャといい、それぞれを外部スキーマ、概念スキーマ、内部スキーマと呼びます。

① **外部スキーマ**：ユーザが業務で利用する形式のデータの構造であり、具体的には、業務で発生するデータを記録した台帳やデータの入力画面、印刷した帳票等で表現されるデータの構成です。

② **概念スキーマ**：業務で発生するデータ間の関連を維持し、かつ、データの重複のない状態でデータを整理した構造であり、データを正規化してできた表の集まりのことです。この表をDBMSにより定義してから、データベースとして利用を開始します。

③ **内部スキーマ**：DBMSにより定義した概念スキーマの形式に従って投入するデータを、格納される補助記憶装置の機構やそれを管理するOSのファイル形式に適合させた構造です。

これらの3階層によってデータベースを設計することで、各スキーマで表現されるデータの独立性が維持され、帳票のスタイルの変更や利用するコンピュータの変更が起こった場合でも、それぞれの変更が、他の階層の設計に影響しないといった効果があります。

(2) E-Rモデル

データベースの設計は、組織の活動（業務）の中で現れる**実体**（entity）とそれらの**関連**（relationship）を分析することから始めます。この分析で利用されるツールに**E-R図**があり、この図で表現されたものをE-Rモデルといいます。図12.3がE-R図の例で、この図は「全ての学生は一つの学部に所属し、一つの学部の学生は約100人で、学生は複数の技能検定試験を受験しており、試験の取得状況を管理する」という学部での検定試験の管理業務を示したものです。

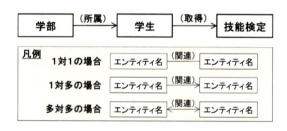

図12.3　E-R図の例

この管理業務では、学部、学生、技能試験という三つの対象（実体）があり、その三つの対象の間には、一つの学部に約100人の学生が所属（1対多の関係）し、一人の学生が複数の技能試験を取得（1対多の関係）する場合があるという関連があります。E-R図では、対象間の1対1、1対多、多対多の関連を、図の凡例に示すように線分又は矢印で表現します。

次に、E-R図をもとに、図12.4に示すように、それらの対象を表す**項目**（**属性**、**フィールド**）を洗い出し、項目を組み合わせて**レコード**（表）を作ります。レコードに該当するデータを記録して集めた物が**表**（**テーブル**）になります。例えば、所属する全ての学生のデータを図の学生レコードに記録して一つにまとめたものが学生表になります。

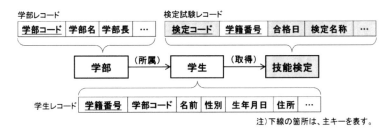

図 12.4　E-R 図とレコードの例

　この時、各レコードに**主キー**[4]となる項目が含まれるようにします。主キーとは、レコードを一意に決定できる項目のことで、例えば、学部レコードの主キーは学部コードで、学部コードがわかれば複数ある学部のレコードから一つのレコードを決定することができます。技能検定レコードの場合は、同じ検定試験を何人かの学生が取得している可能性があるので、主キーには、検定コードと学籍番号の二つを組み合わせます。二つを組み合わせることで、どの学生が取得したどの種類の検定かを特定することができます。

　このように、E-R 図の分析は、レコードを設計する場合に役立ちます。実体の関連が 1 対多の関係である場合、多の方に該当するレコードの項目の中に、1 の方に該当するレコードの主キーを入れると二つのレコードの関係を維持することができます。例えば、多の方の学生レコードには、1 の方の学部コードの項目が含まれているので、学生レコードの情報から、その学生が所属する学部の情報を調べることができます。

(3) 正規化

　データ項目の重複やデータを更新した時に他の項目に影響を及ぼさないにようにするためには、概念スキーマの設計において、RDB の表の構造を正規化する必要があります。よく行われる正規化の操作には三つあり、その操作によってできあがった表の形式を、第 1 正規形、第 2 正規形、第 3 正規形と呼び、正規化されていない状態の表を非正規形と呼びます。

- **第 1 正規化**：日常的に使っている表等では、図 12.5 の表 (a) のように、一つの欄に複数の値（複合値）を書き込まれている場合があります。DBMS でデータを取り扱う場合、1 箇所に 1 個の値でなければいけないので、複合値を含む行は、表 (b) のように、行を分けて複合値のない表に変換します。この状態の表を第 1 正規形といいます。

- **第 2 正規化**：図の表 (b) の中で主キーとなる項目は、一意に番号づけをしている顧客コードになります。主キーとその他の項目との関係[5]は、顧客コードがわかれば顧客名は一意に決まるので、この関係を、"顧客コード → 顧客名" と書きます。ここで、電話番号について考えてみると、佐藤三郎さんの場合、自宅と会社の二つがあるので、顧客コードから一意には決まりません。電話番号を一意に決めるためには、顧客コードだけではダメなので、"｛顧客コード, 連絡先種別｝ → 電話番号" というように、顧客コードと連絡先種別とを組み合わせ

---

[4]　本書では、以降、図中で主キーを示す場合は、下線をつけて表します。
[5]　主キーより一意に値が決まる項目については、関数従属であるといいます。

(a)

顧客コード	顧客名	連絡先種別	電話番号	住所
T960101	山田太郎	自宅	03-8888-VVVV	東京都文京区
T960201	佐藤三郎	自宅 会社	045-222-XXXX 03-3333-YYYY	神奈川県横浜市 東京都港区
O970601	山本次郎	自宅	06-5555-ZZZZ	大阪府中央区

} 複合値

第1正規化　複合値を避ける

(b)

顧客コード	顧客名	連絡先種別	電話番号	住所
T960101	山田太郎	自宅	03-8888-VVVV	東京都文京区
T960201	佐藤三郎	自宅	045-222-XXXX	神奈川県横浜市
T960201	佐藤三郎	会社	03-3333-YYYY	東京都港区
O970601	山本次郎	自宅	06-5555-ZZZZ	大阪府中央区

第2正規化　主キーとの関数従属に注目して分割

f1: 顧客コード → 顧客名
f2: {顧客コード,連絡先種別} → 電話番号
f3: {顧客コード,連絡先種別} → 住所

(c)

顧客コード	顧客名
T960101	山田太郎
T960201	佐藤三郎
O970601	山本次郎

(d)

顧客コード	連絡先種別	電話番号	住所
T960101	自宅	03-8888-VVVV	東京都文京区
T960201	自宅	045-222-XXXX	神奈川県横浜市
T960201	会社	03-3333-YYYY	東京都港区
O970601	自宅	06-5555-ZZZZ	大阪府中央区

第3正規化　推移的従属に注目して分割

f2: {顧客コード,連絡先種別} → 電話番号
f3: {顧客コード,連絡先種別} → 住所
f4: 電話番号 → 住所

{顧客コード,連絡先種別} —f2→ 電話番号 —f4→ 住所 (f3)

(c)

顧客コード	顧客名
T960101	山田太郎
T960201	佐藤三郎
O970601	山本次郎

(e)

顧客コード	連絡先種別	電話番号
T960101	自宅	03-8888-VVVV
T960201	自宅	045-222-XXXX
T960201	会社	03-3333-YYYY
O970601	自宅	06-5555-ZZZZ

(f)

電話番号	住所
03-8888-VVVV	東京都文京区
045-222-XXXX	神奈川県横浜市
03-3333-YYYY	東京都港区
06-5555-ZZZZ	大阪府中央区

図 12.5　第 1 正規化〜第 3 正規化の例

ることで、一意に決まります。同様に、住所についても、“{顧客コード, 連絡先種別} → 住所” となります。このように、主キーと他の項目との関係に注目し、顧客名のように顧客コードにより一意に決まるものと、電話番号や住所のように、顧客コードと連絡先種別との組合せを主キーとしないと一意にならないものとに分類し、表 (c) と (d) のように、別の表に分けるという操作を行います。この操作によりできた表を第 2 正規形[6]といいます。

- **第 3 正規化**：図中の表 (d) の主キーは顧客コードと連絡先種別との組合せです。ただ、この表の電話番号について考えて見ると、電話番号からも住所が一意に決まることがわかります。即ち、“電話番号 → 住所” という関係が成り立ちます。ということは、住所については、図に示すように、“{顧客コード, 連絡先種別} → 電話番号 → 住所” という推移的な関係[7]が成り立つことがわかります。このような推移的な関係をなくすため、顧客コードと連絡先種別

6　図 12.5 の例で示した技能検定レコードは、{検定コード、学籍番号} → 合格日、{検定コード} → 検定名称という関係になっているので、正規化では分割する必要があります。

7　主キーと項目間に推移的な関係があることを、推移的関数従属であるといいます。

の組合せを主キーとする表 (e) と、電話番号を主キーとする表 (f) に分割するという操作を行います。推移的な関係がなくなった状態の表 (c)、(e)、(f) を第 3 正規形といいます。第 3 正規形になった表は、主キーとそれ以外の項目が直接的に一意に決まる関係に整理された状態になります。

12.1.3　データベースの利用

(1) 集合演算

DBMS を利用する最大の目的の一つは、データベースから欲しいデータを容易に取り出せるようになることです。事実、Web を使ったショッピングサイトで、商品の条件を入力して、欲しい商品を探すといた仕組みは、DBMS を利用して行っています。例えば、DBMS を使うと、図 12.6 に示すように、PC の価格が入った表（商品マスタ）から、20 万円未満の PC を探し出すといったことが行えます。この操作で取り出されてできた表のことを**導出表**といいます。

図 12.6　DB より目的の表を取り出す例

RDB を使って、データを抽出する代表的な操作に、図 12.7 に示す選択、射影、結合という処理があり、これらを**集合演算**といいます。

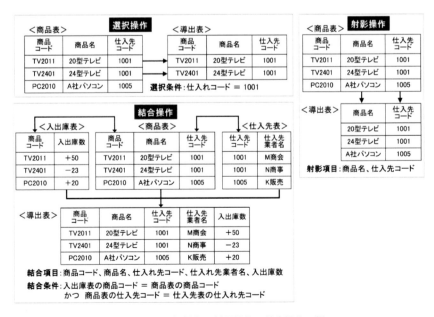

図 12.7　選択操作、射影操作、結合操作の例

- **選択**（selection）：一つの表より、条件に合う行だけを取り出した導出表を作る処理です。図の例では、商品表より、仕入先コード ＝ 1001 という条件を満たす行だけを取り出しています。
- **射影**（projection）：一つの表より、条件に合う列だけを取り出した導出表を作る処理です。図の例では、商品表より商品名と仕入先コードの列を取り出しています。
- **結合**（join）：複数の表より同じ列で値が一致する行を対象に、必要な項目を結合して導出表を作る処理です。図の例では、入出庫表と商品表の商品コードの等しい行と、商品表と仕入先表の仕入先コードの等しい行を取り出し、指定した項目を一つの行にまとめています。

(2) 更新と挿入

データベースを使っているうちに、登録してあるデータが変更になったり、データが増えたりするといったことがあります。これらに対処するための操作で、変更に対しては**更新**（update）処理を、追加に対しては**挿入**（insert）処理を行います。図 12.8 の①に示す操作が更新の処理で、この例では、商品番号 D002 のデスクトップ 2 の定価が、248,000 円から 228,000 円に値下げになったので、商品表の該当する値を変更しています。

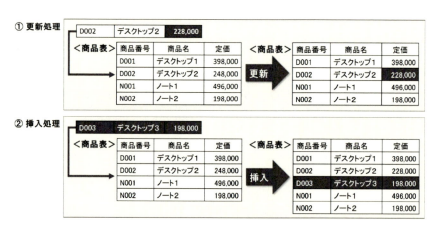

図 12.8　更新と挿入処理の例

図の②に示す操作が挿入の処理で、この例では、商品番号 D003 で定価 198,000 円のデスクトップ 3 という商品が増えたので、商品表に該当するレコードを挿入しています。ところで、レコードを挿入して増やす場合の逆で、あるレコードが不要になりそれを取り除きたい場合があります。この処理のことを**削除**（delete）といいます。

(3) 排他制御と障害回復

データベースは、ネットワーク等を通じて多くの人で共同利用することが一般的なので、ほぼ同時にデータベースのデータを変更することで問題が発生することがあります。図 12.9 の①では、2 台の PC がほぼ同時に現在の注文数を読み込んでいます。②では、その数字に一方は 20 の追加注文を加え注文数を 120 に、もう一方は 50 を加え注文数を 150 に変更しようとしていま

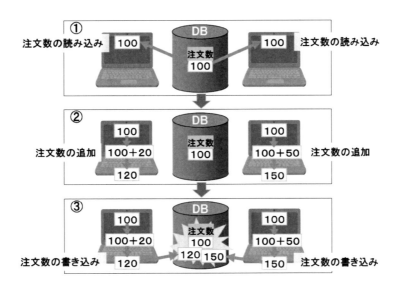

図 12.9　排他制御の必要性

す。③では、各 PC が変更した注文数をデータベースに書き込みます。この場合、若干の時間差で 120、150 という順に書き込んだとすると、データベースへ先に書き込んだ注文数 120 が 150 によって上書きされてしまい、本来は 20 と 50 の注文を加算した 170 にならなければいけませんが、データベースの注文数は 150 になってしまいます。

このような問題を回避するための機能が**排他制御**です。あるデータを読み込み更新して書き込むといった一連の処理要求を**トランザクション**といい、DBMS は、一つのトランザクション処理が正常に終わった時点で、その処理を確定（**コミット**）します。排他制御では、同時に書き込みを伴う処理の要求がきた場合、一方のトランザクション処理を優先し、その処理がコミットするまで、もう一方の処理を待たせるといった制御を行います。こうすれば、120 に変更した後に、50 が加算されるので、注文数は 170 になります。

また、データベースにアクセスできなくなったり、内容に不整合が生じたりした時、その障害を回復する必要があります。このような時のために、DBMS は、データベースの内容を定期的に別の記憶媒体にコピーしてバックアップファイルを作成し、データベースの更新内容の履歴を記録した**ログファイル（ジャーナルファイル）**を作成します。装置の故障等でデータベースにアクセスできなくなった場合には、バックアップファイルを使い、バックアップした時点からのログファイルの更新履歴に従って更新し直すことで、データベースをアクセスできなくなった前の状態まで戻すことができます。この処理を**ロールフォワード**（前進復帰）といいます。また、トランザクション処理がエラー等によって中断された場合には、その処理はコミットされていないので、その処理をもう一度最初からやり直す必要があります。そのために、中断したトランザクションを破棄して、処理前の状態にデータベースを戻す処理を**ロールバック**（後退復帰）といいます。

12.2 システム構成

12.2.1 集中処理と分散処理

(1) 集中処理とオンライントランザクション

　企業等の組織では、図 1.4 と図 1.6 で示したように多様な種類のコンピュータが使われています。その中で、複数の人が各端末から個別に要求する処理に対して、1 台のコンピュータで全ての処理に対応する方法を**集中処理**、そのシステムを集中処理システムといいます（図 12.10 の左側）。集中処理では、端末は入出力と通信だけを行います。例えば、銀行の ATM（端末）から自分の口座のお金を他人の口座に振り込むといった一連の処理要求（**トランザクション**）が発生した時点で一括して処理を行うという場合に、汎用コンピュータを使った集中処理が行われています。特に、離れた場所の端末から通信を介して行う処理を**オンライントランザクション処理**といい、電車や飛行機の切符の予約・発券処理等にもこの処理が行われています[8]。また、図 12.10 の右側に示すように、高性能なサーバに複数の**シンクライアント**[9]と呼ばれる端末を繋いで、サーバ上で一括して業務処理等を行うシンクライアントシステムも集中処理に当たります。

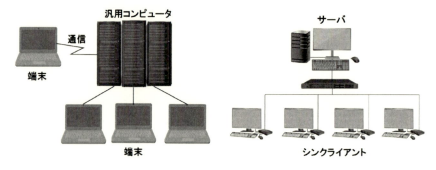

図 12.10　集中処理のイメージ

(2) 分散処理とグループウェア

　分散処理は、それぞれ独立して処理できるコンピュータをネットワークで繋ぎ、複数台のコンピュータで処理を分担して行う処理形態です。処理を分担する方法には、水平機能分散と水平負荷分散、垂直分散（垂直機能分散）という、分散処理の方法があります。

　図 12.11 に示すコンピュータの構成では、会社の全ての社員のデータを一括管理したり、社員間でデータを共有したりする目的でファイルを管理する**ファイルサーバ**と、グループウェアと呼ばれるアプリを動かすサーバの 2 台があります。この図のように、処理する機能を分けて複数のコンピュータに割り振る構成を、**水平機能分散**といいます。

　ところで、**グループウェア**は、企業等の組織内で情報共有を図るために利用される代表的なソフトで、一般に次の七つの機能を備えています。

8　オンライントランザクション処理以外に、図 11.3 で紹介した TSS（時分割システム）も集中処理の一方式です。

9　シンクライアントの端末として PC が利用される場合も多いですが、その場合、PC 上では実際の処理は行わず、入出力とサーバとの通信だけを行います。

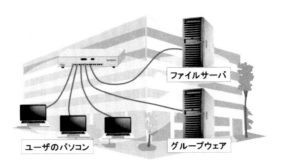

図 12.11　分散処理のイメージ (1)

- メール機能：社内でのメールのやり取りを行う機能。
- スケジュール管理機能：外出や会議、休暇といった各社員の予定を共有することで、連絡を取りたい相手の状況を確認することができる機能。
- プロジェクト管理機能：製品やサービスの開発と行ったプロジェクトの進捗状況を視覚化し、把握しやすくする機能。
- コミュニケーション機能：チャットや掲示板により、社内や部署内での情報共有を図る機能。
- ファイル共有機能：議事録や開発資料等のデータについて、共有する範囲を設定したり、世代管理をしたりする等の業務利用に役立つ機能をもつファイル管理機能。
- 設備予約機能：会議室や福利厚生施設の予約等を行う機能。
- ワークフロー機能：機材の購入や契約の締結、残業や休暇の申請等、上司の承認を得るための申請（稟議）書を、コンピュータで行えるようにする機能。

(3) クライアントサーバシステムとクラウドサービス

　図 12.11 のコンピュータの構成では、複数のユーザの PC が、ファイルサーバやグループウェアのサーバに処理を依頼して各サーバの機能を利用する仕組みになっています。この時、**サーバ**はサービスを提供する側であり、サーバのサービスを受容する側の PC は**クライアント**と呼ばれ、このシステム形態を**クライアントサーバシステム**といいます。インターネットを使って Web ページを見る場合の、PC の Web ブラウザと、Web ページを配信する Web サーバの関係もクライアントサーバシステムになります。ところで、図 12.11 に示す構成のように、サーバを自社内に設置して運用する方法を**オンプレミス**といいます。また、サーバを社内にもたないで、クラウド事業者のサーバを借りて、インターネット経由でクライアントサーバシステムを構築する方法があり、この方法が普及しています。

　サーバを貸す代表的なクラウドサービスには、次の三つがあります。

- **SaaS**（Software as a Service）[10]：ソフト（アプリ）をインターネット経由で提供するサー

10　SaaS と ASP はどちらもよく似ていますが、クラウド環境での提供に力点をおく場合に SaaS が、アプリの提供に力点をおく場合に ASP という言葉が使われることが多いようです。

ビス。

- **PaaS**（Platforms as a Service）：アプリを導入すれば実行することのできる動作環境をインターネット経由で提供するサービス。
- **IaaS**（Infrastructure as a Service）：インターネット経由でサーバとして利用するハードウェアや通信環境等のインフラを提供するサービス。

(4) 分散処理と Web アプリケーションシステム

図 12.12 に示すコンピュータの構成では、Web サーバとアプリケーションサーバ（AP サーバ）、データベースサーバ（DB サーバ）という 3 台のサーバが繋がった系列が、2 系統あります。この構成は、Web を使ったショッピングサイト等で、よく行われるサーバの構成方法で、沢山の人が買い物に訪れると処理量が多くなり、さばき切れなくなってしまうので、処理を各系統に振り分ける仕組みになっています。このように同じ処理を分散して行う構成を**水平負荷分散**といい、処理を複数のサーバに振り分ける装置のことを**ロードバランサ**といいます。

図 12.12 に示す Web サーバと AP サーバ、DB サーバという 3 台のサーバは、直列に繋がっています。この構成では、Web のショッピングサイトの商品をユーザが閲覧する場合、そのページをユーザに届けるためには、商品情報の入った情報を DB サーバから取り出し、その情報を AP サーバで Web に表示するための HTML の形式に変換し、それを Web サーバで配信するという三つの処理を各サーバで手分けして行う仕組みになっています。このように、一つの順序立った処理を細分化して、機能を階層的に振り分ける構成を**垂直分散**（**垂直機能分散**）といいます[11]。この三つのサーバの構成は、プレゼンテーション層、アプリケーション層、データベース層の三つの層で構成されるので、**Web3 層構造**と呼ばれます。

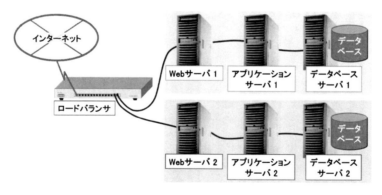

図 12.12 分散処理のイメージ (2)

12.2.2 集中処理と分散処理の長所・短所

集中処理と分散処理にはそれぞれの長所と短所があるので、利用目的に応じて使い分ける必要があります。二つの処理方式を比較する代表的な観点に、表 12.1 に示す五つがあります。

---

11 Web ブラウザと Web ページを配信するサーバとのクライアントサーバの関係についても、情報を要求して表示する機能と情報を処理して提供する機能を分割しているので、垂直分散の構成といえます。

表 12.1 集中処理と分散処理を比較する 5 つの観点

	集中処理方式	分散処理方式
システム管理	一元管理できる	管理業務が分散する
データの一貫性	保ちやすいが、一カ所に負荷がかかる	矛盾を回避する手段が必要
システムの信頼性	故障がシステム全体に影響する	故障の影響が局所的
システム開発	大規模になる	小規模システムの集まりであるが、個々の寿命が短い
システムの柔軟性	システムの移行は容易でない	オープンシステムによる柔軟性がある

　システム管理では、集中処理システムを管理する場合、管理者は 1 台のコンピュータシステムに注意を注げばよいのですが、分散処理では複数のコンピュータシステムが役割を分担しているので、管理者は各システムに注意を注がなければなりません。従って、一般に分散処理システムは、集中処理システムに対してシステムを購入する**導入コスト**は安く済みますが、それを運用し維持するための**運用コスト**が高くつくといわれます。システムを導入する場合には、導入コストと運用コストを含めた総合的な費用（**TCO**：Total Cost of Ownership、総所有コスト）で考える必要があります。また、分散処理ではオンプレミスとクラウドの場合についても TOC を検討する必要があり、導入コストはシステムを購入するオンプレミスの方が高額になり、逆に、運用コストについてはシステムを借りて運用してもらうクラウドの方が高額になる傾向があります。

　データの一貫性は、例えば、座席予約システムを分散処理で行った場合、同じ列車や飛行機の座席の予約情報が分散してしまいます。そのため、どの座席が空いているのかを確認するためには、分散した情報を統合する処理を行わないと、一つの座席に対して重複して予約を入れてしまうダブルブッキングが発生する可能性があります。このような場合、データを一カ所で集中管理し、各窓口が常に同じデータを共有して予約処理を行う方法であれば、ダブルブッキングを防げます。このように、データの一貫性は、データを集中管理する方が保ちやすいといえます。

　システムの信頼性は、集中処理の場合、処理を一つのコンピュータで集中して行うため、コンピュータの一部の故障がシステム全体の故障に繋がります。それに対して、機能を切り分けて行う水平機能分散処理の場合、一つが故障しても故障箇所がその箇所に限定されるので、システム全体の停止には繋がりません。システムの柔軟性は、システムを更新する場合、汎用コンピュータを使った集中処理システムの場合、現在利用しているシステムと同じメーカのコンピュータでしか動かないため、メーカが限られ、交換費用も高価になりがちです。それに対して、サーバを使った分散処理システムの場合、使っているハードやソフトの多くは**オープンシステム**（特定のメーカに依存しないシステム）なので、装置を比較的容易に安価に交換することができます。

　システム開発は、集中処理システムは全ての処理を一つのコンピュータで行うため、ソフトの規模も巨大なものとなり、ソフトの開発にも時間がかかります。それに対して、分散処理システムでは、処理毎にハードやソフトを分けて処理するので、それぞれの処理を行うソフトの規模はそれほど大きくないため、開発を比較的短期間で行うことができます。反面、システムの更新が早いため、ソフトウェアの寿命（利用できる期間）が短くなります。

12.3 システムの冗長化と信頼性

12.3.1 デュアルシステムとデュプレックスシステム

(1) デュアルシステム

　システムの信頼性で述べたように、1台のコンピュータで集中処理を行っている場合、そのコンピュータが故障することで処理全体が止まってしまうという危険性があります。従って、それを回避するために、同じ処理が行えるコンピュータを複数もつ構成方法（**システムの冗長化**[12]）が考えられています。その代表的な構成に、デュアルシステムやデュプレックスシステムと呼ばれるシステムがあります。**デュアルシステム**は、同じ装置を二つもち、送られてきた処理を、それぞれで同時に行うという仕組みです（図12.13）。この構成では、一方の装置が故障しても、もう一つの装置が動いていれば、システムとしては止まることなく処理を続けることができるので、信頼性の高いシステム構成といえます。更に、同じ処理を行っているコンピュータ同士が、その処理結果の照合をすることで、計算ミスのない信頼性の高い処理を行うことができます。銀行のATMを使ったオンライントランザクション処理を行うシステムでは、システムが利用できなくなるといけないですし、処理結果が間違っていてもいけません。従って、このようなオンライントランザクション処理を行うシステムでは、信頼性の高いデュアルシステムの構成を取っています。

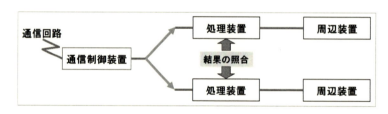

図12.13　デュアルシステム

(2) デュプレックスシステム

　デュプレックスシステムは、デュアルシステムと同様に2台の装置を用意する構成なのですが、同じ処理を行うのではなく、切替装置を使って、違う処理を切り替えて行う仕組みになっています（図12.14の上側）。一方の装置を本番系（図の①）と呼び、もう一方を待機系（②）と呼びます[13]。本番系はオンライントランザクション処理等の即時（リアルタイム）性の高い処理を行い、待機系はネットワークとは繋げず、リアルタイム性が要求されない社内業務等に利用します。

　そして、図の下側に示すように、もし①が故障した時には、②に通信回線と本番系の周辺装置を繋ぎ換えることで、①で行っていたオンライントランザクション処理を②が代わって行うことができます。待機系が、別の処理を行いながら待機している場合、待機中に別の処理が行える点

12　図12.3に示したように、水平負荷分散の構成もシステムの冗長化といえます。
13　本番系を稼動系やプライマリーサーバ、待機系を予備系やセカンダリーサーバということがあります。一般的に待機系のコンピュータは、本番系より性能が低いものを使うことが多いようです。

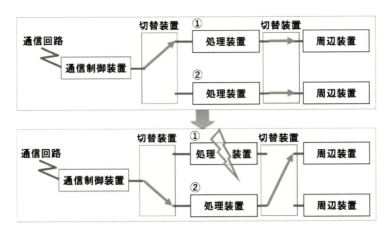

図 12.14　デュプレックスシステム

で効率的です。ただ、本番系の処理を引き継ぐ場合、今まで行っていた処理を終了させる時間が必要になるので、切り替えに少し時間を要します。このような待機方法を**コールドスタンバイ**といいます。効率性は犠牲になりますが、早く切り替えられるように、待機系では何も処理を行わないで待機する方法を**ホットスタンバイ**といいます。

12.3.2　RAID

コンピュータ等の処理系だけでなく、ファイルサーバ等に使う補助記憶装置では、会社の重要なデータが格納されているので、その装置の信頼性[14]も重要になります。又はファイルサーバは多くの人が利用するので、アクセスの高速性も求められます。このような目的で利用する装置に、**RAID**（Redundant Array of Inexpensive Disk、レイド）と呼ばれる装置があります。RAID は、複数の HDD で構成される装置（**ディスクアレイ**）です。RAID には、利用方法に応じて幾つかの設定があり、代表的なものに RAID 0〜RAID 6 の七つがあります。この中で特に、図 12.5 に示す RAID 0 と RAID 1、RAID 5 が比較的よく使われています。

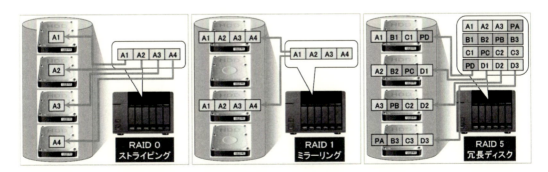

図 12.15　RAID 0、RAID 1、RAID 3

14　補助記憶装置に使われる HDD は、強い振動や急な停電等に弱く、磁気ディスクの一部を破損してデータを失う可能性のある装置なので、データの破損に対応する必要があります。

RAID 0 は、一つのデータ[15]を分割（図は 4 分割）して別々の HDD に振り分けて格納します。この方式を**ストライピング**といい、データを分割することで、HDD へのアクセスを並行して行えるので、アクセスの高速性を実現しています。RAID 1 は、一つのデータを、二つの HDD に二重に格納します。この方式を**ミラーリング**といい、片方の HDD が壊れても、もう一方の HDD に同じデータがあるので、**耐故障性**（障害に抵抗する性能）のある方式です。RAID 0 については、耐故障性はありません。RAID 5 は、データを分割して別々の HDD に振り分けて格納し、分割して格納したデータに対して、1 台の HDD が故障してもデータが復元できるように**パリティ**と呼ばれる誤り訂正符号の情報を追加して格納します。図ではデータ A を分割した A1〜A3 にパリティ PA を、データ B を分割した B1〜B3 にパリティ PB を、データ C を分割した C1〜C3 にパリティ PC を、データ D を分割した D1〜D3 にパリティ PD を追加し、それぞれを 4 台の HDD に振り分けて記録しています。この仕組みにより、RAID 5 は、アクセスの高速性と耐故障性を両立する方式です。RAID 2 は、ECC と呼ばれる専用誤り訂正符号の情報を使い耐故障性を図る仕組みです。RAID 3 と RAID 4 は、パリティ情報を格納する専用の HDD を使う仕組みで、RAID 3 はデータをビット又はバイト単位で、RAID 4 はブロック単位で扱う仕組みです。RAID 6 は、2 種類のパリティを付加し、二重の障害が起きた時にでも修正できる仕組みです。

　パリティによる誤り訂正符号は、RAID だけではなく、データ通信等でも使われており、その基本的な仕組みは、データにパリティビットを追加し、誤りが発生したかどうかを検出できるようにするものです。図 12.16 の場合は、**偶数パリティチェック**と呼ばれる方法で、パリティビットに 0 又は 1 を入れることで、パリティビットを含めたデータの中の 1 の数が常に偶数になるように調整します。そうすることで、図の右下の場合のように、装置の動作中等でデータに誤り（エラー）が発生しても、1 の数を数えることで誤りの有無を確認することができます[16]。なお、パリティチェックには奇数に統一して行う方法もあり、その方法を**奇数パリティチェック**といいます。

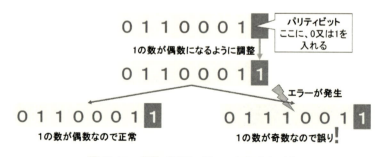

図 12.16　偶数パリティチェックのイメージ

15　RAID では、格納するファイルをビットやバイト単位で扱う方式もありますが、多くは 32 k B や 64 k B といったサイズを一つのブロックとして設定して取り扱います。

16　パリティチェックでは、2 箇所（2 ビット分）の誤りが発生した場合は効果がありません。ただし、1 箇所の誤り発生の確率と比べると 2 箇所同時に発生することは非常に小さくなります。RAID5 のパリティ場合は、例えば、図 12.15 の A1 が記録された 1 台の HDD が故障した場合でも、A1〜A3 の同じ位置のビットに対するパリティ情報をもつ PA と A2、A3 を使うことで、A1 のデータを復元することができます。

12.3.3 システムの信頼性

(1) RASIS

コンピュータシステムの信頼性を評価する観点を示す言葉に **RASIS**（ラシス）があります。これは、Reliability と Availability、Serviceability、Integrity、Security の頭文字を取ったものです。それぞれの意味は、次のようになります。

- Reliability（**信頼性**）：RASIS が示す総合的な信頼性に対して、Reliability は、故障が発生しないという、狭義の信頼性を示す観点です。故障の発生を減少させるためには、ハードウェアやソフトウェアの品質を高め、更には、システムの定期点検を実施するといった活動を行います。

- Availability（**可用性、稼働性**）：デュプレックスやデュアルシステム、ミラーリングといった二重化や多重化によって、一部の装置に故障が発生しても、システムとしては正常に動作するという、動作の継続性の観点です。

- Serviceability（**有用性、保全性**）：システムの異常を記録したり、診断したりする機能をもたせることで、故障を早く見つけ、修理をしやすくするという観点です。実際、サーバ等の OS や DBMS は、故障や障害に備えるために、日々の操作状況やエラー等を**ログファイル（ジャーナルファイル）** として残す機能をもっています。

- Integrity（**完全性**）：データの整合性を維持するという観点であり、DBMS で行われる排他制御等がこれに当たります。

- Security（**安全性、機密性**）：システムを利用する時に**パスワード**を設けたり、データを暗号化したりすることで、悪意をもった者がシステムを故意に壊したり、不正に情報を取り出したりすることから守るという観点です。

(2) システム信頼性の設計

システムの信頼性を高める設計方法として、五つの設計があります（図 12.17 の左側）。

フォールトトレランス fault tolerance	システムに障害が発生した時にも正常な動作を保ち続ける設計
フォールトアボイダンス fault avoidance	信頼性の高い部品を使用したり、バグの少ないソフトウェアを開発したりするといったことにより、信頼性の高いシステムを設計
フェイルセーフ fail safe	障害が発生した際、その被害を最小限に留めるような設計
フェイルソフト fail soft	システムの一部に障害が発生した際、故障した個所が他所に影響しないようにして、最低限のシステムで稼働を続ける設計
フールプルーフ fool proof	ユーザが誤った操作をしても危険にさらされない、又、誤った操作ができない設計

図 12.17　システムの信頼性を高める 5 種類の代表的な方法と UPS

- **フォールトトレランス**：デュアルシステムや RAID のミラーリングのように、システムやデータの二重化や多重化といった冗長化を図り、障害が発生してもシステムが正常に動作で

きるようにする設計です。

- **フォールトアボイダンス**：ロケットのように信頼性の高い部品を使って作ることで壊れにくい設計にすることです。汎用コンピュータは、PC 等より信頼性の高い部品で製造されています。

- **フェイルセーフ**：石油ストーブが転倒すると、自動的に消火する仕組みになっているように、障害が発生しても被害が少なくて済むようにする設計です。サーバは、停電なので突然停止するとデータ等が破壊される危険性があります。そこで、その危険を避けるために、**UPS**（Uninterruptible Power Supply、無停電電源装置）と呼ばれるバッテリー（図 12.17 の右側）を接続し、停電してもシステムが安全に終了処理を行う間の電源を供給できるようにします。

- **フェイルソフト**：大型ジェット機は複数のエンジンの中の一つが動いていれば飛行が継続できる設計になっているように、システムの一部が故障しても、最低限のシステムで稼働が継続できるようにする設計です。デュプレックスシステムは、本番系が故障した時、即時性の高い処理を待機系のシステムに切り替えて継続できるようになっています。

- **フールプルーフ**：ドアが閉まっていないと動作しない電子レンジのように、危険性のある操作については、間違えないようにする設計です。Windows では、ファイルの削除操作をしてもゴミ箱を見ると残っており、誤って消しても元に戻すことができるようになっています。

(3) 稼働率

システムの信頼性を測る尺度に**稼働率**があります。稼働率は、RASIS の観点でいえば可用性を測る尺度であり、一定期間においてシステムが利用できている時間の割合で、値が 1 に近いほど稼働率は高いことになります。具体的には、システムが稼働を開始してから故障なく動き続けている時間（故障間隔）と、故障して修理をしている時間（修復時間）のそれぞれの平均時間である**平均故障間隔（MTBF）**と**平均修復時間（MTTR）**の合計を 1 とした時の、MTBF の割合が稼働率となります。従って、稼働率の計算式は、図 12.18 のようになります。MTBF が 980 時間で、MTTR が 20 時間のシステムの場合は、$980 \div (980 + 20) = 980 \div 1000 = 0.98$ となり、このシステムの稼働率は 0.98 ということになります。

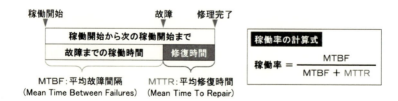

図 12.18　MTBF と MTTR の関係

二つのコンピュータを直列に繋いだ場合と並列に繋いだ場合を比較すると、直列系のシステムでは、ある処理の前半をコンピュータ 1 で行い、後半をコンピュータ 2 で行うといった垂直分散のシステムなので、一つの作業を二つのコンピュータが協力して行うため、作業効率を高められ

ます。ただ、一方のコンピュータが故障すると、システム全体として稼働できなくなってしまいます。並列系のシステムでは、ある処理をコンピュータ1とコンピュータ2のそれぞれで行うデュアルシステムなので、作業効率を高めることはできません。ただ、一方のコンピュータが故障しても、もう一方のシステムが動いているので処理を継続できます。このように、直列系と並列系システムには一長一短があり、稼働率については、並列系のシステムの方が有利になります。

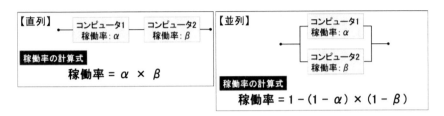

図 12.19　直列と並列の稼働率

　直列系と並列系システムの稼働率の計算式は、図 12.19 のようになります。コンピュータ1の稼働率を α、コンピュータ2の稼働率を β とすると、直列系は両方が動いていないといけないので、稼働率はそれぞれの稼働率を乗算 α × β した値となります。並列系は両方が壊れたらシステムとして動かなくなるので、稼働率は両方が壊れた時の確率 $(1-α) \times (1-β)$ を1から減算した値となります。例えば、稼働率 α が 0.98、稼働率 β が 0.96 とすると、直列系と並列系システムの稼働率は次の計算になり、直列系より並列系システムの稼働率の方が高いことがわかります。

直列系の稼働率 = 0.98 × 0.96 = 0.9408
並列系の稼働率 = 1 − (1 − 0.98) × (1 − 0.96) = 0.9992

演習問題

問 1[17]　データを行と列から成る表形式で表すデータベースのモデルはどれか。

　ア　オブジェクトモデル　　イ　階層モデル
　ウ　関係モデル　　　　　　エ　ネットワークモデル

問 2[18]　トランザクション処理に関する記述のうち、適切なものはどれか。

　ア　コミットとは、トランザクションが正常に処理されなかったときに、データベースをトランザクション開始前の状態に戻すことである。
　イ　排他制御とは、トランザクションが正常に処理されたときに、データベースの内容を確定させることである。
　ウ　ロールバックとは、複数のトランザクションが同時に同一データを更新しようとしたときに、データの矛盾が起きないようにすることである。

17　令和 4 年度分 IT パスポート試験 問 83
18　令和 6 年度分 IT パスポート試験 問 74

エ　ログとは、データベースの更新履歴を記録したファイルのことである。

問3 関係データベースを構成する要素の関係を表す図において、図中のa～cに入れる字句の適切な組合せはどれか。

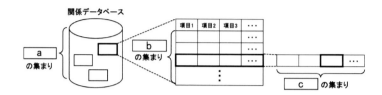

ア　a：表、b：フィールド、c：レコード　　イ　a：表、b：レコード、c：フィールド
ウ　a：フィールド、b：表、c：レコード　　エ　a：レコード、b：表、c：フィールド

問4 関係データベースにおける結合操作はどれか。

ア　表から、特定の条件を満たすレコードを抜き出した表を作る。
イ　表から、特定のフィールドを抜き出した表を作る。
ウ　二つの表から、同じ値をもつレコードを抜き出した表を作る。
エ　二つの表から、フィールドの値によって関連付けした表を作る。

問5 条件①～⑤によって、関係データベースで管理する「従業員」表と「部門」表を作成した。「従業員」表の主キーとして、最も適切なものはどれか。

〔条件〕

① 各従業員は重複のない従業員番号を一つもつ。
② 同姓同名の従業員がいてもよい。
③ 各部門は重複のない部門コードを一つもつ。
④ 一つの部門には複数名の従業員が所属する。
⑤ 1人の従業員が所属する部門は一つだけである。

従業員

従業員番号	従業員名	部門コード	生年月日	住所

部門

部門コード	部門名	所在地

ア　"従業員番号"　　イ　"従業員番号"と"部門コード"
ウ　"従業員名"　　　エ　"部門コード"

19　令和6年度分ITパスポート試験 問60 一部表現を変更
20　令和5年度分ITパスポート試験 問100
21　令和4年度分ITパスポート試験 問65

問 6[22] 関係データベースで管理された「会員管理」表を正規化して、「店舗」表、「会員種別」表及び「会員」表に分割した。「会員」表として、適切なものはどれか。ここで、表中の下線は主キーを表し、一人の会員が複数の店舗に登録した場合は、会員番号を店舗ごとに付与するものとする。

会員管理

店舗コード	店舗名	会員番号	会員名	会委員種別コード	会員種別名
001	札幌	1	試験 花子	02	ゴールド
001	札幌	2	情報 太郎	02	ゴールド
002	東京	1	高度 次郎	03	一般
002	東京	2	午前 桜子	01	プラチナ
003	大阪	1	午後 三郎	03	一般

店舗

店舗コード	店舗名

会員種別

会員種別コード	会員種別名

ア | 会員番号 | 会員名 |

イ | 会員番号 | 会員名 | 会員種別コード |

ウ | 会員番号 | 店舗コード | 会員名 |

エ | 会員番号 | 店舗コード | 会員名 | 会員種別コード |

問 7[23] 情報処理システムの処理方式を図のように分類したとき、水平負荷分散システムを説明したものはどれか。

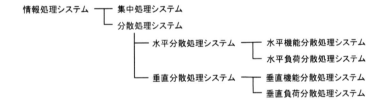

ア　PC をクライアントとしてデータの入力と処理要求や結果の表示を行い、サーバ側でクライアントから要求されたデータの処理と結果の出力を行う方式

イ　業務データを処理するアプリケーションを実行するコンピュータとは別に、プリントサーバ、メールサーバなど専用のコンピュータを設ける方式

ウ　支店ごとに設置したコンピュータで支店内の売上げデータを処理し、本社のコンピュータが各支店で処理された売上データを集めて全体の売上データを処理する方式

エ　複数のコンピュータで同じアプリケーションを実行して、一つのコンピュータに処理が

22　令和 5 年度分 IT パスポート試験 問 59
23　平成 26 年度 秋期 IT パスポート試験 問 42

集中しないようにする方式

問 8[24]　デュアルシステムの説明として、最も適切なものはどれか。

ア　同じ処理行うシステムを二重に用意し、処理結果を照合することで処理の正しさを確認する。どちらかのシステムに障害が発生した場合は、縮退運転によって処理を継続する。

イ　オンライン処理を行う現用系と、バッチ処理などを行いながら待機させる待機系を用意し、現用系に障害が発生した場合は待機系に切り替え、オンライン処理を継続する。

ウ　待機系に現用系のオンライン処理プログラムをロードして待機させておき、現用系に障害が発生した場合は、即時に待機系に切り替えて処理を継続する。

エ　プロセッサ、メモリ、チャネル、電源系などを二重に用意しておき、それぞれの装置で片方に障害が発生した場合でも、処理を継続する。

問 9[25]　容量が 500G バイトの HDD を 2 台使用して、RAID0、RAID1 を構成したとき、実際に利用可能な記憶容量の組合せとして、適切なものはどれか。

ア　RAID0：1T バイト、RAID1：1T バイト

イ　RAID0：1T バイト、RAID1：500G バイト

ウ　RAID0：500G バイト、RAID1：1T バイト

エ　RAID0：500G バイト、RAID1：500G バイト

問 10[26]　2 台の処理装置から成るシステムがある。少なくともいずれか一方が正常に動作すればよいときの稼働率と、2 台とも正常に動作しなければならないときの稼働率の差は幾らか。ここで、処理装置の稼働率はいずれも 0.9 とし、処理装置以外の要因は考慮しないものとする。

ア　0.09　　イ　0.10　　ウ　0.18　　エ 0.19

24　平成 29 年度 秋期 基本情報技術者試験 午前 問 13

25　令和 5 年度分 IT パスポート試験 問 63 一部表現を変更

26　令和元年度 秋期 基本情報技術者試験 午前 問 16

第13章

ネットワークと
セキュリティ

　この章では、①企業や学校等の限られた場所
でネットワーク（LAN）を構築する仕組み、②
LAN 内での有線や無線によるデータのやり取り
の方法、③インターネットでデータをやり取りす
るための IP アドレスの考え方、④インターネッ
トの Web やメール等のサービスを行うための仕
組み、⑤個人情報等重要情報が盗まれるといっ
た危険から守るための考え方、⑥コンピュータ
ウイルス等のインターネット上の技術的な脅威
（きょうい）、⑦インターネット上の脅威から社内
のネットワークを守るための方法、⑧データの暗
号化の種類とその仕組み及び利用の目的につい
て、これら八つの学びを深めていきます。

13.1 ネットワーク

13.1.1 会社内でのネットワーク

(1) 会社のネットワーク構成

家庭でも会社でも日常的に PC をネットワークに繋いで利用しています。会社では、図 13.1 に示すように本社内や支社内に各ビル内でのネットワークがあり、PC 間でデータをやり取りしたり、プリンタを共同利用したりしています。このような、ビル内や敷地内に限定した範囲でのネットワークを、**LAN**（Local Area Network）と呼びます。

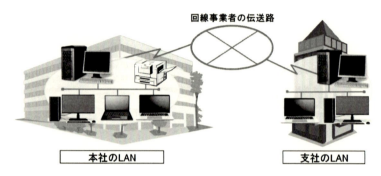

図 13.1　LAN と WAN の例

ただ、LAN だけでは、離れた場所にある本社と支社の間でデータをやり取りすることはできません。従って、離れた LAN を繋ぐために、外部のネットワークを利用して接続します。本社と支社のように離れた場所を接続して構築するネットワークのことを、**WAN**（Wide Area Network）といいます。利用される外部のネットワークとしては、NTT 等の回線事業者がもっている電話線等の通信を行うことのできる通信路（伝送路又は通信回線）の一部を借りる方法（専用線）や、インターネット等の公共的な通信路を利用する方法[1]があります。

(2) LAN の構成

LAN を構築する時の代表的な方法を図 13.2 に示します。PC をネットワークに接続するには、ネットワークに繋ぐ複数の PC を**ハブ**（図の①）と呼ばれる装置に **LAN ケーブル**（②）で繋ぎます。ネットワークの機能をもつ PC には、両端に RJ-45（②）というプラグのついた LAN ケーブルを繋ぐコネクタ（モジュラジャック）がついており、ハブにもポートと呼ばれる同じコネクタが複数あるので、それらを LAN ケーブルで繋ぎます。この LAN ケーブルはツイストペアーケーブル[2]とも呼ばれます。PC に RJ-45 のソケットがない場合は、**NIC**（Network Interface Card）と呼ばれる LAN カード（③）や USB の有線 LAN アダプタ等を装着して繋ぎます。

---

[1] 専用線を利用する場合は、ネットワークに外部から進入される危険性が少なく、また、一定の速度でデータ通信を行うことができます。一方、インターネットを WAN で利用する場合は、危険性に対処して利用する必要がありますが、専用線より安価に利用できます。

[2] 図 13.2 の②に示すように、2 本の線をよっているのでツイストペアと呼ばれます。

この図の LAN は、現在最も普及している**イーサネット**（Ethernet、IEEE 802.3 という規格）と呼ばれる規格のネットワークです。このような接続を行うイーサネットの種類には、10BASE-T[3]や 100BASE-TX（Fast Ethernet）、1000BASE-T（Gigabit Ethernet）、10GBASE-T（10Gigabit Ethernet）があり、数字はデータ転送速度を、T はツイストペアーケーブルを使うことを表しています。数字の違いからわかるように、データ転送速度は、当初は、10Mbps でしたが、100Mbps、1000Mbps、10Gbps と高速になってきています。ところで、ハブを使った繋ぎ方は、図 13.3 に示すように、その形状（**トポロジ**）から**スター型**と呼ばれています。この他のトポロジには、一本の基幹線に PC を繋ぐ**バス型**、環状の基幹線に PC を繋ぐ**リング型**があり、リング型はイーサネットの規格と異なる FDDI[4]という方式で採用されています。

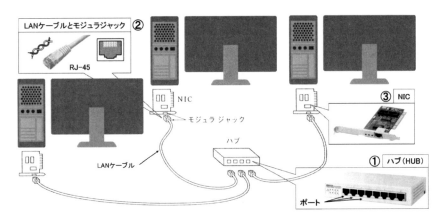

図 13.2　LAN（イーサネット）の構成

図 13.3　ネットワークのトポロジ

(3) イーサネットフレームと MAC アドレス

　イーサネットは、**CSMA/CD**（Carrier Sense Multiple Access/Collision Detection）と呼ばれる**通信プロトコル（プロトコル）**[5]により通信する方式で、ネットワークに繋がっている PC が

3　10BASE-T の BASE（ベース）とは、ベースバンド通信方式のことを指しています。ベースバンド通信方式とは、ディジタル信号を伝送する方式です。
4　FDDI(Fiber Distributed Data Interface) は、光ファイバーを使って LAN を構成します。
5　通信を行うときの決まりのことを通信プロトコルといい、データの形式や、通信の手順など、通信を行うときに決めておかなければならない規約集のようなものです。

同時期に通信を行うと、データ同士の衝突（**コリジョン**）が発生することがあります。従って、この方式では、データを転送する時にコリジョンが発生しないかを検出し、発生した場合は、少し時間をおいてから再度通信を試みます。ただ、そのため、PC の台数が多くなると、頻繁にコリジョンが発生し、送信を待たされる時間が増大してしまいます。

イーサネットのデータ転送では、データを図 13.4 に示す**イーサネットフレーム**（MAC フレーム）という形式の容れ物に入れて送ります。このフレームではデータの長さに制限（最短が 64 バイトで、最長が 1,518 バイト）があるので、データの長さが 1,500 バイト（データ以外の情報が 18 バイトあるため）よりも大きい場合は、複数のフレームに分けて転送します。また、イーサネットフレームの領域には、データ以外[6]に、通信する PC を特定する情報として、あて先 MAC アドレス（あて先となる PC のアドレス）と送信元 MAC アドレス（送信した PC のアドレス）があります。イーサネットフレームを受け取った PC は、自分の MAC アドレスとイーサネットフレームに書かれたあて先 MAC アドレスが等しいかを確認し、等しい場合はデータを受信し、等しくない場合はデータを受信しないことで、正しく通信が行われます。

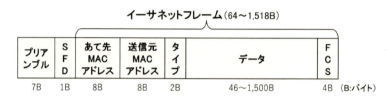

図 13.4　イーサネットフレームの構成

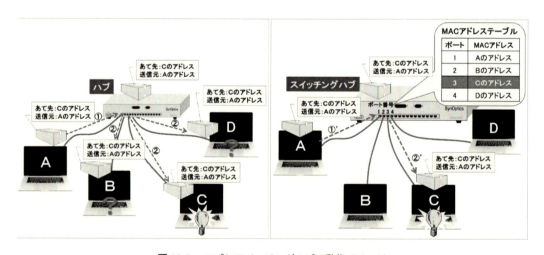

図 13.5　ハブとスイッチングハブの動作イメージ

イーサネットを繋ぐハブには、パソコン A からパソコン C あてに送られたイーサネットフレーム（図 13.5 の左側の①）も、MAC アドレスに関係なく、全ての PC に送ってしまう（②）

---

[6] 先頭の 8 ビットは、データ受信する PC に受信の準備をさせるための領域なので、イーサネットフレームの領域には入りません。タイプは、上位層のプロトコルの情報 で、FCS(Frame check sequence) は通信エラーを検出するための情報です。

ものがあります。それでは、コリジョンがより多く発生してしまうので、パソコン A から C あてに送られたイーサネットフレーム（図 13.5 の右側の①'）の MAC アドレスを確認し、各 PC が繋がったポートの番号と MAC アドレスの対応を記録した MAC アドレステーブルを使って、あて先のパソコン C にだけに送る（②'）スイッチングハブと呼ばれる装置があります。

(4) 無線 LAN

図 13.2 の LAN ケーブルを使う**有線 LAN** の他に、ケーブルの替わりに無線を使って通信を行う**無線 LAN** があります。企業や学校、ファストフード、新幹線の車内等の人が集まる場所に、無線 LAN の**アクセスポイント**という装置が設置されることが多くなってきており、ノート PC やスマートフォンがあれば、その場でネットワークに参加して利用できるようになってきました。

無線 LAN は、PC 側の無線 LAN 子機とアクセスポイント（無線 LAN 親機）との間で、無線を使って通信を行う方法で、ノート PC やスマートフォンは、無線 LAN 子機の機能を標準で搭載しています（図 13.6）。デスクトップ型の PC には、無線 LAN 子機の機能のないものもあり、その場合は、図のような USB 型の無線 LAN 子機等を接続して利用します。無線 LAN の規格の代表的な種類には、IEEE802.11a と IEEE802.11b、IEEE802.11g 等があり、これらの規格に準拠した装置で、装置間の通信の互換性が認められたものを **Wi-Fi**（ワイファイ）と呼びます。

図 13.6　無線 LAN の構成

13.1.2　インターネットの仕組みと IP アドレス

(1)IP パケットと IP アドレス

LAN での通信ではイーサネットフレームという容れ物に MAC アドレスをつけてデータを送ったように、インターネットでは **IP パケット**という形式の容れ物にデータを入れて、あて先

図 13.7　家庭で使われるルータと企業で使われるルータ

207

や送信元がわかる **IP アドレス**をつけて送ります。この IP アドレスを解釈して、どこにデータを送ればよいかを判断する装置が**ルータ**で、会社や自宅で PC をインターネットに接続する場合、ルータと呼ばれる装置が使われます（図 13.7）。そして、このインターネットでの通信プロトコルを **IP**（Internet Protocol、**インターネットプロトコル**）といいます。

IP パケットは図 13.8 に示す形式で、データの前に IP ヘッダと呼ばれる、あて先や送信元の IP アドレス等の通信を制御するための情報がつけられ、その後ろにデータが追加されます。データ部分の大きさは、IP ヘッダと合わせて 64k バイト以下[7]となり、それより大きなデータを送る場合は、複数の IP パケットに分けて送ります。

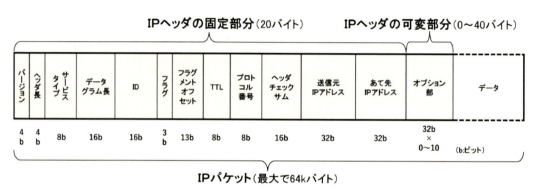

図 13.8　IP パケットの構成

IP アドレスは、図 13.9 に示すように、32 ビット[8]（4 バイト、通信の分野ではバイトの単位を**オクテット**（Octet）という）の値で表現されます。図の IP アドレスの値は、2 進数表現で"11001011 00000000 01110001 00010111"となっていますが、2 進数は人間にとって扱いづらいので、1 オクテットごとを 10 進数に変換し、ピリオド（.）で区切って"203.0.113.23"と表現します。各オクテットの値は 2 進数の 00000000〜11111111 の範囲なので 10 進数では 0〜255 の範囲となり、IP アドレスの範囲は 0.0.0.0〜255.255.255.255 となります。

図 13.9　IP アドレスの表現方法

---

[7] IP パケットの最大値は 64k バイトですが、LAN であるイーサネットを経由してインターネットに発信される場合は、イーサネットフレームのサイズ制限を受けることになります。

[8] 32 ビットの IP アドレスの規格を IPv4 といい、表現できるアドレス数は 2^{32} で約 43 億個となります。ただ、世界中で利用するには数が少ないため、新たに 128 ビットの IPv6 の規格ができ、このアドレス数は約 340 澗（340 兆 ×1 兆 ×1 兆の大きさ）個となります。

IPアドレスは、図13.10の左側に示すように、組織内のネットワークで利用するIPアドレス（**プライベートアドレス**）と、インターネット（外部との通信）で利用するIPアドレス（**グローバルアドレス**）の二つに区分されています。プライベートアドレスとして利用する値は図の右側に示す範囲に限られ、それ以外の値がグローバルアドレスとなります。従って、インターネットで通信をする場合は、必ずグローバルアドレスを使う必要があります。

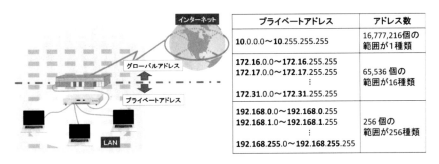

図13.10　プライベートアドレスとグローバルアドレス

(2) ルータとネットワークアドレス

インターネットは、IPアドレスを使う複数のネットワークを繋いでいくことで世界中に広がったネットワークであり、それぞれのネットワークを区別できるようにIPアドレスをグループ化しています。そのグループ化を行う仕組みが**ネットワークアドレス**です。

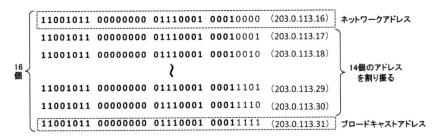

図13.11　ネットワークアドレスの仕組み

例えば、図13.11に示す203.0.113.16～203.0.113.31の16個のIPアドレスを使うネットワークのグループ（**サブネットワーク**）があった場合、先頭の203.0.113.16がサブネットワークを代表するネットワークアドレスになります。ここで、図の16個の2進数で示したアドレスを見ると、先頭から28桁（28ビット）が共通していることがわかります。この共通の桁数を**プレフィックス長**といい、このサブネットワークを、ネットワークアドレスの後にスラッシュ（/）とプレフィックス長をつけて "203.0.113.16/28" と表現します。この表現方法を **CIDR**（サイダ）といい、この他に、プレフィックス長の桁数だけ2進数の1を並べて表現する**サブネットマ**

209

スク[9]という表現方法もあります。これらの表現により、203.0.113.16 を 2 進数で表した値と先頭から 28 桁が同じ IP アドレスは、同じサブネットワークに属するということがわかります。そして、サブネットワークに所属するサーバ（ルータを含む）や PC[10] に、先頭のネットワークアドレスと一番下のブロードキャストアドレス[11]を除くサブネットワークの IP アドレスを割り振ります。

　サブネットワークを繋ぐ装置であるルータは、ネットワークアドレスを解釈して通信を制御する装置なので、複数のネットワークを繋ぐために幾つかのインタフェースをもっています。例えば、図 13.12 に示す LAN-a（192.168.10.0/24）と LAN-b（192.168.20.0/24）の二つのサブネットワークをルータで繋いだとします。そして、ルータの各インタフェースには、それぞれ繋いだサブネットワークの IP アドレスを割り振ることができるので、図のように、インタフェース 1 に LAN-a の 192.168.10.1、インタフェース 2 に LAN-b の 192.168.20.1 を割り振ることで、ルータは両方のサブネットワークの通信に参加することができます。

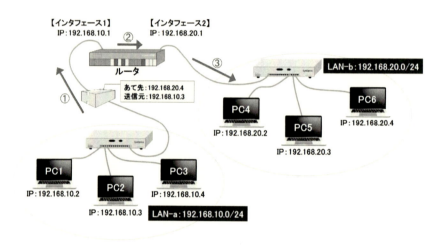

図 13.12　ルータとネットワークアドレス

　ここで、図に示すように、LAN-a の PC 2 から、あて先 192.168.20.4（LAN-b の PC6）と送信元 192.168.10.3（LAN-a の PC2）のアドレスが記された IP パケットが送られたとします。この IP パケットはハブを通ってルータのインタフェース 1 に到着します（図の①）。ルータは、この IP パケットのあて先 IP アドレス 192.168.20.4 を解釈し、LAN-b のネットワークアドレスと一致するのでインタフェース 2 に IP パケットを送り（②）、インタフェース 2 から IP パケットを LAN-b に流します（③）。これにより、IP パケットは、ハブを通って、目的の PC である 192.168.20.4 の PC6 に到着します。このように、ルータが、IP アドレスを解釈して、IP パケッ

---

[9] 図 13.11 の場合、プレフィックス長が 28 桁なので "11111111 11111111 11111111 11110000" というように、1 を 28 桁並べて残りは 0 を並べた数値が、このサブネットマスクとなり、それを 10 進数にして 255.255.255.240 と表現します。従って、このサブネットワークは、203.0.113.16 と 255.255.255.240 で表されます。

[10] ネットワークにつながったルータやサーバ、PC などの装置をノードと呼ぶことがあります。

[11] ブロードキャストアドレスは、そのアドレス宛にデータを転送すると、サブネットワークに属する全ての PC やサーバにそのデータを届けることのできるアドレスです。

トを適切な場所に届くように制御することで、沢山のルータが繋がったインターネットでも、データが適切な場所に届けられる仕組みになっています。

13.1.3 TCP/IP モデル

(1)TCP/IP モデルの 4 階層

インターネットによる通信体系のことを TCP/IP モデルと呼び、このモデルは、図 13.13 に示す四つの階層で構成されています。一番下の第 1 層の**ネットワークインターフェース層**は、機械的な接続によりネットワークを作るための仕組みの階層で、イーサネットが代表的なプロトコルです。第 2 層の**インターネット層**は、アドレス（IP アドレス）を使ってパケットが目的の場所に届くようにする仕組みの階層で、IP がそのプロトコルです。第 3 層の**トランスポート層**は、図の左側に示すように、IP アドレスで繋がった PC 間で、確実にデータをやり取りできるようにする仕組みの階層で、代表的なプロトコルに TCP（Transmission Control Protocol）や UDP（User Datagram Protocol）があります。一番上の第 4 層の**アプリケーション層**は、電子メールや Web 等のインターネット上での通信サービスを行うための仕組みの階層です。この四つの階層を使って、私達はインターネットを利用しています。

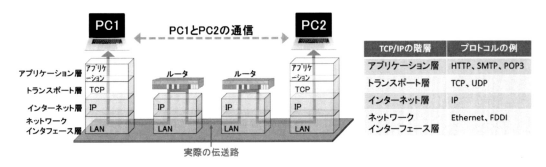

図 13.13　TCP/IP モデルの 4 階層

(2)TCP

トランスポート層のプロトコルである **TCP** は、3 ウェイハンドシェイク[12]と呼ばれる方法で PC 間での 1 対 1 の双方向通信である**エンドツーエンド通信**を確立します。TCP では、図 13.14 に示す TCP パケットを使って通信を行います。TCP ヘッダには、3 ウェイハンドシェイクを行うための情報の他に、送信元とあて先のポート番号、シーケンス番号といった通信制御の情報があります。TCP パケットで送ることができるデータの大きさは可変なのですが、TCP パケットは IP パケットのデータ部分に格納され、更にイーサネットフレームのデータ部に格納されて送られるため、最大長は 1,460B[13]に制限される可能性があります。

12　3 ウェイハンドシェイクは、送信元が通信要求の合図（SYN）を送り、通信相手は了承の合図（ACK）を送り、送信元が開始を宣言する合図（ACK）を送るといった手順を指します。
13　データの最大長は、IP パケットの 1,500B から IP ヘッダの 20B と TCP ヘッダの 20B を除いたサイズになります。

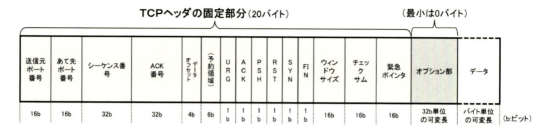

図 13.14　TCP パケットの構成

このように、TCP パケットで送ることのできるデータのサイズも IP パケット等により制限を受けるため、大きなデータは複数のパケットに分けて送ることになります。そのため、分割したパケットの順番を示す情報が TCP ヘッダのシーケンス番号です。また、TCP ヘッダのポート番号は 16 ビット（10 進数では 0〜65535）の値で、表 13.1 の左側に示すように、アプリケーション層での代表的な通信サービスに対して固定的に割り当てられているシステムポート番号（0〜1023 番）、特定のアプリケーションが通信を行う時に登録して利用するユーザポート番号（1024〜49151 番）、通信を行う時に一時的に利用できる動的／プライベートポート番号（49152〜65535 番）に分けられています。Web の通信で利用する HTTP や HTTPS、電子メールの通信で利用する SMTP や POP3、IMAP といった通信プロトコルによって通信を行う場合は、右側の表に示すシステムポート番号を使います。

表 13.1　ポート番号の区分と代表的なシステムポート番号

ポート番号の区分	ポート番号の範囲	システムポート番号の例	
システムポート番号	0番 〜 1023番	22：SSH	110：POP3
ユーザポート番号	1024番 〜 49151番	25：SMTP	158：IMAP
動的／プライベートポート番号	49152番 〜 65535番	80：HTTP	443：HTTPS

13.1.4　代表的なインターネットサービス

(1) Web サービスとプロトコル

インターネット上には色々な通信サービスが提供されており、表 13.1 の右側のシステムポート番号で示したように、それらのサービス毎にアプリケーション層での通信プロトコルが違います。例えば、Web サービスでは、Web ページを記憶している Web サーバとクライアントの Web ブラウザの間において、**HTTP**（Hyper Text Transfer Protocol）又は **HTTPS**（HTTP over SSL/TLS、又は HTTP Secure）というプロトコルを使って、その通信を行います（図 13.15）。例えば、クライアントが「http://www.kindaikagaku.co.jp/」といった URL を入力すると、HTTP (HyperText Transfer Protocol) によって FQDN が「www.kindaikagaku.co.jp」の Web サーバに Web ページの送信要求（図の①）が行き、その要求を受け取った Web サーバは Web ページのデータを返す（②）ことで、Web ページを閲覧することができます。この方式を**リクエスト－レスポンス型**といいます。

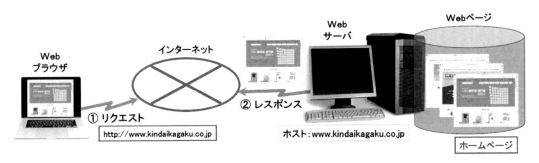

図13.15　HTTPのリクエスト-レスポンス型通信

(2) 電子メールとプロトコル

　Webと同じく、インターネットでよく利用するサービスに電子メールがあります。電子メールの送信は **SMTP**（Simple Mail Transfer Protocol）というプロトコルによって行われます。図13.16の①の破線矢印のように、クライアントのメーラーから「asai@ml.example.co.jp」といった送り先のメールアドレスをつけて電子メールを発信すると、メールサーバはドメイン名が「example.co.jp」のメールサーバに送ります。逆に、図の②の実線矢印のように、外部のメールサーバから送られてきた電子メールは、ユーザ名（@の前の記載）を確認して、メールサーバが管理している該当ユーザのメールボックス内に保存します。このように、メールサーバは送られてきた電子メールを各ユーザまで届けるのではなく、メールボックスに保存するだけなので、メールボックスに届いたメールをクライアントが読み出す時の通信プロトコルが必要になります。それが、**POP**（Post Office Protocol）のバージョン3（POP3）又は**IMAP**（Internet Message Access Protocol）のバージョン4（IMAP4）です。POP3の場合は、メールを受信すると原則メールボックスにあったメールを削除します。それに対して、IMAP4の場合は、受信してもメールボックスのメールを削除しないといった違いがあります。

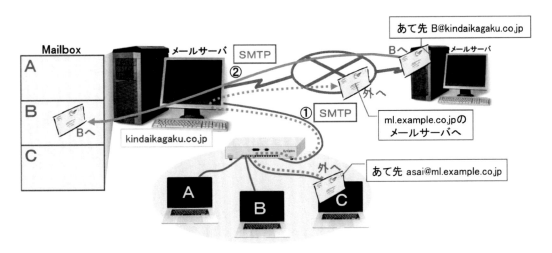

図13.16　SMTPによる電子メールの通信

(3)DNS

　WebのURLや電子メールのアドレスでは、ドメイン名（ホスト名）を使って通信を行います。しかし、インターネットでの通信はIPアドレスを使っていることから、インターネット上で通信を行うには、ドメイン名とIPアドレスを関連づける方法（**名前解決**、リゾルバ）が必要です。

　この名前解決の仕組みが**DNS**（Domain Name System）で、それを行うサーバがDNSサーバで、図13.17に示すように階層的に繋げられた構成になっています。ここで、図に示すPCがml.example.co.jpというドメインに属するPCに電子メールを送るとします。ただ、このドメイン名に対するIPアドレスがわからない場合、まず、自分が所属するDNSサーバに問い合わせます（図の①）。所属するDNSサーバが知らない場合は、ml.example.co.jpのトップレベルドメインを管理するjpのDNSサーバに問い合わせます（②）。jpのDNSサーバも知らない場合、第2レベルドメインを管理するco.jpのDNSサーバに問い合わせます（③）。co.jpのDNSサーバも知らない場合、第3レベルドメインを管理するexample.co.jpのDNSサーバに問い合わせます（④）。ここまでくれば、ml.example.co.jpはexample.co.jpのサブドメインなので、そのIPアドレスがわかります。

　ドメイン名に対応するIPアドレスがわかったら、⑤〜⑧に示すように、先の逆ルートで知り得たIPアドレスの情報を、最初に尋ねたPCまで戻します。これにより、そのPCはドメイン名をIPアドレスに置き換えてあて先に通信することができます。この時、各DNSサーバは知り得たドメイン名とIPアドレスの関係の情報を記録[14]することで、それ以降のDNSへの問い合わせ回数を少なくすることができます。このドメイン名からIPアドレスを求めるこの一連の動作を**正引き**、逆にIPアドレスよりドメイン名を調べることを**逆引き**といいます。

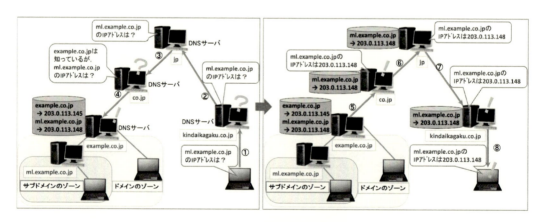

図13.17　名前解決の仕組み

14　DNSサーバのドメイン名とIPアドレスの関係を記録した情報は、情報の変動に対応するため、定期的に消去されます。

13.2 情報セキュリティ

13.2.1 情報資産とリスクの考え方

(1) 情報資産と情報セキュリティ

　企業がもつ特許や発明といった知的財産に関する情報、企画や研究等の社外秘の情報、顧客等の個人情報は、外に漏れると損害を被ってしまう情報であり、このような情報を**情報資産**といいます。情報資産の漏えいや紛失、破損等が起きないように、その危険性（**リスク**）から守る活動が必要です。情報資産や情報システムに対するリスクを管理し、それを起こりにくくする活動が**情報セキュリティ**であり、その活動は、次の三つの特性のバランスを取りながら行います。

　機密性：利用できる情報を限定し、それ以外の情報は利用できないようにする。
　完全性：情報は正確であり、かつ、その正確さが利用によって損なわれないようにする。
　可用性：許可された者はいつでも情報が利用でき、また、がんじがらめに管理するのではなく、使いやすさにも配慮して管理する。

　この考え方を体系化したものが**情報セキュリティマネジメントシステム**（**ISMS**：Information Security Management System）です。まず、上記の三つの観点から情報セキュリティの基本方針（情報セキュリティ基本方針）を決め、この基本方針を実現するために守るべき基本ルール（情報セキュリティ対策基準）を策定します。この二つを**情報セキュリティポリシ**といいます。次に、情報資産を特定し、それに対する脅威と脆弱性（ぜいじゃくせい）を洗い出して分析及び評価（リスクアセスメント）し、対処すべきリスクに対して具体的な対策（情報セキュリティ対策手順）を決めます。そして、この対策を実施するための目標と計画（Plan）を立て、その計画に沿って対策を導入及び運用（Do）し、その運用の監視と運用結果の評価（Check）を行い、評価に基づき改善計画を策定して実施（Act）するという、**PDCAサイクル**の活動を繰り返します（図13.18）。

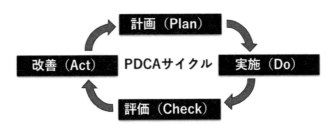

図13.18　PDCAサイクル

(2) 情報資産への脅威と対策

　情報資産に対するリスクを最小限にするには、リスクを引き起こす**脅威**を洗い出し、その原因となる**脆弱性**を明確にして対策を考える必要があります。脅威には次の三つがあります。

第 13 章　ネットワークとセキュリティ

① **人的脅威**

　人的脅威には、思い込みやうっかりミスによる誤操作いった人的なミス（ヒューマンエラー）、セキュリティに関する油断やルールを守らないといった怠慢、社内の人間が、悪意等により故意に情報を盗むといった内部犯行のようなものがあります。これらの脅威に対しては、従業員の体調不良や疲労の管理、操作マニュアル等の整備、セキュリティに関する教育、社内ルールを遵守する活動（**コンプライアンス**）、従業員の管理といったことが必要です。また、悪意をもった人間が、パスワードの入力操作を横から盗み見たり、管理者等になりすまして電話をかけ、本人からパスワード等の情報を聞き出したりするといった、人のちょっとした隙をねらって **ID**（identification、利用者識別）やパスワード等の重要な情報を盗む**ソーシャルエンジニアリング**と呼ばれる手口があり、これら手口に対する注意喚起や啓蒙も必要です。

② **物理的脅威**

　物理的脅威には、火災や地震、落雷（特に停電）等の天災、機器の故障（天災以外）や紛失、侵入者による機器の破壊や盗難のようなものがあります。これらの脅威に対しては、コンピュータや関連機器に対する耐震・耐火への備えや、落雷で発生する停電やサージ電流に対する対策、機器の冗長化を図るといったことが必要です。また、施錠管理や入退室管理といった**アクセス制御**[15]を行う必要もあります。

③ **技術的脅威**

　技術的脅威とは、インターネットやコンピュータに対する技術的な手段により、不正に情報資産が盗まれたり、破壊や改ざんされたりするといった脅威で、次に示すような代表的な手口があります。また、最近では、企業のサーバに不正に侵入し、データを勝手に暗号化して金銭を要求するマルウェアである**ランサムウェア**が脅威となっています。

- **クラッキング**[16]：ID やパスワードにより接続することのできる企業等のサーバに対して、ID とパスワードをランダムに発生させる等して見つけ出し、その企業のサーバに進入し、データを盗んだり、破壊したりするといった行為です。

- **フィッシング詐欺**：Web を使った取引を行う企業や金融機関等の Web ページとそっくりのページを作り、企業や金融機関を偽ったメールを送って、その偽装したページに誘導し、そのページに ID やパスワード、クレジットカード番号、暗証番号等を入力させ、それらの情報を盗み出すといった行為です。

- **マルウェア**（malware）：マルウェアとは、悪意をもって作られたプログラムを指す言葉で、次の種類があります。**コンピュータウイルス**は、特定のプログラムにくっついて PC に被害をもたらす寄生プログラムのことで、特定のプログラムが実行されることで自分の複製を勝手に作り、ネットワーク等を介して他の PC に広がります。**ワーム**は、コンピュータウイル

15　アクセス制限は、鍵、IC カード、生体認証装置（顔認証などの装置）などを使って行われ、認証、認可、監査といった 3 つの活動で実施されます。

16　クラッキングのことをハッキングという言葉で表現する場合もありますが、ハッキングはネットワークやプログラムを解析すると行った行為全般を指す言葉で、悪意のある行為とは限りません。

スとは違い、独立したプログラムで、自分自身で増殖する機能をもって他の PC に広がります。**スパイウェア**は、Web ブラウザの拡張機能等と勘違いしてインストールしてしまうと、その PC 内の情報を特定の PC に送信し出すといったプログラムです。その一つに、**キーロガー**というプログラムがあり、キーボードで入力した情報を盗み出すというものです。

- **BOT**（ボット）：インターネット上を自立的に動き、人に代わって作業（例えば、Web 上の情報を自動的に収集するといった作業）をするプログラムを**ロボットプログラム**といい、その略称が BOT です。このプログラム技術を悪用して作ったコンピュータウイルスがあり、これに感染すると、感染させた者が、感染した PC に対して BOT を操って攻撃を加えることができるといったソフトです。

- **DoS**（Denial of Services）攻撃：特定のサーバを狙って、そのサーバをダウン（停止）させたり、サーバが行っているサービスを正当な人が利用しづらくさせたりするといった攻撃です。その方法には、そのサーバがもつセキュリティの弱点（**セキュリティホール**）を狙った攻撃と、そのサーバに大量のサービス要求を送りつけ、それ以外の要求に応えられないほどの過剰な処理をさせるといった攻撃があります。その中で、攻撃する者が、他人の PC を乗っ取り、多数の PC から攻撃をする方法を、**DDoS**（Distributed DoS）攻撃と呼びます。

- **SQL インジェクション**：テキストボックスで Web サーバに文字入力できる仕組みを使って、データベースに記録している情報を表示させる SQL の操作命令を入力し、データベース中の公開していない情報等を盗み出すといった行為です。

- **クロスサイトスクリプティング**（Cross Site Scripting）：誰もが書き込め、書き込んだ内容を Web 上に表示する掲示板と呼ばれるソフト等に、悪意をもったプログラムを実行させる Web サイトに誘導するリンクを仕掛け、リンクをクリックすることでマルウェアに感染させるといった行為です。

これらの脅威に対して、各自が行う対策としては、パスワードが簡単に見破られないように数字や小文字、大文字、記号等を組み合わせた 10 文字以上にする、コンピュータウイルス対策ソフトを導入してウィルス定義ファイル（**パターンファイル**）を常に最新にしておく、OS やアプリのセキュリティホール（リスクが発生するプログラムの不具合）に対処する**セキュリティパッチソフト**をインストールする、不審なメールや Web ページは開かないといったことが必要です。

13.2.2 ファイアウォールと DMZ

(1) ファイアウォール

企業等では、技術的脅威への対策として、外部ネットワークからの脅威を軽減する仕組みとして、**ファイアウォール**（Firewall）が利用されています。

ファイアウォールとは、図 13.19 に示すように、インターネット等の外部ネットワークとローカルネットワークを繋ぐ通信の入口の装置（**ゲートウェイ**）に、外部とやり取りするパケットを監視し、許可されたパケットだけを通すという仕組みをもったものです。**パケットフィルタリング型**のファイアウォールは、インターネット層のプロトコルである IP とトランスポート層のプロトコルである TCP や UDP のパケットに対して、パケットの送信元とあて先の IP アドレス

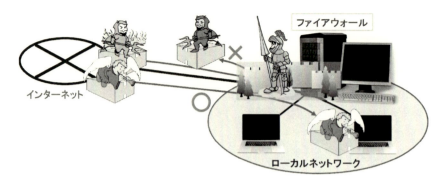

図 13.19　ファイアウォールのイメージ

及びポート番号をチェックし、許可している IP アドレスとポート番号のパケットだけを通過させます。**アプリケーションゲートウェイ型**のファイアウォールは、アプリケーション層の通信サービスの中身をチェックして不正のないものだけを通過させます。また、Web アプリケーションに特化したファイアウォールである **WAF**（Web Application Firewall）は、Web の中身をチェックすることで、SQL インジェクションやクロスサイトスクリプティング等を防ぐことができます。

(2) DMZ

　企業が Web サーバを使って Web ページを公開しているような場合に、Web サーバを社内のローカルネットワーク内に配置すると、外部から Web サーバに不正侵入されると、ローカルネットワーク内の PC にも危険が及びます。だからといって、Web サーバをファイアウォールの外に置くと、Web サーバは、インターネットからの脅威に直接さらされることになります。そのため、図 13.20 に示すように、インターネットと通信する必要のある Web サーバやメールサーバを、インターネットとローカルネットワークとの間に配置するという方法が行われていま

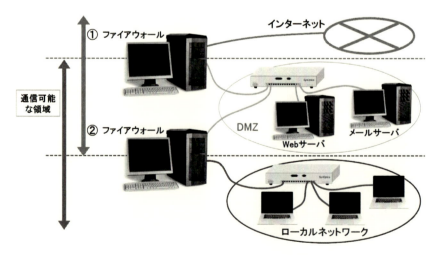

図 13.20　DMZ のあるネットワーク構成

す。この Web サーバやメールサーバが置かれている領域のことを **DMZ**（demilitarized zone、境界ネットワーク）といい、インターネットと DMZ 間は、図の①のファイアウォールによって Web サーバやメールサーバの通信だけを通すようにし、②のファイアウォールによって外部からの通信は、ローカルネットワーク内には入れないようにすることで外部からの侵入を防ぎます。

13.2.3　暗号化による通信

(1) 暗号化と共通鍵暗号方式

インターネットにおいて、HTTP による Web の通信では、データは暗号化されない状態で通信されており、通信の途中でデータを盗み見される危険性があります。従って、個人情報等の重要なデータを送る場合はもとより、データを通信する場合は暗号化することが推奨されています。図 13.21 は暗号化における一連の操作を示しており、用語の意味は次のようになります。

図 13.21　暗号化の操作と関連用語

- **平文**（ひらぶん）：暗号化されていない状態で、普通に読める文書
- **暗号文**：平文に対して演算等のある変換ルールを適用して、読めない状態にした文書
- **暗号化、復号**：前者は平文を暗号文に変換する処理、後者は暗号文を平文に戻す処理
- **暗号鍵**（暗号キー）：暗号化や復号の処理に使う値で、単に鍵（キー）と呼ぶことが多い

暗号化と複合の処理において、通信する双方だけが知っている同じ鍵をそれぞれがもち、送り手がその鍵で暗号化して送り、受け手がその鍵を使って復号するという方法を、**共通鍵暗号方式**[17]といいます。この方式で使う鍵は双方が同じものなので**共通鍵**といいます。ただ、この方式だと、通信する相手の数だけ鍵を管理する必要があり、不特定多数との暗号による通信（暗号通信）を行うには不向きといえます。

(2) 公開鍵暗号方式

暗号方式には、二つの鍵を使う**公開鍵暗号方式**[18]があります。二つの鍵を A と B とすると、この方式では、鍵 A で暗号化した場合は鍵 B でしか復号ができなくて、逆に、鍵 B で暗号化した場合は鍵 A でしか復号ができないという特性をもった鍵を使います。このような二つの鍵を使うことで、一人の人が多数の人と暗号通信を行うことができます。例えば、図 13.22 に示すよ

17　共通鍵暗号方式に利用される鍵の方式として、DES やそれを改良したトリプル DES、AES が有名です。
18　公開鍵暗号方式に利用される鍵の方式として、RSE が有名です。

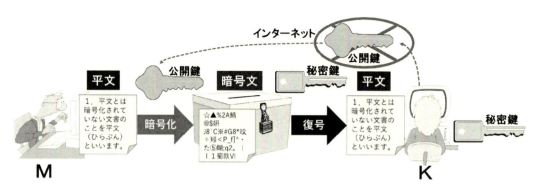

図 13.22　公開鍵暗号方式を使った通信

うに、K さんが不特定多数の人と暗号化による通信を行いたい時、自分がもつ一方の鍵をインターネット上に公開し、もう一方の鍵を誰にも知られないように管理します。

前者を**公開鍵**といい、後者を**秘密鍵**といいます。K さんと暗号通信が行いたい M さんは、インターネット上に公開されている K さんの公開鍵を入手して、その鍵で暗号化して K さんに送ります。受け取った K さんは、自分だけがもつ秘密鍵で復号することができます。逆の場合も、K が秘密鍵で暗号化して送ったデータは、受け取った M さんは K さんの公開鍵で復号することができます。この方法を使えば、M さんに限らず、K さんは誰とでも暗号通信を行うことができます。

13.2.4　暗号を使った通信方式

(1)SSL/TSL

暗号方式を使ったインターネットの通信方法に、**TLS**（Transport Layer Security）があります。TSL は、**SSL**（Secure Socket Layer）を改良した方法なので、**SSL/TLS** とも呼ばれ、Web での暗号通信である HTTPS 等で利用されています。この通信方法は、図 13.23 に示すように、M さんが K さんに通信の開始を要求（図の①）すると、K さんは自分の証明書[19]と公開鍵を M さんに送ります（②）。受け取った M さんは、以降の通信で利用する共通鍵を作り、作った共通鍵を K さんの公開鍵で暗号化して送り、受け取った K さんは、自分の秘密鍵で暗号化された共通鍵を復号します（③）。それ以降の通信では、M さんと K さんは、共通鍵を使って暗号通信を行います（④）。このように、公開鍵暗号方式を使って共通鍵を送るのは、共通鍵暗号方式の方が暗号処理を短時間で行えるためです。

19　電子証明書とは、認証局という機関が、健全な取引を行っている組織であることを証明したものです。

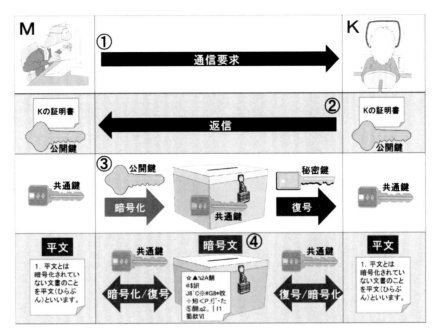

図 13.23　SSL/TSL の通信の仕組み

(2) 電子署名

　SSL/TSL による暗号通信において、図 13.23 の②に示す通信途中で、第三者が通信を乗っ取り、乗っ取った第三者が自分の公開鍵を M さんに送りつけてきた場合、M さんは K さんのものだと思い込んで通信を始めてしまうので、第三者による**なりすまし**を防ぐことができません。従って、図 13.24 に示す電子署名という方法を使って、なりすましでないことを確認します。

　M さんから K さんに通信要求（図の①）があると、K さんは、M さんに送る平文の文書（電子文書）と自分の公開鍵を用意し、更に、電子文書を M さんと K で取り決めた**ハッシュ関数**[20]という関数を使って圧縮してハッシュ値を作り、これを自分の秘密鍵で暗号化した**電子署名**を作ります（②）。そして、電子文書と公開鍵、電子署名をセットにして M さんに送ります（③）。受け取った M さんは、ハッシュ関数を使って電子文書のハッシュ値を作り、また、電子署名を送られてきた公開鍵を使って復号してハッシュ値を取り出します（④）。そして、この二つのハッシュ値が一致すれば、なりすましによって、電子文書が改竄（かいざん）されたり、公開鍵がすり替えられたりしていないことがわかります。

---

[20]　ハッシュ関数は、与えられた情報を単語や特定の長さの情報に切り分けて分類し、それぞれの種類に異なる値を割り振ることで、与えられた情報を少ない情報（ハッシュ値）で表すことができます。そして、違う種類で作ったハッシュ値は、まず同じ値になることはないので、改竄などを防ぐことができます。

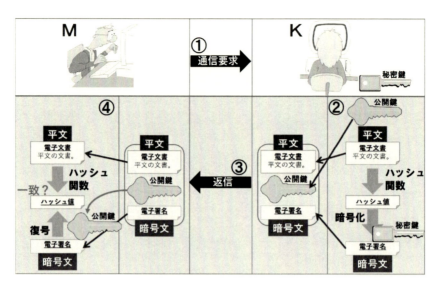

図 13.24　電子署名を使った通信の仕組み

(3)VPN

　会社の本社と支社の LAN を結んで WAN を構築する場合、一般的には通信事業者の専用線を借りて繋ぎます。ただ、専用線は接続料が高く、また、専用線は 1 対 1 の接続であるため、支社が多いとそれぞれに専用線が必要になります。そのため、インターネットを使って WAN を構築する **VPN**（Virtual Private Network）[21]という方法があります。専用線と VPN での接続方法の違いは、専用線は本社の LAN と支社の LAN を直接接続できるので、プライベートアドレスを使って送信することができます。それに対して、VPN の場合はインターネットを使うので、プライベートアドレスのままでは通信できません。

　従って、図 13.25 に示すように、大阪支社の PC5 から東京本社の PC3 にデータを送る場合、インターネットに流す前に、大阪支社のゲートウェイ（GW）が、大阪支社の GW と東京本社の GW がもつグローバルアドレスがついたパケットに PC5 から PC3 へのデータを組み込んで（**カプセル化**して）送信します。この時、カプセルに組み込むデータはインターネットを通過するので、安全のために暗号化して送ることが一般的です。そして、このカプセル化されたパケットを東京本社の GW が受け取ると、カプセルに組み込まれていたデータを取り出し、東京本社の LAN 内に流します。取り出されたデータには PC3 のプライベートアドレスがついているので、大阪支社の PC5 から送られたデータは、無事、PC3 に到着します。カプセルに入ったデータは、インターネットを経由することを意識することなく、インターネットの中を通り抜けていくので、この通信方法を**トンネリング**といいます。

---

[21] 代表的な VPN には、インターネット VPN と IP-VPN があり、ここでの説明は前者の VPN です。IP-VPN は、インターネットにはつながっていない NTT などが提供する IP での通信路を利用する方法です。

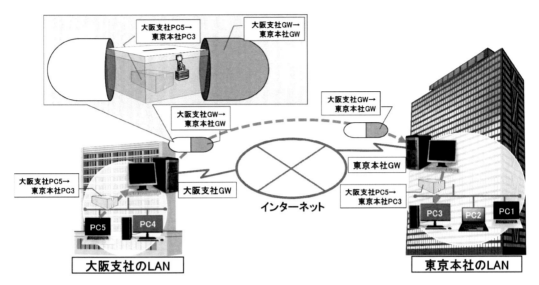

図 13.25　VPN を使った通信の仕組み

演習問題

問 1[22]　CSMA/CD 方式の LAN に接続されたノードの通信動作として、適切なものはどれか。

ア　各ノードに論理的な順位付けを行い、送信権を順次受け渡し、これを受けて取ったノードだけが送信を行う。

イ　各ノードは伝送媒体が使用中かどうか調べ、使用中でなければ送信を行う。衝突を検出したらランダムな時間の経過後に再度送信を行う。

ウ　各ノードを環状に接続して、送信権を制御するための特殊なフレームを巡回させ、これを受け取ったノードだけが送信を行う。

エ　タイムスロットを割り当てられたノードだけが送信を行う。

問 2[23]　ネットワーク機器の一つであるスイッチングハブ（レイヤ 2 スイッチ）の特徴として、適切なものはどれか。

ア　LAN ポートに接続された端末に対して、IP アドレスの動的な割当てを行う。

イ　受信したパケットを、宛先 MAC アドレスが存在する LAN ポートだけに転送する。

ウ　受信したパケットを、全ての LAN ポートに転送（ブロードキャスト）する。

エ　受信したパケットを、ネットワーク層で分割（フラグメンテーション）する。

問 3[24]　サブネットマスクの役割として、適切なものはどれか。

ア　IP アドレスから、利用している LAN 上の MAC アドレスを導き出す。

イ　IP アドレスの先頭から何ビットをネットワークアドレスに使用するかを定義する。

22　令和元年度 秋期 基本情報技術者試験 午前 問 28
23　平成 29 年度 秋期 基本情報技術者試験 午前 問 32
24　令和 5 年度分 IT パスポート試験 問 97

第 13 章　ネットワークとセキュリティ

　　ウ　コンピュータを LAN に接続するだけで、TCP ／ IP の設定情報を自動的に取得する。

　　エ　通信相手のドメイン名と IP アドレスを対応付ける。

問 4[25]　電子メールに関するプロトコルの説明のうち、適切な記述はどれか。

　　ア　IMAP4 によって、画像のようなバイナリデータを ASCII 文字列に変換して、電子メールで送ることができる。

　　イ　POP3 によって、PC から電子メールを送信することができる。

　　ウ　POP3 や IMAP4 によって、メールサーバから電子メールを受信することができる。

　　エ　SMTP によって、電子メールを暗号化することができる。

問 5[26]　情報セキュリティにおける機密性、完全性及び可用性と、①〜③のインシデントによって損なわれたものとの組合せとして、適切なものはどれか。

　　①　DDoS 攻撃によって、Web サイトがダウンした。

　　②　キーボードの打ち間違いによって、不正確なデータが入力された。

　　③　PC がマルウェアに感染したことによって、個人情報が漏えいした。

　　ア　①可用性、②完全性、③機密性　　　イ　①可用性、②機密性、③完全性

　　ウ　①完全性、②可用性、③機密性　　　エ　①完全性、②機密性、③可用性

問 6[27]　PDCA モデルに基づいて ISMS を運用している組織において、C（Check）で実施することの例として、適切なものはどれか。

　　ア　業務内容の監査結果に基づいた是正処置として、サーバの監視方法を変更する。

　　イ　具体的な対策と目標を決めるために、サーバ室内の情報資産を洗い出す。

　　ウ　サーバ管理者の業務内容を第三者が客観的に評価する。

　　エ　定められた運用手順に従ってサーバの動作を監視する。

問 7[28]　企業の従業員になりすまして ID やパスワードを聞き出したり、くずかごから機密情報を入手したりするなど、技術的手法を用いない攻撃はどれか。

　　ア　ゼロデイ攻撃　　　　　イ　ソーシャルエンジニアリング

　　ウ　ソーシャルメディア　　エ　トロイの木馬

問 8[29]　a〜d のうち、ファイアウォールの設置によって実現できる事項として、適切なものだけを全て挙げたものはどれか。

　　a　外部に公開する Web サーバやメールサーバを設置するための DMZ の構築

25　平成 28 年度 春期 IT パスポート試験 問 62

26　令和 4 年度分 IT パスポート試験 問 72 一部表現を変更

27　令和 6 年度分 IT パスポート試験 問 86

28　令和 5 年度分 IT パスポート試験 問 89

29　令和 4 年度分 IT パスポート試験 問 64

b　外部のネットワークから組織内部のネットワークへの不正アクセスの防止

c　サーバルームの入り口に設置することによるアクセスを承認された人だけの入室

d　不特定多数のクライアントからの大量の要求を複数のサーバに動的に振り分けることによるサーバ負荷の分散

ア　a, b　　イ　a, b, d　　ウ　b, c　　エ　c, d

問 9[30]　暗号化方式の特徴について記した表において、表中の a〜d に入れる字句の適切な組合せはどれか。

暗号方式	鍵の特徴	鍵の安全な配布	暗号化／復号の 相対的な処理速度
a	暗号化鍵と復号鍵が異なる	容易	c
b	暗号化鍵と復号鍵が同一	難しい	d

ア　a：共通鍵暗号方式、b：公開鍵暗号方式、c：遅い、d：速い

イ　a：共通鍵暗号方式、b：公開鍵暗号方式、c：速い、d：遅い

ウ　a：公開鍵暗号方式、b：共通鍵暗号方式、c：遅い、d：速い

エ　a：公開鍵暗号方式、b：共通鍵暗号方式、c：速い、d：遅い

問 10[31]　インターネットなどの共用のネットワークに接続された端末同士を、暗号化や認証によってセキュリティを確保して、あたかも専用線で結んだように利用できる技術を何というか。

ア　ADSL　　イ　ISDN　　ウ　VPN　　エ　Wi-Fi

30　令和 6 年度分 IT パスポート試験 問 57 一部表現を変更

31　平成 27 年度 秋期 IT パスポート試験 問 45

第14章

システム開発と
アルゴリズム

　この章では、①システム開発の設計からプログラム作成・テストまでの基本的な流れ、②システム開発の進め方に関する代表的な種類とその長所と短所、③プログラムを作る時の手順であるアルゴリズムの考え方と流れ図による表現、④データの探索や並べ替え等の処理を擬似的な言語で表現する方法、⑤作ったアルゴリズムの処理にかかる時間で評価する方法について、これら五つの学びを深めていきます。

14.1 システム開発

14.1.1 システム開発の概要

(1) システム開発の工程

　システムを開発する場合、いきなりプログラムを作る（**プログラミング**する）わけではありません。まずは、システムを作って欲しい人（ユーザ）とシステムを作る人（ベンダー）との話し合いから始まります。図 14.1 はシステム開発の大まかな流れを示しており、図中の各作業工程では、次のようなことを行います。

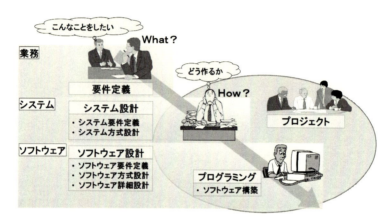

図 14.1　システム開発の概要

- **要件定義**（要件定義プロセス[1]）：システムを作って行いたいユーザの業務内容を聞き出して、開発する要件を定義します。

- **システム設計**（システム開発プロセス）：定義した要件をシステムとして実現するための技術的な要件を定義し（システム要件定義プロセス）、その要件を達成するために必要なハードやソフト、ネットワーク等の要素を洗い出し、それらが担う役割を決めます（システム方式設計プロセス）。

- **ソフトウェア設計**（ソフトウェア実装プロセス）：ソフトとして実現しなければいけない機能やインタフェース、必要となるデータの要件等を決め（ソフトウェア要件定義プロセス）、その要件を満たすために必要となるソフトの部品とそれらの構成や、データベースの設計を行い（ソフトウェア方式設計プロセス）、個々のソフトの部品に入力されるデータや出力する処理結果等についての詳細な設計書を作成します（ソフトウェア詳細設計プロセス）。

　これらの一連の作業を**システムエンジニア**（**SE**）と呼ばれる技術者が行い、ソフトウェア詳細設計に基づきプログラミングする作業（ソフトウェア構築プロセス）を**プログラマー**と呼ばれ

---

[1] システム開発の作業工程を規定した「共通フレーム」というガイドラインを独立行政法人情報処理推進機構（IPA）が発行しており、共通フレームで規定している各工程の名称を括弧内に示しています。

る技術者が行います。また、システム設計の工程から、システム開発のプロジェクトが始まり、プロジェクトの進行を統括管理する技術者を**プロジェクトマネージャ**（PM）といいます。

(2) システム開発のV字モデル
　図14.1に示した、システム全体の要件定義から始まり、システムの全体像からソフトを構成する部品まで詳細化する工程を、図14.2に示すように**トップダウンアプローチ**といいます。そして、詳細設計に基づき作成したソフトウェアの部品であるプログラムが正しく動くかをテストしながら、組み上げていく工程を、**ボトムアップアプローチ**といいます。この作業の流れが図に示すようにV型をしているので、**V字モデル**といいます。

図14.2　システム開発のV字モデル

　ボトムアップアプローチで行う最初のテストである**単体テスト**（ソフトウェア単体テスト）では、ソフトウェア詳細設計に示されている通りにプログラムが動作するかを確認します。特に、ここでは、プログラム構造に着目して、プログラムに書かれている全ての命令の動作確認を行う**ホワイトボックステスト**と呼ばれるテストと、ソフトウェア詳細設計に示されている入力データに対して正しい結果が出力されるかを確認する**ブラックボックステスト**と呼ばれるテストを行います。
　結合テスト（ソフトウェア結合テスト）では、単体テストで確認できたプログラムを組み合わせたソフトが、ソフトウェア方式設計の通りに動作するかを確認します。**システムテスト**（システム結合テスト）では、実際に利用するハードやネットワークの下でソフトが正しく動作するかを確認します。このように、トップダウンアプローチの各工程で設計した通りに、組み上げたソフトやシステムが動作するかをテストしていきます。そして、最終的には、要件定義に示したユーザの要望通りにシステムが利用できるかの**運用テスト**をユーザが行い、ユーザの了承が得られたらシステムの運用を開始（**リリース**）します。

14.1.2　システムの開発手法

(1) ウォータフォールモデルとスパイラルモデル
　システム開発を進めていく開発手法には幾つかのモデルがあり、その一つに、古くから行われている**ウォータフォールモデル**があります。このモデルは、図14.3の左側に示すように、滝の水が上から下へ落ちるように、要件定義で決めた範囲のシステムを、設計変更等による後戻りを

することなく、完成（リリース）に向けて着実に開発を進めていくという手法です。この開発では、作業を同じ人達で仕上げていくのではなく、各工程を分業で進めていきます。この手法には次のような長所と短所があります。

- 長所：最初に決めたことを変更することなく開発を進めるので、開発予算の見積もりや、作業の進捗管理が行いやすく、大規模なシステム開発に向いています。
- 短所：開発が長期に及ぶと、当初の設計が時代遅れになることがあり、また、設計段階でシステムの完成イメージを想定するのが難しいため、完成システムとユーザの想定イメージとに齟齬（そご）が発生する可能性があります。

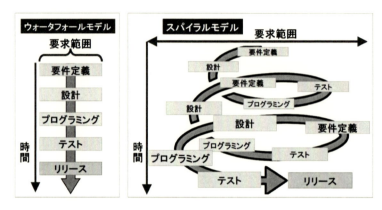

図 14.3　ウォータフォールモデルとスパイラルモデル

　設計段階でシステムの完成イメージを想定するのが難しいといったウォータフォールモデルの短所に着目した開発手法に、**スパイラルモデル**があります。このモデルは、図 14.3 の右側に示すように、まずシステムの概要がわかる試作品（**プロトタイプ**[2]）を作ってユーザに確認し、修正や機能追加を行いながら、その度、プロトタイプでの確認を繰り返してシステムを完成させていくという螺旋状に開発を進めていく手法です。この手法には次のような長所と短所があります。

- 長所：プロトタイプを作りながら開発を進めることで、ユーザの想定に合ったものが開発でき、システムの変更にも柔軟に対応できます。
- 短所：プロトタイプを作るための開発時間や予算が増え、ユーザの変更要望が増える可能性があるので予算の見積もりや進捗管理が難しく、当初より予算や開発期間が増える可能性があります。

(2) アジャイル開発
　ウォータフォールモデルやスパイラルモデルモデルは、システム開発を始めてリリースするまでに時間がかかるといった点から、素早い（agile）という言葉をもつ**アジャイル開発**という手法

---

[2] 試作品という意味の言葉で、ここでは、操作感や見た目などを確認するために最小限の規模で試作されたソフトのことを指します。

が登場しました。この開発手法では、「プロセスやツールより個人との対話を、包括的なドキュメントよりも動くソフトウェアを、契約交渉よりも顧客との協調を、計画に従うことよりも変化への対応を、価値とする」というアジャイルソフトウェア開発宣言[3]の精神に基づいて行われます。この開発では、システムをそこに含まれる機能単位に分解して、その単位毎で要件定義からリリースまでを行いながら、次々に開発を進めて、システムを築き上げていくという手法です（図 14.4[4]の左側）。一つの開発単位は 1 週間〜1 ヶ月程度という短い期間で行い、開発全体を同じメンバーで協働して行います。アジャイル開発の進め方には幾つかの方法があり、図 14.4 の右側に示すイメージは、**スクラム**と呼ばれる方法です。スクラムでは、開発単位をスプリントといい、スプリント毎に計画（スプリントプラニング）を行って 1 ヶ月以内で開発を完了していきます。そして、その間、開発の責任を負うスクラムマスタと開発の推進に責任を負うプロダクトオーナ、開発者が一つのチームになって、毎朝、開発の打ち合わせ（デイリースクラム）を行い、できあがったスプリントに対してはレビュー（スプリントレビュー）と振り返り（スプリントレトロプロスペクティブ）を行うといった、メンバー間での意思疎通を密に行うといった特徴があります。この開発手法には次のような長所と短所があります。

- 長所：短い時間で動くものを開発しながら進めていくことで、変化や変更に柔軟に対応でき、ユーザの要望に対応しやすく、また、チームでの意思疎通が図れ、開発方針や方法を共有することができます。
- 短所：最終的な完成品の全体像が把握しづらくなることで、開発期間や費用が増大する可能性があり、また、メンバー間の意思疎通がうまくいかないと、開発に支障をきたす恐れがあります。

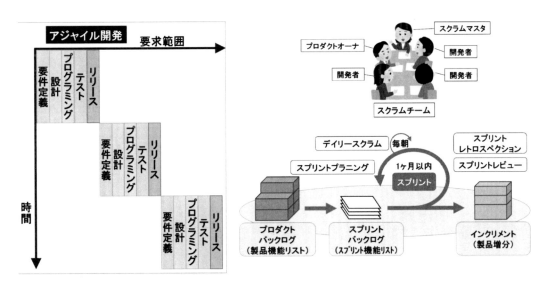

図 14.4　アジャイル開発とスクラム

3　アジャイルソフトウェア開発宣言, https://agilemanifesto.org/iso/ja/manifesto.html（2001）より引用。
4　平鍋健児他：『アジャイル開発とスクラム』翔泳社（2013），p.24，p.52 を参考。

14.2 アルゴリズムの基本

14.2.1 アルゴリズムとは

(1) アルゴリズムの例

プログラムを作るためには、プログラムで行う処理の流れを考える必要があります。例えば、自動販売機では飲み物を買うとおつりが正しく出る処理の流れを考える必要があります（図14.5の左側）。ここで、10円と50円、100円の硬貨が扱える自動販売機で、200円を投入して140円のお茶を買う時のおつりの処理について考えてみます。この時のおつりは60円ですが、普通は、10円6枚ではなく、50円1枚と10円1枚が出てきます。ここで、おつりを返す汎用的な処理を考えるために、投入金額をX、購入した飲み物の代金をYとし、おつりとして返す金額をZとすると、次の①〜⑤に示す方法が考えられ、図示すると図14.5の右側のようになります。

① X − Y の結果を Z に代入する。
② Z が 0 なら、おつりの処理を終了する。
③ Z が 100 以上なら 100 円をおつりとして返して Z − 100 の結果を Z に代入し、②に戻る。
④ Z が 50 以上なら 50 円をおつりとして返して Z − 50 の結果を Z に代入し、②に戻る。
⑤ 10 円をおつりとして返して Z − 10 の結果を Z に代入し、②に戻る[5]。

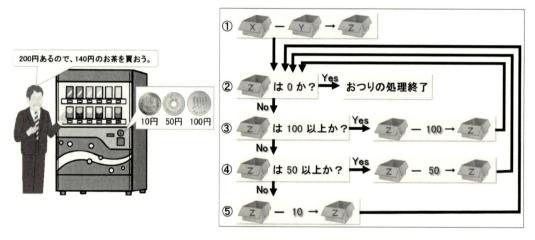

図14.5　自動販売機のおつりの処理

図では、代入を「→」で表し、XとY、Zをそれぞれ箱で表していますが、プログラムでは、値を入れる容れ物を**変数**といい、XやYは変数を区別するための名称で**変数名**といいます。

図14.5の処理に対して、変数Xに200、変数Yに140が入った場合の処理を適用し、その流れを示したものが図14.6になります。図の左側の①でおつりの計算が行われて変数Zに60が代入されます。処理②の条件"Zは0か？"と③の条件"Zは100以上か？"に対する判断は、それぞれNoなので、④に進みます。"Zは50以上か"という条件判断はYesとなるので、50円

---

[5] ⑤については、10円より小さい金額は扱わないので、"Zが10円以上"という条件判断は必要ありません。

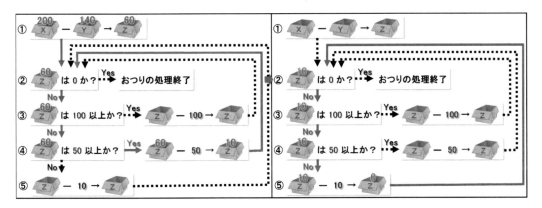

図 14.6　おつりの 60 円を処理する流れ

を返して Z − 50 の結果の 10 を Z に代入して、②に戻ります。次に、図の右側に示す処理の流れのように、変数 Z の値は 10 なので、②、③、④の条件判断は No となり、⑤に進み、10 円を返して Z − 10 の結果の 0 を Z に代入して②に戻ります。そうすると、Z は 0 なので②の判断は Yes となり、おつりの処理は終了します。以上の①〜⑤のおつりの処理を行うことで、おつりの 60 円を、50 円 1 枚と 10 円 1 枚で返すことができます。なお、この図に示す処理は、X と Y が 200 と 140 でなくても、正しくおつりを返すことができます。このように、ある目的の処理を、誰でも（コンピュータでも）、間違いなく行える手順として表したものを**アルゴリズム**といいます。

(2) アルゴリズムと流れ図

　アルゴリズムをわかりやすく表現するために、図 14.7 の左側に示す記号を使って、**流れ図**と呼ばれる図で表現する方法があります。流れ図の記号を使って、おつりの処理①〜⑤を表した例が、右側の流れ図です。流れ図の書き方は、次のようになります。

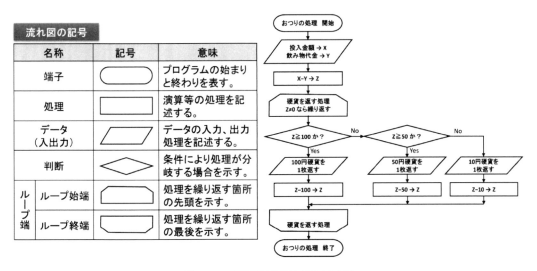

図 14.7　流れ図の記号と流れ図の例

第 14 章　システム開発とアルゴリズム

① 流れ図の処理の開始と終了を示す場所に**端子**記号をつけ、その中に全体の処理内容を示す名称を記入します。図では "おつりの処理" を記入して、図の先頭と最後に端子記号をつけています。

② 入出力の処理には、**データ**記号を使って処理内容を記入します。図では、変数 X と Y に投入金額と飲み物代金を入力する処理と、硬貨を出力する処理の 3 箇所にデータ記号を使っています。

③ 演算や代入等の処理には、**処理**記号を使って処理内容を記入します。図では、処理記号を使って、おつりの計算をして変数 Z に代入する 4 箇所の処理に使っています。

④ 条件を判断する処理には、**判断**記号を使って条件を記入し、条件に対する判断結果によって、処理の進む先を変えます。図では、Z が 100 以上かと 50 以上かの判断を行う処理で判断記号を使い、判断結果の Yes と No で進む先を変えています。

⑤ 処理を繰り返す始まりと終わりの場所に**ループ始端**記号と**ループ終端**記号をつけ、その中に繰り返す処理内容を示す名称と、繰返しの条件を記入します。図では、変数 Z の値が 0 でない間、おつりを返す処理を繰り返すので、"硬貨を返す処理" という名称をループ始端記号とループ終端記号につけて二つの記号がペアであることを示し、ループ始端記号には、処理を繰り返す条件 "Z ≠ 0 なら繰り返す" を記入しています。

ここで、図 14.7 の右側の流れ図での処理の進み方に着目すると、三つに分類することができます。一つ目は、処理が上から下に直線的に進む流れで、これを**直線型**（**順次型**、順次構造）といいます。二つ目は、判断記号で示す判断結果により進む方向が分かれる処理の流れで、これを**選択型**（**分岐型**、選択構造）といいます。三つ目は、ループ始端とループ終端の記号で挟まれた処理が繰り返される流れで、これを**繰返し型**（**反復型**、反復構造）といいます[6]。

14.2.2　配列と擬似言語表現

(1) 配列を使った処理

コンピュータで複数の値を扱う場合、**配列**と呼ばれるデータ構造を利用します。例えば、配列を使って 5 人分の点数を入力して、その 5 人の合計点を求める処理を流れ図で示すと、図 14.8 のようになります。この図の中にある sc[i] という記述の sc は、配列につけた名称で**配列名**といいます。この配列 sc の場合は、五つの値を記憶する場所をもち、図の右側の表 2 段目に示す sc[1]、sc[2]、sc[3]、sc[4]、sc[5] が、五つの場所を示す配列の**要素**を表しています。配列は大括弧（[ ]）[7]内に**添字**と呼ばれる要素番号をつけることで各要素を表します。この流れ図の動きは次のようになります。

① "0 → sum" と "0 → i" の処理で、変数 sum と i に、それぞれ 0 を代入しています。最初に変数に特定の値を入れておくことを**初期化**といい、その値を**初期値**といいます。

6　一般的に、アルゴリズムは、この直線型、選択型、繰返し型の三つの構造の組合せで表現されるので、これらの構造を三つの基本構造といいます。

7　プログラミング言語によっては、大括弧以外の記号で配列を表記する場合があります。

② "点数の入力と合計"という反復処理は、変数iが5より小さい間繰り返します。変数iの初期値は0で、次の"i＋1→i"の処理によって、繰り返す毎にiの値は1、2、3、4と増えていくので、0〜4の5回繰り返されます。この変数iのように、繰返し回数をコントロールするために使う変数のことを**ループカウンタ（カウンタ変数）**といいます。

③ 反復処理の繰返しを判断する時点での変数iの変化は0〜4ですが、反復処理の条件を通過した後に"i＋1→i"が実行されるので、反復処理内では、図の右側の表1段目に示すように、iの値は1、2、3、4、5と変化していきます。

④ "sc[i]に点数を入力"の処理では、添字のiが1、2、3、4、5と変化するので、繰り返す毎に、順にsc[1]、sc[2]、sc[3]、sc[4]、sc[5]のそれぞれの要素に値を入力する処理が行われます。この例では、図の右側の表2段目に示すように、各要素に75、54、61、79、82が入力されています。

⑤ "sum＋sc[i]→sum"の処理では、図の右側の表3段目に示すように、反復の1回目では、初期値が0の変数sumにsc[1]の値75をたした値がsumに代入されるのでsumは75に、反復の2回目では、75の変数sumにsc[2]の値54をたした値がsumに代入されるのでsumは129にというように、繰り返す度に、sumには配列scに入力された点数がたし加えられていきます。従って、5回目では、5人分の合計点である351がsumに代入されます。

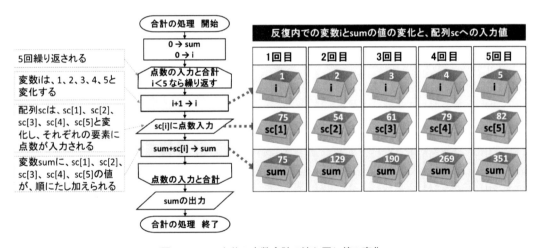

図14.8　5人分の点数合計の流れ図と値の変化

　配列には、一行に並ぶ配列（一次元配列）だけではなく、複数の行と列で構成される表のような2次元配列があります（図14.9）。図に示す宣言では、一つの行に三つの要素のある2行3列の2次元配列が用意され、初期値が与えられます。2次元配列の各要素は、例えば、配列dtの1行目の2列目の要素であればdt[1][2]というように、行と列の場所を示す添字をつけて表現します。更に、2次元の表が複数ある3次元以上の配列を宣言することもできます。

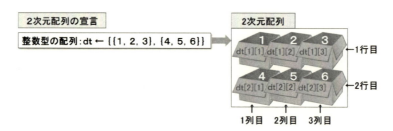

図 14.9　2 次元配列の宣言と 2 次元配列のイメージ

(2) 擬似言語による表現

　アルゴリズムを流れ図ではなく、プログラミング言語と自然言語の中間的な表現で表す場合があり、このような表現を**擬似言語**による表現といいます。図 14.10 は、5 人分の点数合計の流れ図を、**情報処理技術者試験**[8]という検定試験で利用されている擬似言語[9]で表現したものです。

　図の擬似言語の行番号 1 と 2 行目の記述では、変数 sum と i、配列 sc を**宣言**しています。プログラム言語では、変数や配列をプログラム内で利用する場合、一般的に、プログラムの最初に利用する変数名や配列名とそれらの**データ型**を宣言します。データ型とは、変数や配列に格納する値の型で、整数を扱う整数型、実数を扱う実数型、1 文字を扱う文字型、複数の文字の並び（文字列）を扱う文字列型等があります。ここでは、変数 sum と i、配列 sc を整数型で宣言しています。2 行目では、中括弧（{ }）内の記述に示すように、値が何も入っていない 5 個の整数型の要素をもつ配列 sc を宣言しています。3 と 4 行目では、変数 sum と i にそれぞれ 0 を代入[10]して初期値を与えています。初期化については、1 行目の記述に 3 と 4 行目の記述を取り込んで、"整数型：sum ← 0, i ← 0" と 1 行で記述することもできます。5 と 9 行目は、ループ始端とループ終端に対応した記述で、繰返しが始まる箇所に "while（繰返しを継続する条件）" を書き、繰返しが終了する箇所に "endwhile" を書きます。この **while 文**を使った繰返しでは、繰返しの判定を繰返し処理の先頭で行うので**前判定繰返し処理**といいます。前判定繰返し処理に対して、繰返し処理の最後で判定する**後判定繰返し処理**があり、その場合は、**do 文**（do-while 文）を使って、繰返しが始まる箇所に "do" と書き、繰返しが終了する箇所に "while（繰返しを継続する条件）" と書きます。6〜8 行目の処理については、5 と 9 行目の繰返し処理に囲まれているので、図の記述に示すように、囲まれた処理であることの視認性をよくするため、行の書き出しを少し下げて記述します。このような記述方法を**字下げ（インデント）**といいます。

8　情報処理技術者試験は、経済産業大臣が実施する情報処理に関する国家試験で、独立行政法人情報処理推進機構が運営しており、IT パスポート試験、基本情報技術者試験、応用情報技術者試験などレベルや分野ごとに 12 の試験種別があります。

9　情報処理技術者試験での擬似言語の仕様は付録 3 に示しています。

10　代入の記述では、慣例として、流れ図と擬似言語では左右の方向が逆の矢印を使います。

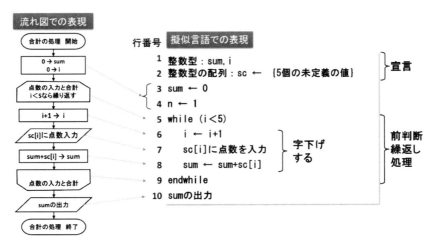

図 14.10　5人分の点数合計の流れ図と擬似言語

14.3　代表的なアルゴリズム

14.3.1　線形探索

　複数のデータの中から、目的のデータを探す処理のことを**探索処理**といい、その中で、最も単純な探索方法に**線形探索**と呼ばれるアルゴリズムがあります。線形探索とは、例えば、配列 dt の各要素に入った 8、5、7、2、4、－1 のデータの中に、変数 tgt に入っている値 2 があるかを、図 14.11 に示すように、配列の先頭の要素から順番に直線的に探していく方法です。具体的には、図の例に示すように、変数 tgt の値と配列 dt の各要素の値を順に比較していきます。1 回目は dt[1] と、2 回目は dt[2] と、3 日回目は dt[3] というように位置をずらしながら調べていくと、4 回目の dt[4] との比較で一致するので、探索処理を終えるというアルゴリズムです。ただ、この方法では、配列 dt の中に変数 tgt と一致する値がないと探索を終了することができません。そのため、データの最後に、これ以上データがないことを表す特別な値（図では－1）を入れておき、この値が見つかったら処理を終了するようにします。この値のことを**番兵**といいます。

　図 14.12 は、図 14.11 で示した線形探索の例を擬似言語で表現したものです。

　1 行目では、整数型の変数 tgt と i を宣言し、i には初期値 1 を入れています。2 行目では、整数型の配列 dt を宣言し、8、5、7、2、4、－1 の 6 つの値を初期値として与えています。3 行目

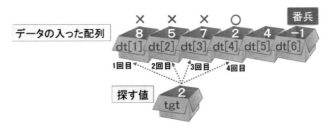

図 14.11　線形探索のイメージ例

```
行番号  擬似言語での表現
1  整数型：tgt, i ← 1
2  整数型の配列：dt ← {8, 5, 7, 2, 4, -1}
3  tgtに探索の値を入力
4  while((dt[i]≠tgt)かつ(dt[i]≠-1))
5      i ← i+1
6  endwhile
7  if(dt[i]=tgt)
8      iの値と"番目に見つかりました"と出力する
9  else
10     "見つかりませんでした"と出力する
11 endif
```

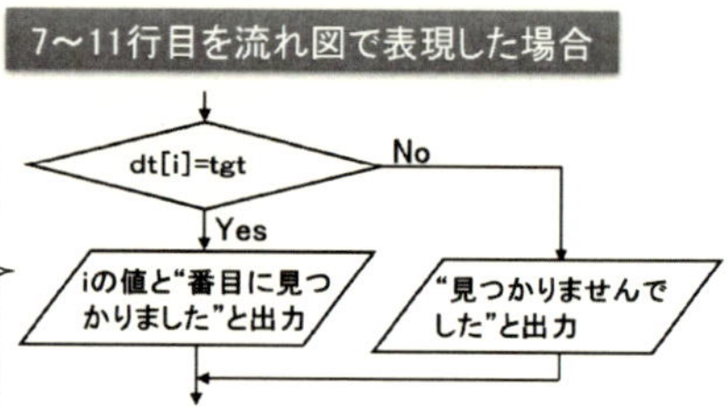

図 14.12　線形探索の擬似言語での表現

では、探す値を変数 tgt に入力しています。4～6 行目の前判定繰返しでは、dt[i] と tat の値が一致しない場合かつ dt[i] の値と番兵の − 1 が一致しない場合は、変数 i の値を 1、2、3、… と 1 ずつ増やしながら処理を続けていきます。これにより目的の値が見つかるか、番兵に到達するまで、探索処理が繰り返させることになります。目的の値が見つかって繰返しを終了した場合は、変数 i には見つかった時の配列の要素番号が入っています。繰返し処理が終了すると、7～11 行目の処理を行います。この処理では、図の右側の流れ図に示すように、"dt[i] = tgt" という条件が成り立った時（Yes の時）は目的の値が見つかった場合なので、見つかった配列 dt の要素番号を示す i の値に続けて "番目に見つかりました" と出力します。条件が成り立たなかった時（No の時）は目的の値が見つからなくて番兵まで達した場合なので、"見つかりませんでした" と出力します。ここで、この判断記号で表す選択処理は擬似言語では **if 文** を使って記述します。具体的には、7 行目に示すように "if（判断の条件）" と書き、Yes の時の処理をその直下の行（図では 8 行目）に書き、No の時の処理がある場合は、9 行目に示すように "else" と書いてその直下の行（10 行目）にその処理を書き、選択処理を終了する行（11 行目）に "endif" と書きます。

14.3.2　整列処理（バブルソート）

図 14.13 の中央に示すようなバラバラに並んだ値を、規則正しく並び替える処理のことを **整列処理（ソーティング）** といいます。また、図の左側の①のように、小さいものから順に大きいものへと規則正しく並んだ状態を **昇順** といい、逆に、②のように大きいものから順に小さいものへと並んだ状態を **降順** といいます。

ソーティングを行うアルゴリズムの種類は非常に多く、その中で最も単純な方法に **バブルソート** があります。バブルソートは、図 14.14 の動作イメージで示すように、並んだ隣同士の値を比

図 14.13　昇順と降順の例

較して大きさが逆の場合は入れ替えるという操作を、場所を順に移動させながら全ての値に対して行い、この比較と入替の操作を、範囲を狭めながら、範囲内の値が二つになるまで繰り返すという方法です。図 14.14 では、バラバラに並んだ五つの値を昇順に並べ替える操作をしています。

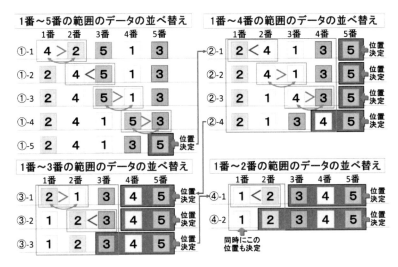

図 14.14　バブルソートの操作イメージ

　まず、図の①-1～①-5 では、5 個の値の範囲に対して、①-1 では 1 と 2 番目の値を比較し、1 番目の 4 の方が大きいので、昇順に近づけるために 1 と 2 番目の値を入れ替えます。①-2 では、入れ替えた 2 番目の 4 と 3 番目の 5 を比較し、5 の方が大きいので入れ替えをしません。同様の操作を①-3～①-5 まで行うと、当初 3 番目にあった一番大きな値である 5 が一番後ろに移動し、昇順の位置として適切な場所に収まりました。5 番目の値が決定したので、次に範囲を一つ狭めて 1～4 番に対して、②-1～②-4 に示すように、隣同士の値を比較して大きさが逆の場合は入れ替えるという操作を行うと、1～4 番の範囲で一番大きな値である 4 が、4 番目の位置に移動します。このように、③-1～③-3 では 1～3 番に対して、④-1～④-2 では 1～2 番に対してと、範囲を 1 ずつ狭めながら 2 個の値になるまで繰り返すと、図の④-2 において、五つの値が昇順に並んでいることがわかります。この操作を擬似言語で表現すると図 14.15 のようになります。

　1 行目では、整数型の配列 dt を宣言し、各要素に初期値を与えており、これらの値を並べ替えます。2 行目では、整数型の変数 i、w、num を宣言し、num には配列 dt の要素数の 5 を初期値として与えています。7 行目の if 文では、隣り合う配列の要素である dt[i] と dt[i + 1] を比較し、dt[i] の方が大きい場合は 8～10 行目を実行して、dt[i] と dt[i + 1] の入れ替えを行っています。図の右側のイメージに示すように、9 行目の "dt[i] ← dt[i + 1]" をいきなり行うと dt[i] に入っていた値（図では □）が消えています。そこで、9 行目を行う前に 8 行目で dt[i] の値を変数 w に写しておき、10 行目で w に写しておいた値を dt[i + 1] に代入することで、dt[i] と dt[i + 1] の入れ替えを行います。6～12 行目の **for 文**を使った繰返し処理では、範囲内の全ての隣同士の値に対して、大小比較と大きさが逆の場合の入れ替えを行っています。for 文は "for

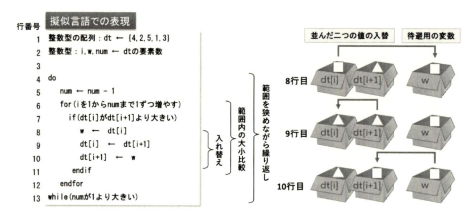

図 14.15　バブルソートの擬似言語での表現

(繰り返す方法の記述)" から "endfor" の範囲を、for の括弧内に書いた繰返しの方法に従って繰返しを行います。図の 6 行目の for 文の場合は変数 i をカウンタ変数として使い、i の値を 1 から始め、繰り返す度に 1 を加算し、その値が num の値と等しくなるまで繰り返します。

4～13 行目では、後判定繰返しである do 文を使って 6～11 行目の繰返し処理を更に繰り返しています。do 文の繰返しでは、5 行目で 6～11 行目の for 文の繰返しが始まる前に num の値から 1 をひいているので、繰返し 1 回目では、num の値は初期値の 5 から 1 をひいた 4 になり、for 文のカウンタ変数 i は 1～4 の範囲で変化するので、d[1] と d[2]～d[4] と d[5] の四つの比較 (図 14.14 の①-1～①-4 の比較) を行います。2 回目の for 文のカウンタ変数 i の変化は 1～3、3 回目は 1～2、4 回目は 1 と狭められながら比較処理が行われます。これにより、図 14.14 のイメージで示した全ての操作が実行されます。

14.3.3　二分探索

探索処理において、探索の対象となるデータが整列されていた場合、線形探索よりも効率的に探すことのできる**二分探索**という方法があります。この探索方法は、データが昇順に整列されていた場合であれば、データの中央の値と探す値を比較して、探す値が中央の値より大きければ、探索範囲は右半分に絞られ、逆に、探す値の方が小さければ、左半分に絞られます (図 14.16)。

図の 1 回目の比較では、中央の値 28 より探す値の 37 の方が大きかったので、探索範囲は 2 分した右半分 (dt[6]～d[10]) に絞られます。2 回目の比較では、右半分の中央の値 49 より探す値の 37 の方が小さいので、探索範囲は更に 2 分した左半分 (dt[6]～dt[7]) に絞られます。そして、3 回目の比較で、左半分の中央の値 37 と探す値の 37 が一致したので、探索処理を終了します。このように、二分探索では中央の値と比較し、探索範囲を 2 分して狭めながら調べていく方法です。

二分探索を擬似言語で表現すると、図 14.17 のようになります。2 行目では、二分探索の探索範囲の下限を示す変数 lo と、上限を示す hi を宣言しています。また、探索の成功と失敗の状態を示すために変数 sw を宣言しています。この例では、探索中の時には sw に－1 を格納しておき、探索に成功した時には見つけた場所 (要素番号) を格納し、探索に失敗した時には 0 を格納

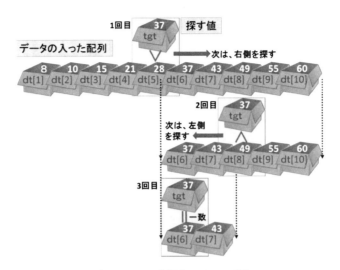

図 14.16　二分探索のイメージ例

するようにします。二分探索では、探索するデータの中央にある値の場所を決める必要があるので、6 行目で、範囲の下限である lo と上限の hi の値を加算して 2 でわることで中央の場所を計算しています。最初、lo には 1、hi には dt の要素数である 10 が初期値として格納されているので、6 行目の計算は "$(1 + 10)/2$"[11] より 5.5 という結果になりますが、整数型の変数 mid には実数は代入できないので、小数点以下を切り捨てた整数値 5 が入ります。7 行目の選択処理では、中央の値（dt[mid]）と探す値（tgt）が一致するかを調べます。一致した場合には、一致した配列 dt の要素番号が入っている変数 mid の値を sw に代入します。一致しなかった場合には 9 行目に移動し、9 行目の "elseif" による選択処理で、探す値（tgt）が中央の値（dt[mid]）よりも大きいかを調べます。**elseif** とは、if での選択処理が No であった場合の移動先である else と、そこで更に選択処理を行う if を組み合わせた記述方法です。

　探す値 tgt が大きい場合は、中央よりも右側を探索することになるので、10 行目で、探索範囲の下限を示す変数 lo の値を中央（mid）より一つ大きい要素番号にします。探す値 tgt が大きくなかった場合は、11 行目の else に移動し、中央よりも左側を探索することになるので、12 行目で、探索範囲の上限を示す変数 hi の値を中央（mid）より一つ小さい要素番号にします。以上の処理を繰り返して 2 分割により探索する範囲を狭めていくと、最後は変数 lo と hi が同じ値となり、探索の範囲が一つの要素になります。この時、7 行目の選択処理で一致しなければ、探す値が見つからなかったことになります。ただ、その場合でも、10 行目又は 12 行目が実施されるので、下限であるはずの変数 lo の値が上限の hi の値よりも大きくなってしまうので、14 行目の選択処理が Yes になり、15 行目で探索に失敗したことを示す 0 を変数 sw に代入します。5〜16 行目は後判定繰返し処理なので、16 行目で、探索に成功した場合又は失敗した場合、変数 sw は −1 以外の値になっているので、どちらの場合も、この繰返し処理を終了します。そして、18〜22 行目で、変数 sw が 0 以上、即ち探索に成功した場合は、sw に代入されている見つかった要素番

11　プログラミング言語では、一般的にかけ算は "*" を、割り算は "/" の記号を使うので、図 14.17 でも同様の記号を使っていますが、情報処理技術者試験の疑似言語では "×" と "÷" を使います。

第 14 章　システム開発とアルゴリズム

```
行番号  | 擬似言語での表現 |
1    整数型の配列 : dt ← {8, 10, 15, 21, 28, 37, 43, 49, 55, 60}
2    整数型 : sw ← -1, lo ← 1, mid, hi ← dtの要素数          ┐ swは探索結果
3    tgtに探索の値を入力                                      } loは範囲の下限
4                                                            ┘ hiは範囲の上限
5    do
6        mid ← (lo+hi)/2
7        if(tgt=dt[mid])                    ┐ 見つかった場合
8            sw ← mid                       ┘
9        elseif(tgt>dt[mid])                ┐ 右側にある場合
10           lo ← mid+1                     ┘
11       else                               ┐ 左側にある場合
12           hi ← mid-1                     ┘
13       endif
14       if(lo>hi)                          ┐ 見つからなかった場合
15           sw ← 0                         ┘
16   while(sw=-1)
17
18   if(sw>0)                               ┐
19       swの値と"番目に見つかりました"と出力する  │
20   else                                    } 結果の出力
21       "見つかりませんでした"と出力する         │
22   endif                                  ┘
```

図 14.17　二分探索の擬似言語での表現

号を出力します。そうでない場合、即ち、変数 sw の値が 0 で失敗した場合は、見つかりません
でしたと出力します。

14.3.4　計算量

　探索処理の例として線形探索と二分探索を説明しましたが、沢山のデータから目的の値を探索
する場合、どちらを使うとよいでしょうか。その判断の一つとして**計算量（時間計算量）**で優劣
を比較する方法があり、この時の計算量としては、処理が最も長くなった場合（最悪の場合）で
見積もった大雑把（おおざっぱ）な計算量（**オーダー**）を使って比較します。探索処理で最も長
くなるのは、途中では見つからずに最後の 1 個まで調べた時に計算量が最も長くなります。例え
ば、データが 100 個の場合で線形探索と二分探索を比較すると、次のようになります。

　線形探索で最も計算が長くなるのは、100 個のデータに対して、100 個全ての比較を繰り返し
た時です。ということは、線形探索では、N 個のデータがある場合の計算量は、N の個数に比例
します。この計算量を、オーダー記号 O を使って $O(N)$ と書きます。二分探索で最も計算が長
くなるのは、100 個のデータに対して、半分ずつに分割しながら調べていくので、2 分割を逆に
辿ると 1、2、4、8、16、32、64、128 となり 2 倍を 7 回繰り返した 2^7 の値のところで 100 個を
超えることから、少なくとも 7 回分割すれば最後の 1 個に辿り着くことがわかります。即ち、N
個のデータがある場合の計算量は、"$2^x = N$ となる x に比例"することがわかります。ここで、数
学の対数の記号である $\log$ を使うと、x は $x = \log_2 N$ という式で表せるので、この時のオーダー

242

を $O\left(\log N\right)$ と書きます[12]。以上のことから、探索するデータが整列されていた場合には、線形探索よりも二分探索の方が比較を繰り返す処理回数が少なく済むので、有効であるといえます。

　バブルソートの場合は、整列するデータが N 個だと、隣り合うデータの比較回数は、比較する範囲を一つずつ狭めながら繰り返すので、N − 1、N − 2、N − 3、…、3、2、1 となり、繰返し回数は N(N − 1)/2 となるのですが、オーダーは大雑把な計算量なので、N に比例する比較回数の繰返し処理を 2 重で行っていると捉えると、計算量は N^2 となり、オーダーは $O\left(N^2\right)$ となります。この時、$O\left(N^2\right)$ は非常に計算量の多いアルゴリズムという評価になります。従って、バブルソートは、アルゴリズムとしてわかりやすいのですが、実際の整列処理では、計算量が少なくて済むマージソートやクイックソートと呼ばれるアルゴリズムが使われます。

演習問題

問 1[13]　ソフトウェアライフサイクルを、企画、要件定義、開発、運用のプロセスに分けたとき、要件定義プロセスの段階で確認又は検証するものはどれか。

　　ア　システム要件とソフトウェア要件の一貫性と追跡可能性

　　イ　ソフトウェア要件に関するソフトウェア設計の実現可能性

　　ウ　ユーザや顧客のニーズ及び要望から見た業務要件の妥当性

　　エ　割り振られた要件を満たすソフトウェア品目の実現可能性

問 2[14]　システム開発のテストを、単体テスト、結合テスト、システムテスト、運用テストの順に行う場合、システムテストの内容として、適切なものはどれか。

　　ア　個々のプログラムに誤りがないことを検証する。

　　イ　性能要件を満たしていることを開発者が検証する。

　　ウ　プログラム間のインタフェースに誤りがないことを検証する。

　　エ　利用者が実際に運用することで、業務の運用が要件どおり実施できることを検証する。

問 3[15]　ブラックボックステストに関する記述として、適切なものはどれか。

　　ア　プログラムの全ての分岐についてテストする。

　　イ　プログラムの全ての命令についてテストする。

　　ウ　プログラムの内部構造に基づいてテストする。

　　エ　プログラムの入力と出力に着目してテストする。

12　対数は $\log_2 N$ というように、$\log N$ に底の 2 がついていますが、オーダー表記では、元々大雑把な量なので底をつけないで $\log N$ と表記します

13　平成 26 年度 春期 IT パスポート試験 問 26

14　平成 28 年度 春期 IT パスポート試験 問 43

15　令和 4 年度分 IT パスポート試験 問 45

問 4[16] ユーザの要求を定義する場合に作成するプロトタイプはどれか。

ア 基幹システムで生成されたデータをユーザ自身が抽出・加工するためのソフトウェア
イ ユーザがシステムに要求する業務の流れを記述した図
ウ ユーザとシステムのやり取りを記述した図
エ ユーザの要求を理解するために作成する簡易なソフトウェア

問 5[17] 要求分析から実装までの開発プロセスを繰り返しながら、システムを構築していくソフトウェア開発手法はどれか。

ア ウォータフォールモデル　　イ スパイラルモデル
ウ プロトタイピングモデル　　エ リレーショナルモデル

問 6[18] アジャイル開発に関する記述として、最も適切なものはどれか。

ア 開発する機能を小さい単位に分割して、優先度の高いものから短期間で開発とリリースを繰り返す。
イ 共通フレームを適用して要件定義、設計などの工程名及び作成する文書を定義する。
ウ システム開発を上流工程から下流工程まで順番に進めて、全ての開発工程が終了してからリリースする。
エ プロトタイプを作成して利用者に確認を求め、利用者の評価とフィードバックを行いながら開発を進めていく。

問 7[19] 流れ図で示す処理を終了したとき、x の値はどれか。

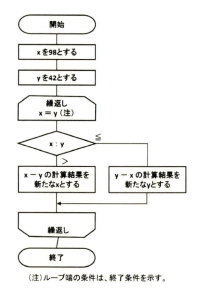

(注)ループ端の条件は、終了条件を示す。

---

16 平成 28 年度 春期 IT パスポート試験 問 49
17 平成 23 年度 秋期 基本情報技術者試験 午前 問 50
18 令和 6 年度分 IT パスポート試験 問 40
19 令和 4 年度分 IT パスポート試験 問 79

14.3 代表的なアルゴリズム

ア 0 イ 14 ウ 28 エ 56

問8[20] 関数 sigma は、正の整数を引数 max で受け取り、1 から max までの整数の総和を戻り値とする。プログラム中の〔 a 〕に入れる字句として、適切なものはどれか。

〔プログラム〕

```
○整数型：sigma（整数型： max）
 整数型：calcX ← 0
 整数型：n
 for（n を 1 から max まで 1 ずつ増やす）
   [ a ]
 endfor
 return calcX
```

ア calcX ← calcX × n   イ calcX ← calcX ＋ 1

ウ calcX ← calcX ＋ n   エ calcX ← n

問9[21] 配列に格納されているデータを探索するときの、探索アルゴリズムに関する記述のうち、適切なものはどれか。

ア 2 分探索法は、探索対象となる配列の先頭の要素から順に探索する。

イ 線形探索法で探索するのに必要な計算量は、探索対象となる配列の要素数に比例する。

ウ 線形探索法を用いるためには、探索対象となる配列の要素は要素の値で昇順又は降順にソートされている必要がある。

エ 探索対象となる配列が同一であれば、探索に必要な計算量は探索する値によらず、2 分探索法が線形探索法よりも少ない。

問10[22] 昇順に整列された n 個のデータが配列に格納されている。探索したい値を 2 分探索法で探索するときの、およその比較回数を求める式はどれか。

ア $\log_2 n$ イ $(\log_2 n + 1)/2$

ウ n エ n^2

---

20 令和 5 年度分 IT パスポート試験 問 64 一部表現を変更

21 令和 5 年度分 IT パスポート試験 問 69

22 平成 21 年度 春期 基本情報技術者試験 午前 問 7

第15章

AI・データサイエンスと
データ利用

この章では、①人工知能（AI）の発展とAIに
よって行われている代表的な処理、② AIの処理
精度を高めるためにAIがデータから学習する方
法の種類、③データの特性からの分類と有効な
データを収集する方法、④データを視覚的に分析
するためのグラフの種類とその利用方法、⑤デー
タの特性を表す統計的な値の種類と計算方法、⑥
著作権や個人情報等、データを利用する時に留意
すべき点について、これら六つの学びを深めてい
きます。

15.1 AI技術

15.1.1 AIの概要

(1)AIと生成AIについて

図1.14でも示したように、AIが米国のクイズ番組で優勝したり、日本では将棋のプロ棋士に勝利したりするといっためざましい能力を発揮するようになってきました。ただ、現代のAIの技術が、いきなり登場したわけではなく、次に示すように[1]古くは1950代後半からAI開発の取組みが始まり、第一次、第二次というAIブームの盛り上がりと、その間のブームの衰退といった非連続的な進化のもと、現在の第3次といわれる技術に到達しました。

- 第一次（1950年代後半〜1960年代）：人間の推論や探索する道筋を、コンピュータで処理できる手順（アルゴリズム）として表現して答えを導き出すという方法

- 第二次（1980年代〜1990年代前半）：「もし○○であれば、□□である」といった記述で知識を表現して、その知識のデータベースから適切な答えを推論する**エキスパートシステム**といわれる方法

- 第三次（2000年代後半〜現在）：人間の脳神経の繋がりを模した**ニューラルネットワーク**と呼ばれる仕組みを使い、その繋がりの階層を深くした**深層学習**（ディープラーニング）と呼ばれる構造を使って、学習させて答えを導き出す方法

第三次である現在のAIは、インターネット上にあるビッグデータを深層学習によって学習することで、回答能力を著しく向上させました。人間の脳に蓄積できる記憶量を、コンピュータのデータ量で換算すると2.5ペタバイト相当といわれています。それに対して、インターネット上にあるデータ量は2020年時点で59ゼタバイト[2]を超えているといわれており、2千万倍以上の開きがあります。これをらのビッグデータは更に増大し、そのデータを使ってAIが高速に学習することを考えると、AIの学習能力が更に向上することは想像に難くありません。

事実、AIの技術を使ったAIシステムの実用化は既に始まっています。例えば、図15.1に示すように、人の音声を認識（音声認識）し、その言葉を分析（自然言語処理）し、その言葉の内容に合った文書や画像の情報を検出（画像認識、テキスト検出）し、その結果を基に人間と対話するといった、AI関連の技術を複数組み合わせることで、人間のコンシェルジェに代わって旅行者支援を行うという**AIサービス**も考えられます。AIサービスを実用化するために必要な、代表的なAIを使った処理を次に示します。

- **自然言語処理**（NLP：Natural Language Processing）：言語データをコンピュータに理解させるための処理で、これまでは、文書を単語や品詞に分解し、用意した辞書や文法の情報から文書を理解させるという技術（形態素解析）が使われてきました。現在は大量の言語データをディープラーニングによってコンピュータに学ばせるという、**大規模言語モデル**（**LLM**：Large Language Models）によって自然言語を理解させるという方法が主流になっ

1　松尾豊：『人工知能は人間を超えるか』KADOKAWA（2015），PP.52-53を参考。

2　ゼタ（Z）は、10^{21}のSI接頭辞で1兆×10億の大きさである10垓となります。

ています。

- **画像処理**：画像処理には画像認識と画像生成の二つがあり、**画像認識**は、画像がもっている意味の理解や、画像の中に写っているものを検出する処理で、画像の中の物や人、テキスト等を検出し、それらが何であるのか、テキストであれば何の文字であるのかを認識します。更に、同じ人の顔を検出するといったことも行います。**画像生成**では、言葉で説明した画像を作ってくれるという生成 AI を使った処理が進んでいます。どちらの処理もディープラーニングを取り入れることで処理精度が高まってきています。

- **音声処理**：人の音声を文書に置き換えるという**音声認識**と、逆に、文書を音声に置き換えるという**音声合成**があります。どちらの処理もディープラーニングを取り入れることで処理精度が高まっています。また、これらの処理を応用して、声の調子から話し手の感情を推定する感情認識、流れている音楽を識別する楽曲認識等もあります。

図 15.1　AI 技術を組み合わせて AI サービスのイメージ

(2) 生成 AI とその向き合い方

　AI サービスとして、生成 AI が広く知られたのは、第 1 章で紹介したように、OpenAI が開発した ChatGPT の発表でした。大規模言語モデルを使った会話型の AI サービスで、文書で質問（**プロンプト**）すると、人間が書いたのではと思えるほど自然な文書で回答することで、世界を驚かせました。現在では、ChatGPT 以外にも多くの生成 AI のサービスが提供されており、文書の他に、画像生成のサービスも普及してきています。生成 AI は、自然言語での回答以外に、図 15.2 に示すように、プログラミング言語を使ってプログラムも作ってくれます。

　事実、プログラミング授業の課題をプロンプトで生成 AI に入力すると、いとも簡単に結果のプログラムを回答します。ここで、プログラムを勉強している学生が、問題がわからないからといって、生成 AI を使って課題を提出したとしたらどうでしょうか。その学生は AI の結果の正しさを自分では判断できていないので、AI のいうことを鵜呑みにしたことになります。これでは、人間らしい知的活動を自分で放棄してしまったことになります。AI はあくまでもデータを起点としたものの見方であり、具体的な事実等のデータから一般的なルールを導き出して推論する**帰納法**と呼ばれる方法によって結果を導いています。従って、ビッグデータや AI を使う場合、次のようなことを念頭に置く必要があります。

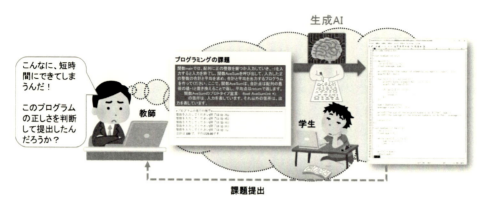

図 15.2　生成 AI をどう使うか？

- ビッグデータによる予測は、過去から現在までに発生したデータを基にしたものであり、真の未来を予測しているわけではありません。
- AI が学習するビッグデータ等の情報の中には、間違った情報が入っている可能性もあり、AI は情報を理解して学習しているわけではないので、そこから導き出される結果が常に正確であるとは限りません[3]。

即ち、AI が導き出した結果には、**ハルシネーション**（Hallucination）と呼ばれる誤情報が含まれることがあります。また、生成 AI を使えば、画像や動画、音声をある人物の顔写真を用いて、その人物が実際に行っていない場所の写真や動画を作る（**ディープフェイク**）こともできます。これを悪用すれば、犯罪に繋がります。よって、驚異的な能力をもつ AI と共存していくには、AI が導き出す結果を判断し、どのように利用することが有益で適切かを考えることのできる知的活動が重要になっています。

15.1.2　機械学習とディープラーニング

(1) 機械学習とは

　AI システムにデータを与えて学習させる手法のことを**機械学習**といいます。機械学習には、次に示す代表的な三つの手法があります。

- **教師あり学習**：既に正解がわかっているデータ（教師データ）を用いて、入力データから正解を導き出すためのパターンやルールといった特徴を学習させ、未知のデータに対しても予測できるようにする手法です。予測には、画像データから犬なのか猫なのかを予測するといった、データから何であるかを予測する分類と、天候からアイスがいくらくらい売れるかを予測するといった、データから数値を予測する**回帰**といった種類があります。
- **教師なし学習**：教師データを用いないで、与えられたデータから答えを導き出すパターンやルールを自動で見つけ出して、予測できるようにする手法です。答えのないデータから正解

---

[3]　大阪大学全学教育推進機構教育学習支援部：「生成 AI に関する注意点」、
https://www.tlsc.osaka-u.ac.jp/project/generative_ai/important_point.html

を導き出す方法としては、データの中から似かよった特徴のものをグループ化して特徴を見つけ出す**クラスタリング**という方法や、沢山の属性をもつデータから、可能な限り少ない属性でデータの特徴が維持できる新たな属性を導き出す**次元削減**といった方法があります。

- **強化学習**：学習する前提となる条件（環境）を与え、その中で AI に試行錯誤させ、その行動がうまくいった具合に合わせて報酬を得られるようにし、得られる報酬が最大化するような行動を導き出し、予測できるようにする手法です。例えば、地図が与えられて、その地図上で目的地に到達するルートを試行錯誤しながら探し、距離が短くなるほど高い報酬を得られるような学習を繰り返すことで、最短ルートの探し方を学ぶといった学習です。

(2) ディープラーニングとは

　ディープラーニングは、図 1.14 の右側に示したように、人間の神経網をモデルにした機械学習のモデルです。具体的には、図の中に沢山ある丸（ノード）の一つずつは神経細胞を模倣したもので、それらが階層的に並び、ノードは前後の階層のノードと線（エッジ）で繋がっています（図 15.3 の左側）。そして、データを読み込ませる入力層と結果を出力する出力層と、その間に中間層（隠れ層）があります。この構成をニューラルネットワークといい、特に、中間層の階層の数を多くした構成のものを使って学習させる方法を**ディープラーニング**といいます。

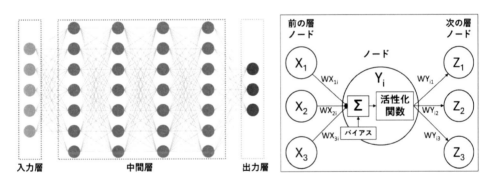

図 15.3　ニューラルネットワークとノードの関連

　図 15.3 の右側は、一つノードと前後の層のノードとの関係を示した図です。ノード Y_i には、前の層にノード X_1、X_2、X_3 があるとすると各値が各エッジを通って入力されます。この時、各値はそのまま入力されるのではなく WX_{1i}、WX_{2i}、WX_{3i} という重みをかけた値が入力され、それらと Y_i がもつバイアスと呼ばれる値を合計した結果が Σ になります。例えば、X_1、X_2、X_3 の値が 0.1、0.2、0.4、重みの WX_{1i}、WX_{2i}、WX_{3i} が 2、1、0.5、バイアスが 0.3 だったとすると、

$$\Sigma = 0.1 \times 2 + 0.2 \times 1 + 0.4 \times 0.5 + 0.3 = 0.9$$

のようになります。そして、この Σ の値を図に示すように活性化関数に入力して、最終的なノード Y_i の値を決定し、その値を次の層の $Z_1 \sim Z_3$ の各ノードに送ります。活性化関数には、例えば、Σ の値によって 0 又は 1 という結果を出力するものや、ある値を超えるまでは 0 で超え

れば Σ の値を出力するといった色々な特性をもった関数があり、学習の目的に適した関数を利用します。

このような仕組みを使い、ディープラーニングによる学習では、入力層から入力されたデータが、各ノードを通って、出力層のノードから出力された結果が、教師データの正解と一致するように、重みやバイアスの値を自動的に変化させながら、精度の高い結果が得られるように学習します。このように、ディープラーニングは教師データを使う学習なので、教師あり学習に分類させることがあります。ただ、これまでの教師あり学習は、学習するデータの中から特徴づける情報（**特徴量**）を設定するといった人間の介入がありますが、ディープラーニングでは、特徴量を自動で見つけること（**特徴量抽出**）ができるといった点に大きな違いがあります。この特徴により、ディープラーニングは機械学習を大きく進歩させました。反面、どのように結果を導き出しているのかがブラックボックス化してしまい、人が結果を予測できないといった問題もあります。

15.2　データサイエンスの基本

15.2.1　データの種類と収集

(1) データの種類

日常生活の中で色々なデータを取り扱っています。例えば、住所録や商品管理のためのデータベースのように、表形式の構造で整理したデータがあります。また、文書や写真、音声等のように、一見すると構造がわかりづらいデータもあります。前者を**構造化データ**、後者を**非構造化データ**といいます。そして、日常的な取扱いが圧倒的に多い後者のデータは、これまでコンピュータでの取扱いがあまり進んでいませんでしたが、AI によって活用が進んできています。

また、データの分類では、その特性から量的データと質的データに大別することができ、それらを更に、それぞれ二つの尺度水準で分類することができます。

質的データ

- 名義尺度：学部、血液型、地域のように、分類や区分のための尺度で、順序や大小の意味はない

- 順序尺度：等級、満足度、順位のように、順序には意味があるが、差（間隔）について明確な意味はない

量的データ

- 間隔尺度：西暦、日時、温度のように、順序と間隔には意味があるが、比率としての意味はない

- 比率尺度：長さ、重さ、金額のように、原点（0）があり、順序や間隔、比率について意味をもつ

質的データは**定性的データ**ともいわれ、分類としての意味をもつ**名義尺度**、順序としての意味

をもつ**順序尺度**として使えるデータに分けることができます。ただ、これらのデータに算術演算を適用しても意味はありません。量的データは**定量的データ**ともいわれ、順序や間隔としての意味をもつ**間隔尺度**と、それらに加えて比率としての意味をもつ**比率尺度**として使えるデータに分けることができ、これらのデータには算術演算を適用することができます。後に示した尺度としての意味をもつデータほど、分析しやすいデータといえます。

(2) データの収集

　問題を解決するためにデータを収集した場合、その目的に沿って自らが集めたデータを**一次データ**といい、別の目的で既に集められている自分又は外部の機関等が集めたデータで利用できるものを**二次データ**といいます。そして、収集する方法別にデータを分類すると、次のようになります。

- **調査データ**：目的に沿った問を作って、対象とする人にアンケートやインタビューによって直接回答してもらう方法で集めたデータです。対象者全てに聞く全数調査と、対象者から適切な人数を選んで答えてもらう標本調査があります。代表的な全数調査に、日本の全世帯を対象に行う国勢調査があります。

- **実験データ、観察データ**：結果に影響する要因を見つけ出すため、関係のない要因からの影響を少なくした環境の下で、計画的に測定[4]して集めたデータが実験データで、例えば、実験設備の中で行う化学実験や物理実験によって収集したデータです。手を加えない自然な環境の中で起こっている現象を観察して、結果に関連する要因を見つけるために集めたデータが観察データで、例えば、気象観測や交通量調査等で収集されるデータです。

- **ログデータ**：出来事とそれが起こった時刻を時系列に記録して蓄積したデータがログデータで、例えば、コンピュータに対して行われた操作やデータのやり取りを時系列で記憶したデータです。Web を使ったショッピングサイトでは、Web サーバのログデータとして、どの顧客がどんな商品情報を検索し、どんな商品を購入したかといったデータが蓄積されます。

- **オープンデータ**：データがインターネット等に公開され、特定の利用条件にしたがえば使用することが許されるデータです。図 15.4[5]に示すように、国や地方自治体が収集したデータは公開されているものが多く、二次データとして利用することができます。

　ところで、Web からデータを収集する方法として、Web スクレイピングと WebAPI を使う方法があります。**Web スクレイピング**には、プログラムを作って行う方法と、Web スクレイピングのサービスやツールを利用する方法があり、これを使うと Web 上から必要なデータを自動的に短時間で大量に収集することができます。ただ、この方法の場合、Web 上のデータの利用条件を無視して集めてしまうという問題点があります。**WebAPI** は、Google や Yahoo!等の検索サイトや、X（Twitter）や Instagram 等の SNS サイトに用意されており、これを使うことで、各サイトがもっているデータを使って収集することができます。この方法の場合は、各サイトが

4　計画的な測定とは、フィッシャーの 3 原則である反復、無作為化、局所管理という原則の下で実施することを指します。

5　出典：統計ダッシュボード、https://dashboard.e-stat.go.jp/

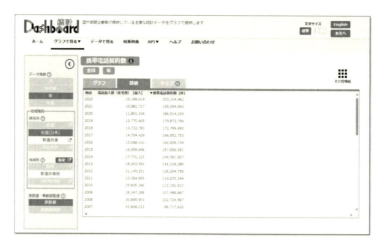

図 15.4　オープンデータの例（統計ダッシュボード）

二次データとしての利用を認めているものを収集します。

　また、データを収集した時、例えば、日々のデータの中である日にちのデータだけが抜けている等、一部のデータが欠けてしまった**欠損値**が発生することがあります。このような場合、欠損したまま分析する場合と、欠損値を補って分析する場合があります[6]。

(3) データの選択

　国勢調査のように、全ての調査対象（**母集団**）からデータを集める**全数調査**は、母集団の数が多いと調査が大変になります。そのため、母集団から一部の対象を選び、母集団の特徴を推定する**標本調査**があり、選び出された対象を**標本**といい、選び出すことを**標本抽出**といいます（図 15.5）。

図 15.5　母集団からの標本抽出のイメージ

　ただ、選び出した標本に偏りがあると、うまく母集団の特徴を推定することができません。例えば、複数の工場で同じ製品を作っている時、その品質を調べるのに、一つの工場を選んでその工場の製品から標本抽出するといった方法だと、選んだ工場の品質に偏った調査になってしまいます。そのため偏りのない標本抽出が必要であり、代表的な方法として次に示す標本抽出法があります。

6　補う方法としては、例えば、その他のデータの平均値や中央値といった統計値を使った補完方法があります。

- **単純無作為抽出法**：母集団から対象をくじ引きで選ぶ等、主観が入らないように無作為に標本を選び出す方法です。

- **系統抽出法**：母集団に含まれる全ての対象に番号をつけ、例えば、10 番おきに対象者を選び出すという方法です。

- **多段抽出法**：母集団を幾つかの階層に分けて、各階層から無作為に標本を選び出すという方法です。例えば、全国の大学生に対する調査を行う場合、大学を無作為に選び、選んだ大学の中の学部を無作為に選び、その中の学生を無作為に選ぶといった方法です。

- **層化抽出法**：対象が重ならない層に分け、層に含まれる割合に応じて、その層から無作為に標本を選び出すという方法です。例えば、ある大学で意識調査をする時、その大学での男女比が 6：4 の場合、同じ割合で学生を無作為に選ぶといった方法です。

- **クラスター抽出法**：母集団を小集団（クラスター）に分け、その中から無作為に小集団を選び、選んだ小集団に対して全数調査を行うという方法です。例えば、全国の小学生の身長を調査する場合、幾つかの小学校を無作為に抽出し、選んだ小学校について全数調査をする方法です。

15.2.2　データの分析

(1) 可視化による分析

　収集したデータを分析する場合、数値を直接眺めているだけでは、その特徴を見つけ出すことは難しいため、グラフを使って視覚化することで、データの傾向や違い等の特徴を見つけやすくします。例えば、区分としての意味しかない名義尺度のデータについては、各区分に該当する頻度（**度数**）によりグラフ化します。データをグラフ化する場合には、データの特性によって利用するグラフの種類を使い分ける必要があります。代表的なグラフの種類とそれらのグラフに適した利用方法を次に示し、グラフの利用例を図 15.6[7]に示します。

- **棒グラフ**：図 15.6 の①のように、離散的なデータについて、棒の長さによって、一定間隔での数値の変化や異なる項目間での違いを表すに適しています。図から、東京の最高気温が 25 ℃以上の日数は、2003 年より 2013 年と 2023 年で多くなっていることがわかります。

- **折れ線グラフ**：②のように、連続的なデータについて、折れ線の高さの変化により、一定間隔での数値の変化や異なる項目間での変化の違いを表すことに適しています。図から、那覇と比べると東京の 1 年間の寒暖差は大きく、夏の平均気温はほぼ同じであることがわかります。

- **円グラフ**：③のように、複数のデータ区分について、各区分が全体の中で占める割合（**相対度数**）の違いを表すのに適しています。図から、東京の最高気温が 30 ℃を超える日数は、1 年間の約 1/4 であることがわかります。

- **帯グラフ**：④のように、複数のデータ区分について、各区分が全体の中で占める相対度数の違いと、異なる項目間での相対度数の違いを表すのに適しています。図から、2003 年と比べて 2023 年は、30 ℃以上の日数の割合が増えていることがわかります。

7　気象庁：「過去の気象データ検索」，https://www.data.jma.go.jp/stats/etrn/index.php を参照。

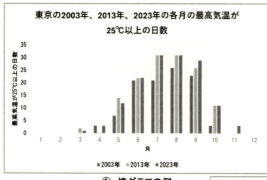
① 棒グラフの例

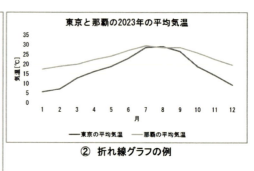
② 折れ線グラフの例

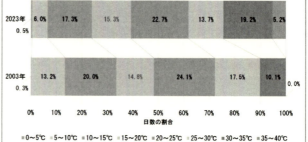
④ 帯グラフの例

③ 円グラフの例

⑥ レーダーチャートの例

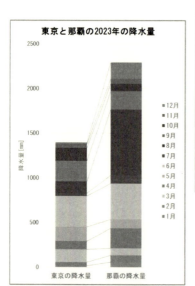
⑤ 積上げ棒グラフの例

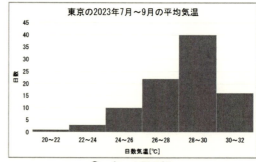
⑦ パレート図の例

図 15.6　代表的なグラフの使用例

- **積上げ棒グラフ**：⑤のように、離散的なデータについて、データを積み上げ、棒の長さによって、一定間隔毎のデータが占める割合と、異なる項目間での違いを表すことに適しています。図から、1年間の降水量は東京より那覇の方が多く、特に、8月の降水量の多いことがわかります。

- **レーダーチャート**：⑥のように、図形の形によって、複数の指標のバランスと、異なる項目間でのバランスの違いを表すことに適しています。図から、鳥取と比べて東京と沖縄では65歳以上の占める割合が低く、沖縄は出生率が高く、東京は転入率が高いことがわかります。

- **ヒストグラム**：⑦のように、データを一定間隔で区分し、区分を横軸に取り、各区分に含まれるデータの度数を縦軸に取って、棒の長さによって、どの区分の度数が多いかを表すのに適しています。ヒストグラムの場合、棒の間を空けないで記述します。図から、東京の7月〜9月は、最高気温が28〜30℃（28℃を超え30℃以下）の日数が一番多いことがわかります。

(2) 代表値による分析

データの特徴を特定の数値で表す場合、一連のデータの集まり（**データセット**）を代表する値（**代表値**）で表す方法と、データのばらつき（分布）を示す値で表す方法があり、これらの値は統計による計算方法によって求めるので、**記述統計量**といいます。代表値には次に示すものがあり、図15.7の上側の表に示す気温のデータセットを使って各代表値の例を示します。図の下側の表は、気温を昇順に整列したもので、各代表値の位置を示しています。

- **平均値**：データセット内の値の合計をデータ数でわった値で、データセット内での中心的な値です。このデータセットの合計は803.3で、データ数は30なので、平均値は約26.78になります。

- **最大値、最小値**：データセットの中での最大の値と最小の値です。このデータセットの最大値は29.7で、最小値は21.9になります。

- **中央値**：データセットの値を整列した時の中央に位置する値です。データ数が偶数の時は、中央に位置する値が二つあるので、このデータセットの場合は、昇順に整列した表の15番目

9月1日	9月2日	9月3日	9月4日	9月5日	9月6日	9月7日	9月8日	9月9日	9月10日
29.7	29.7	29.3	27.3	29.4	26.2	26.9	22.1	25.3	28.6
9月11日	9月12日	9月13日	9月14日	9月15日	9月16日	9月17日	9月18日	9月19日	9月20日
28.6	28.3	28.3	28.8	28.3	28.7	28.7	29.0	29.2	27.2
9月21日	9月22日	9月23日	9月24日	9月25日	9月26日	9月27日	9月28日	9月29日	9月30日
25.2	25.3	22.3	21.9	22.0	23.6	25.1	26.5	26.9	24.9

⬇ 気温を昇順に整列

1	2	3	4	5	6	7	8	9	10	11	12	13	14	15
21.9	22.0	22.1	22.3	23.6	24.9	25.1	25.2	25.3	25.3	26.2	26.5	26.9	26.9	27.2
16	17	18	19	20	21	22	23	24	25	26	27	28	29	30
27.3	28.3	28.3	28.3	28.6	28.6	28.7	28.7	28.8	29.0	29.2	29.3	29.4	29.7	29.7

図 15.7　熊谷市の2023年9月の日平均気温（℃）のデータセットと昇順データ

の 27.2 と 16 番目の 27.3 の中間の値 $(27.2 + 27.3) \div 2$ である 27.25 が中央値になります。
- **最頻値**：データセットの中で、繰り返し現れる同じ値の中で一番多い値です。データセットの中で 28.3 の値が 3 個あり、一番多く現れているので、最頻値は 28.3 になります。

代表値の開き具合を視覚的に表すグラフに**箱ひげ図**があります。図 15.8 の箱ひげ図は、図 15.7 に示す気温のデータセットの代表値を元にグラフで表したものです。箱ひげ図の中央の縦線（ひげ）の上下についた横棒で、最大値 (29.7) と最小値 (21.9) を表します。箱ひげ図の中央の四角（箱）は、その上底と下底で、第 3 四分位数と第 1 四分位数を表し、四角内の横線で中央値 (27.25)、× 印で平均値（約 26.78）を表します。第 1 四分位数は、データセットを昇順に整列した時の下から 4 分の 1 の場所に位置する値で、図 15.7 では 7 と 8 番目の 25.1 と 25.2 が該当する値であり、$25.1 \times 0.25 + 25.2 \times 0.75$ の計算より 25.175 となります[8]。第 3 四分位数は、4 分の 3 の場所に位置する値で、23 と 24 番目の 28.7 と 28.8 が該当する値なので、$28.7 \times 0.75 + 28.8 \times 0.25$ の計算より 28.725 となります。この箱ひげ図では、四角の位置が全体的に最大値に寄った位置にあることから、データセットの値が上の方に集まっていることがわかります。

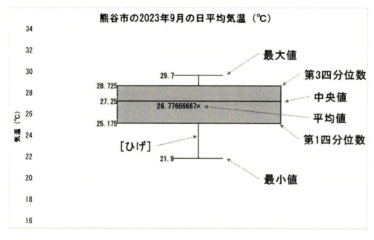

図 15.8　箱ひげ図の例

ところで、第 3 四分位数から第 1 四分位数をひいた値を四分位範囲（図の例では、$28.725 - 25.175 = 3.55$）といい、第 3 四分位数に四分位範囲の 1.5 倍をたした値（$28.725 + 3.55 \times 1.5 = 43.0875$）より大きい値と、第 1 四分位数から四分位範囲の 1.5 倍をひいた値（図の例では、$25.175 - 3.55 \times 1.5 = 19.85$）より小さい値は、他のデータから極端に外れた値（**外れ値**）として、データの分析から除外することがあります。

---

[8] ここでの第 3 四分位数と第 1 四分位数の求め方は、Excel の計算方法の場合で、文部科学省が推奨する方法や図の考案者の方法など、若干異なる求め方があります。

(3) 分散と標準偏差による分析

　代表値には、データセット内の中心的な値を知ることのできる尺度（指標）でした。それに対して、中心のデータ（平均値）から他のデータが、どれほどばらついているかを知る指標に、分散と標準偏差があります。例えば、東京と那覇の 2023 年の月平均気温について、図 15.6 の②の折れ線グラフより、那覇よりも東京の寒暖差が大きいことがわかりました。この変化の違いを、分散と標準偏差を使うことで、数値によって比較することができます。表 15.1 は、東京と那覇の年平均気温と月平均気温を示しています。

表 15.1　　2023 年の東京と那覇の年平均気温と月平均気温

	年平均	1月	2月	3月	4月	5月	6月	7月	8月	9月	10月	11月	12月
東京	17.6	5.7	7.3	12.9	16.3	19.0	23.2	28.7	29.2	26.7	18.9	14.4	9.4
那覇	23.8	17.5	19.0	20.0	22.5	24.3	27.2	29.6	28.6	28.7	26.0	22.6	19.7

　表のデータより、東京の年平均気温に対して月平均気温がどれほどばらついているかを示す**分散**を求める式[9]は、次のようになります。この式では、各月の平均から年平均をひくことで、月平均と年平均の開き（**偏差**）を求め、各偏差を二乗した 12 ヶ月分の値を合計し、その結果を 12 でわることで、分散を求めます[10]。

$$\frac{(5.7 - 17.6)^2 + (7.3 - 17.6)^2 + (12.9 - 17.6)^2 + (12.9 - 17.6)^2 + (16.9 - 17.6)^2 + \cdots + (9.4 - 17.6)^2}{12}$$
$$\fallingdotseq 60.38$$

　計算結果より、東京の気温の分散は約 60.38 となります。那覇の気温に対して同様の計算を行うと、那覇の分散は約 16.20 となり、分散の値が大きい東京の気温の方が、広い範囲に分布していることがわかります。ただ、この値は二乗しているため、実際の分布の違いよりも大きな数値となっているので、分散の値の平方根を求めた**標準偏差**が使われます。一般的に、標準偏差は記号 σ（シグマ）で表し、分散は σ^2 で表します。東京と那覇の標準偏差は次の計算式により、約 7.77 と約 4.03 になります。

　　東京の気温の標準偏差：$\sqrt{60.38} \fallingdotseq 7.77$、那覇の気温の標準偏差：$\sqrt{16.20} \fallingdotseq 4.03$

　ところで、自然現象や人間の身長、成績等のデータを多く集めると、平均値を中心に左右対称にデータが分布する釣り鐘型をした曲線の**正規分布**というグラフに近づくといわれています。例えば、日本全国の小学 1 年男子児童の身長を調査[11]した結果をグラフ化したものが、図 15.9 の左側です。この図から、小学 1 年男子児童の身長の割合を示したヒストグラムと、調査データの平均値と標準偏差から描いた正規分布の曲線とがかなり一致していることがわかります。このようにデータ分布が正規分布に適合する場合がよくあります。表 15.8 に示した東京と那覇の気温データ数を多く集めた時、もし、それらの気温も正規分布に適合したとすると、二つの平均と標

9　　計算式が長くなるので、途中の 5 月〜11 月の計算部分を省略しています。

10　　偏差を二乗するのは、偏差がプラスとマイナスの値のままで合計すると、値が相殺されてゼロになってしまい、全体の開き具合がわからなくなってしまうことを避けるためです。

11　　「学校保健統計調査 平成 15 年度　身長の年齢別分布 (‰)」https://www.e-stat.go.jp/dbview?sid=0003040040

準偏差の違いを正規分布によって視覚的に表すと図 15.8 の右側のようになります。この図から、標準偏差の 7.77 と 4.03 とでは、分布の偏りに大きな違いのあることがわかります。

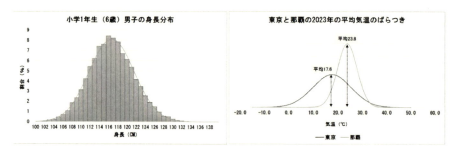

図 15.9　正規分布で表した標準偏差による違い

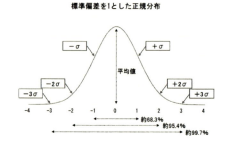

図 15.10　正規分布の特徴

　データ分布を正規分布として捉えることができる場合には、その正規分布を、図 15.10 に示す平均が 0 で標準偏差（σ）が 1 の正規分布（**標準正規分布**）に合わせるように変換して、データ分析を行います。図に示すように、$-\sigma \sim +\sigma$ の間には約 68.3% のデータが含まれ、$-2\sigma \sim +2\sigma$ の間には約 95.4% のデータが含まれ、$-3\sigma \sim +3\sigma$ の間には約 99.7% が含まれることがわかっており、この性質を使って、学力試験の指標（学力偏差値）等に利用されています。

(4) 相関による分析

　データの分布の様子を示すグラフに**散布図**（相関図）があります。図 15.11 に示す二つのグラフが散布図の例で、データがもつ二つの尺度（変数）を縦軸と横軸にとり、各データを描画した点のばらつきによって、二つの変数の関連性を表します。図 15.11[12]の左側は、東京の最高気温（縦軸）とアイスクリームの購入費用（横軸）を示したグラフで、点の分布の一方が増加するともう一方も増加する傾向にあり、この関係性を**正の相関**といいます。逆に、右側のグラフは、月の平均気温（横軸）が下がると月の降雪量（縦軸）が増える傾向があり、この関係性を**負の相関**といいます。ただ、右のグラフは左のグラフより点のばらつきが多いので、相関は若干弱いように見えます。点のばらつきにおいて、縦軸と横軸の関係性が全く見られない場合は**無相関**とい

12　e-Stat:「家計調査」, https://www.e-stat.go.jp/、気象庁:「過去の気象データ検索」, https://www.data.jma.go.jp/stats/etrn/index.php を参照。

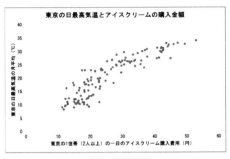
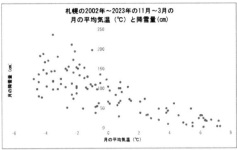

図 15.11　散布図の例

います。

　相関の強さを測る指標に**相関係数**があります。この係数は、−1〜1 の間の値をとり、マイナスは負の相関を表し、プラスは正の相関を表し、絶対値（符号情報のない値）が 1 に近いほど強い相関であることを表します。絶対値の大きさによって、一般的に図 15.12 の左側の表のように評価します。図 15.12 の左側の気温とアイスクリームの相関係数は約 0.904 なので、強い正の相関があり、右側の降雪量と気温の相関係数は約 −0.795 なので、強い負の相関があるといえます。相関係数は、図の右側の式に示すように、例えば、アイスクリームの購入費を X_i、気温を Y_i とすると、分子は、X_i から X の平均値をひいた値と Y_i から Y の平均値をひいた値をかけた値の合計をデータの個数でわった値で、この値のことを**共分散**といいます。分母は、X の標準偏差と Y の標準偏差をかけた値で、この値で、分子の共分散の値をわった値が相関係数になります。

相関係数の絶対値	解釈の目安
0.0〜0.2	ほとんど相関関係がない
0.2〜0.4	やや相関関係がある
0.4〜0.7	かなり相関関係がある
0.7〜1.0	強い相関関係がある

相関係数の計算式

$$\frac{((X_1-\overline{X}) \times (Y_1-\overline{Y}) + (X_2-\overline{X}) \times (Y_2-\overline{Y}) + \cdots + (X_n-\overline{X}) \times (Y_n-\overline{Y})) \div n}{(Xの標準偏差) \times (Yの標準偏差)}$$

図 15.12　相関係数の解釈の目安と計算式

　ところで、気温とアイスクリームには正の相関があることがわかりました。同様に、気温が上がると水難事故の件数も増えるので正の相関があります。この二つの相関から、アイスクリームの購入費が増えると水難事故の件数も増えるので正の相関あるともいえそうです。しかし、アイスクリームと水難事故は、どちらも温度が上昇することに関係しているので、相関があるように見える（擬似相関）だけで、因果関係はありません。アイスクリームと水難事故の関係は、それ以外の気温という変数によって影響されているので、この時の気温のような変数のことを**交絡因子**（こうらくいんし、交絡変数）といいます。

15.3 データ利用の留意点

15.3.1 著作権

　生成 AI を利用することで、新聞記事を読み込ませて、記事の内容を加工したり要約したりすることや、ある特定の作家の小説を読み込ませて、その作家風の新たな小説を作成するといったことが可能になってきました。しかし、人が思想又は感情を創作的に表現したもので、文芸、学術、美術又は音楽の範囲に属するものは**著作物**であり、それを作成した人には**著作権**が発生します。よって、新聞記事や小説を無断で生成 AI に読み込ませて利用することは、著作権を侵害する恐れがあると問題視されています。著作権では、図 15.13 に示すように、著者自身に著作財産権と著作人格権が認められています。また、本人ではなく、著作物を広めることに努力した人にも著作隣接権が認められています。そして、日本の著作権は無方式主義なので誰もが作成した時点で発生し、その人の死亡の翌年から 70 年間継続します。SNS 等に書かれた文書にも権利が発生し、逆に、SNS に他人の著作物を無断で掲載すると著作権を侵害する可能性があります。従って、AI でのデータ（画像や文書等）の利用についても、著作権に留意する必要があります。

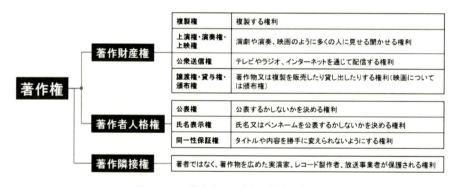

図 15.13　著作権の代表的な権利の概要

　その点、オープンデータについては、指定された条件にしたがえば、比較的自由に利用することができます。例えば、国土交通省都市局が著作権を有する PLATEAU プロジェクトの都市の 3D 地図データ[13]は、オープンデータとして出典を記載すれば自由に利用することを認めています。また、日本政府の統計データを公表しているポータルサイトの e-Stat では、政府が収集した統計データを公開[14]しており自由に利用することができます。

　オープンデータの目安に、クリエイティブ・コモンズ・ライセンス（CC ライセンス）があります（図 15.14[15]）。これは、著者が自身の作品を他者に共有、使用、二次創作を認める場合に、使用条件を示すために利用され、何を認めるかを示すアイコンと記号が決まっています。

---

[13]　国土交通省：「PLATEAU プロジェクト」、https://www.mlit.go.jp/plateau/を参照。

[14]　公開されたデータについては、データのまとめ方に創作性がなければ著作権は発生しないので、e-Stat が公開する単純なデータについては、著作権は適用されません。

[15]　特定非営利活動法人コモンズフィア：「クリエイティブ・コモンズ・ライセンスとは」、https://creativecommons.jp/を参照。

PLATEAU プロジェクトの 3D 地図データの場合は "CC BY" となっており、このことから、作品のクレジット（氏名やタイトル等）を表示すれば、自由に使ってよいということがわかります。

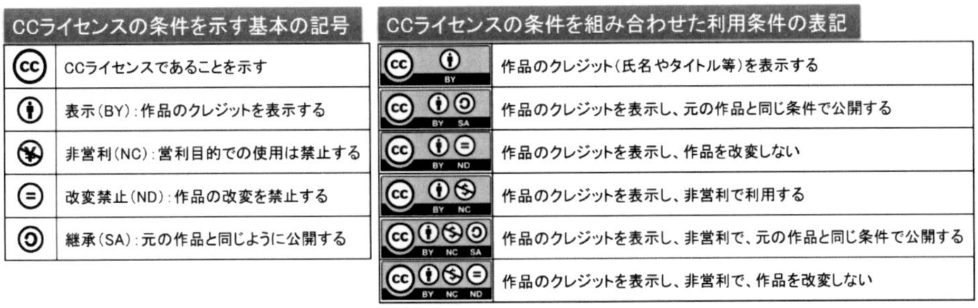

CCライセンスの条件を示す基本の記号		CCライセンスの条件を組み合わせた利用条件の表記	
(cc)	CCライセンスであることを示す	(cc) ① BY	作品のクレジット（氏名やタイトル等）を表示する
①	表示(BY)：作品のクレジットを表示する	(cc) ① ◎ BY SA	作品のクレジットを表示し、元の作品と同じ条件で公開する
(⊗)	非営利(NC)：営利目的での使用は禁止する	(cc) ① ⊜ BY ND	作品のクレジットを表示し、作品を改変しない
(⊜)	改変禁止(ND)：作品の改変を禁止する	(cc) ① ⊗ BY NC	作品のクレジットを表示し、非営利で利用する
(◎)	継承(SA)：元の作品と同じように公開する	(cc) ① ⊗ ◎ BY NC SA	作品のクレジットを表示し、非営利で、元の作品と同じ条件で公開する
		(cc) ① ⊗ ⊜ BY NC ND	作品のクレジットを表示し、非営利で、作品を改変しない

図 15.14　CC ライセンスの記号と概要

15.3.2　個人情報保護

　Web 等の閲覧履歴、ネットショッピングでの購買履歴、SNS での書き込み等のインターネット上のログデータから、その人の行動や興味、嗜好等を予測する**プロファイリング**と呼ばれる処理があります。この処理によって、その人の興味や嗜好に合わせた情報を提供するといった**パーソナライゼーション**を図ることができ、商品等の販売促進において有効な手段になっています。そして、今日、AI を使ったプロファイリング処理が進んできています。ただ、この処理で取り扱われる情報の中には個人情報や個人関連情報が含まれている可能性があります。**個人情報**とは、生存している人に関する情報で、氏名、生年月日、住所、顔写真等により特定の個人を識別できる情報のことです。そして、個人情報は**個人情報保護法**[16]によって、次に示すように、個人情報を保有する企業等の組織（個人情報取扱事業者）が守るべき事柄が規定されています。

- **利用目的の特定、目的外利用の制限**：取り扱う個人情報は、その利用目的を特定し、その目的を超えて利用してはいけない。

- **利用目的の通知**：個人情報を取得する場合には、利用目的を通知・公表しなければならない。

- **安全管理措置、従業者・委託先の監督、漏えい報告**：コンピュータで利用できるようになっている個人情報（個人データ）を安全に管理し、従業者や委託先の取り扱いを監督しなければならない。漏えい等が起きた場合は、**個人情報保護委員会**[17]への報告と本人への通知を行う。

- **第三者提供の制限**：個人データを本人の同意を得ずに第三者に提供してはならない。第三者に提供又は受けた場合は記録を作成する。

- **開示等の対応**：保有する個人データに対して、本人からの要求があった場合、開示・訂正・停止・削除等に対応しなければならない。

16　個人情報保護法の正式名称は、「個人情報の保護に関する法律」です。

17　個人情報保護委員会は、個人の権利利益を保護するための制度的な取組を行う行政機関です。

- **苦情の処理**：個人情報の取扱いに関する苦情を、適切かつ迅速に処理しなければならない。

このように、個人情報は、利用目的を通知して利用する必要があり、目的の範囲でしか利用できないので、AIへのデータ利用が、当初の目的を超えている場合は、目的外利用に当たる恐れがあります。また、個人情報の利用については、本人からの訂正や停止に対する求めに応じなければいけません。本人が利用の停止の意思を示すことを**オプトアウト**といい、その反対で、利用に同意する意思を示すことを**オプトイン**といいます[18]。ところで、個人情報保護については、法律以外に、JIS Q 15001という規格もあり、法律とJISの規定にしたがって個人情報保護の取り組みを行っている組織に対して、一般財団法人日本情報経済社会推進協会（JIPDEC）という機関が、プライバシーマークと呼ばれる認証マーク（図15.15）を付与する取り組みを行っています。

図15.15　プライバシーマーク

個人情報保護法は、時代の変化に合わせて改正が進められており、仮名加工情報と匿名加工情報に関する規定が追加されました。どちらも個人情報を加工して、その情報から個人を特定できないように処理した情報のことで、**仮名加工情報**は他の情報と照合すると個人が特定できる状態のもの（個人情報としての管理は必要）であり、**匿名加工情報**は元の情報には戻せない状態にしたもの（個人情報としての管理は不要）であるという違いがあります。これらの情報は、加工することにより、当初の利用目的になくても、個人情報を経営に関わる分析やビッグデータを使った調査等に有効活用することができます。特に、匿名加工については、個人情報としての扱いが外れるので、第三者への提供も可能になり、例えば、Suicaなどの交通系ICやETCなどの利用情報を匿名加工すれば、交通量予測などの利用も可能になります。

スマートフォンの位置情報や、Webの閲覧履歴等をWebブラウザに自動的に保存させるCookie（クッキー）[19]と呼ばれる情報は、直接的には個人を特定できないので**個人関連情報**と呼ばれます。個人情報ではないので第三者に提供することは可能ですが、提供先がもっている情報と照合すると個人が特定できる場合は、個人関連情報についても提供の同意が必要になるので、取扱いに注意する必要があります。事実、AIを使って採用応募者の内定辞退率を算出するサービスを開始した会社がCookieの提供により提供元において採用応募者の識別が可能な状態に

---

[18] 個人情報の第三者提供を行うためにはオプトインが必要になります。

[19] Webサーバがやり取りしているWebクライアントを区別するため、クライアントを識別する情報（識別子）をHTTPヘッダ（HTTPによる通信の制御情報部分）に組み込んで、Webクライアントとやり取りする方法です。

なっていたことで、個人情報保護委員会から勧告[20]を受けたという事案がありました。また、EU（欧州連合）を含む EEA（欧州経済領域）では、個人関係情報の取扱いに加え、個人データの自己情報コントロール権、EEA 以外の国への持ち出しの原則禁止等について強化した **GDPR**（一般データ保護規則）と呼ばれる規則が制定され、世界的に個人情報保護が強化される傾向にあります。

15.3.3　ELSI とデータ倫理

　技術が進むにつれて、新たな問題が発生し、更には重大な事故が起きるかもしれません。そのため、科学技術を発展させると同時に、その科学技術がもたらす倫理的・法的・社会的課題を検討していくことが重要になってきており、このことを指す言葉に **ELSI**（Ethical, Legal and Social Issues）があります。ELSI の活動は、遺伝子情報の研究プロジェクトから始まったのですが、現在では、社会を変革する可能性を秘めた AI やコンピューターサイエンスの分野でも ELSI について考えることが重要になってきました。事実、内閣府が 2021 年 3 月に閣議決定した「科学技術・イノベーション基本計画」の中で、Society5.0 への移行において、新たな技術を社会で活用するに当たり生じる ELSI に対応するためには、俯瞰的な視野で物事を捉える必要があると記載しています。即ち、Society5.0 の中核技術である AI やコンピューターサイエンスの技術を利用する場合、技術開発だけに注力するのではなく、その技術がどのように使われ、その結果、どのような影響を及ぼすかといった全体像を捉えておく必要があるということです。

　AI やコンピューターサイエンスの技術に関する法的課題として、著作権や個人情報保護、プライバシー保護等を考慮する必要があります。倫理的課題に関してはデータ倫理の考え方が必要です。**データ倫理**には公平性、透明性、アカウンタビリティ、人間中心の設計等の観点が含まれます。透明性と**アカウンタビリティ**（説明責任）については、データを取り扱う場合、どのようにデータを集め、どのような処理を行ったかという、収集や処理の内容を明瞭にして説明できるようにすることが必要です。ただ、自動で学習を繰り返す AI では、結果に対する予測の難しさがあります。その対策としては、AI をどのように利用するかの判断を人間が行うという人間中心の判断が重要になります。即ち、集めたデータをどのように使うかという利用目的を明確にし、その処理結果によりどのようなメリットとデメリット（特に、人に及ぼす不利益）が発生するかを予測し、データの提供者や利用者には、それらをわかりやすく説明して同意を得るということです。

　社会的課題では、格差や差別の防止等の公平性の観点が重要です。世界的な大企業が採用業務を効率化する目的で、AI に履歴書を審査させるシステムを開発した結果、AI の審査が女性に対して差別的であるということがわかり、運用を取りやめたという事例があります。その原因は、AI が学習した過去の採用データでは男性の採用割合が圧倒的に多かったことによるものだったようです。このようにデータの偏りがあることを**データバイアス**、プログラムの中に偏りのある場合を**アルゴリズムバイアス**といいます。これらの偏りが社会問題を起こす可能性があるといった点にも注意しなければなりません。また、生成 AI を使うことでコンピュータウイルスや詐欺

20　個人情報保護委員会：「個人情報の保護に関する法律に基づく行政上の対応について」，https://www.ppc.go.jp/files/pdf/191204_houdou.pdf を参照。

第 15 章　AI・データサイエンスとデータ利用

メールといった犯罪行為に利用できるものが生成できたという事例[21]も報告されています。このように、AI 活用において、開発者や利用者のモラルが求められることも認識しておく必要があります。

演習問題

問 1[22]　利用者がスマートスピーカーに向けて話し掛けた内容に対して、スマートスピーカーから音声で応答するための処理手順が（1）〜（4）のとおりであるとき、音声認識に該当する処理はどれか。

(1) 利用者の音声をテキストデータに変換する。

(2) テキストデータを解析して、その意味を理解する。

(3) 応答する内容を決定して、テキストデータを生成する。

(4) 生成したテキストデータを読み上げる。

　ア　(1)　　イ　(2)　　エ　(3)　　オ　(4)

問 2[23]　AI における機械学習の学習方法に関する次の記述中の a〜c に入れる字句の適切な組合せはどれか。

教師あり学習は、正解を付けた学習データを入力することによって、［　a　］とばれる手法で未知のデータを複数のクラスに分けたり、［　b　］と呼ばれる手法でデータの関係性を見つけたりすることができるようになる学習方法である。教師なし学習は、正解を付けない学習データを入力することによって、［　c　］と呼ばれる手法などで次第にデータを正しくグループ分けできるようになる学習方法である。

　ア　a：回帰、b：分類、c：クラスタリング　　　イ　a：クラスタリング、b：分類、c：回帰

　ウ　a：分類、b：回帰、c：クラスタリング　　　エ　a：分類、b：クラスタリング、c：回帰

問 3[24]　ディープラーニングに関する記述として、最も適切なものはどれか。

　ア　インターネット上に提示された教材を使って、距離や時間の制約を受けることなく、習熟度に応じて学習をする方法である。

　イ　コンピュータが大量のデータを分析し、ニューラルネットワークを用いて自ら規則性を見つけ出し、推論や判断を行う。

　ウ　体系的に分類された特定分野の専門的な知識から、適切な回答を提供する。

　エ　一人一人の習熟度、理解に応じて、問題の難易度や必要とする知識、スキルを推定する。

問 4[25]　AI に利用されるニューラルネットワークにおける活性化関数に関する記述として適切

21　読売新聞オンライン：「犯罪に利用できる生成 AI、ネットに複数公開...ランサムウェア・爆発物のつくり方など回答」，https://www.yomiuri.co.jp/national/20240129-OYT1T50245/を参照。

22　令和 6 年度分 IT パスポート試験 問 78

23　令和 6 年度分 IT パスポート試験 問 65 一部表現を変更

24　平成 4 年度分 IT パスポート試験 問 67

25　平成 5 年度分 IT パスポート試験 問 91

なものはどれか。

ア　ニューラルネットワークから得られた結果を基に計算し、結果の信頼度を出力する。

イ　入力層と出力層のニューロンの数を基に計算し、中間層に必要なニューロンの数を出力する。

ウ　ニューロンの接続構成を基に計算し、最適なニューロンの数を出力する。

エ　一つのニューロンにおいて、入力された値を基に計算し、次のニューロンに渡す値を出力する。

問 5[26]　次のデータの平均値と中央値の組合せはどれか。

〔データ〕

10, 20, 20, 20, 40, 50, 100, 440, 2000

ア　平均値：20、中央値：40　　イ　平均値：40、中央値：20

ウ　平均値：300、中央値：20　　エ　平均値：300、中央値：40

問 6[27]　受験者 10,000 人の 4 教科の試験結果は表のとおりであり、いずれの教科の得点分布も正規分布に従っていたとする。ある受験者の 4 教科の得点が全て 71 点であったときこの受験者が最も高い偏差値を得た教科はどれか。

	平均点	標準偏差
国語	62	5
社会	55	9
数学	58	6
理科	60	7

単位　点

ア　国語　　イ　社会　　ウ　数学　　エ　理科

問 7[28]　図は、製品の製造上のある要因の値 x と品質特性の値 y との関係をプロットしたものである。この図から読み取れることはどれか。

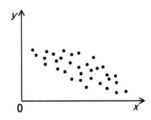

ア　x から y を推定するためには、2 次回帰係数の計算が必要である。

イ　x から y を推定するための回帰式は、y から x を推定する回帰式と同じである。

26　平成 4 年度分 IT パスポート試験 問 59 一部表現を変更

27　平成 5 年度分 IT パスポート試験 問 77

28　令和 6 年度 基本情報技術者試験 科目 A 問 19

ウ x と y の相関係数は正である。

エ x と y の相関係数は負である。

問 8[29]　次の a～c のうち、著作権法によって定められた著作物に該当するものだけを全て挙げたものはどれか。

a　　原稿なしで話した講演の録音

b　　時刻表に掲載されたバスの到着時刻

c　　創造性の高い技術の発明

ア　a　　イ　a、c　　ウ　b、c　　エ　c

問 9[30]　個人情報保護委員会 "個人情報の保護に関する法律についてのガイドライン（通則編）平成 28 年 11 月（平成 29 年 3 月一部改訂）" によれば、個人情報に該当しないものはどれか。

ア　受付に設置した監視カメラに録画された、本人が判別できる映像

イ　個人番号の記載がない、社員に交付する源泉徴収票

ウ　指紋認証のための指紋データのバックアップ

エ　匿名加工情報に加工された利用者アンケート情報

問 10[31]　オプトアウトに関する記述として、最も適切なものはどれか。

ア　SNS の事業者が、お知らせメールの配信を希望した利用者だけに、新機能を紹介するメールを配信した。

イ　住宅地図の利用者が、地図上の自宅の位置に自分の氏名が掲載されているのを見つけたので、住宅地図の作製業者に連絡して、掲載を中止させた。

ウ　通信販売の利用者が、Web サイトで商品を購入するための操作を進めていたが、決済の手続が面倒だったので、画面を閉じて購入を中止した。

エ　ドラッグストアの事業者が、販売予測のために顧客データを分析する際に、氏名や住所などの情報をランダムな値に置き換え、顧客を特定できないようにした。

29　平成 5 年度分 IT パスポート試験 問 2

30　平成 30 年度 秋期 基本情報技術者試験 問 79

31　平成 4 年度分 IT パスポート試験 問 23

付録A

補足資料

A.1 HTMLの代表的なタグ

A.1.1 Webページを構成するタグ

HTMLの基本的なタグ

（使い方は、図 A.1 ①の図を参照）

- <html lang="ja">〜 </html>：HTML プログラムの始めと終わりを示し、lang="ja"は日本語であることを示します。

- <head> 〜 </head>：使う文字コードやタイトル等の文書の属性に関する情報を、書く場所の始めと終わりを示します。

- <body> 〜 </body>：表示する内容を書く場所の始めと終わりを示します。

<head>に記載する基本的なタグ

- <title> 〜 </title>：文書のタイトルを書く場所の始めと終わりを示します。

- <meta charset="utf-8">：利用する文字コードとして utf-8 を指定しています。シフト JIS コードの場合だと、"Shift_JIS" を指定します。

- <meta name="keywords" content="...">：「...」の箇所には、検索エンジンに検索してほしいキーワードを並べます。キーワードは、「,」で区切ります。

- <meta name="description" content="..."> ：「...」の箇所に、検索エンジンでの検索時に表示されるページの説明文を書きます。

- <link rel="..." href="...">：関連ファイルを読み込む場合、rel の「...」の箇所にファイルの属性を、href の「...」の箇所に読み込むファイル名を書きます。記述例は、スタイルシートのファイル（css/style.css）を読み込む場合です。

  Link タグの記述例：

```
<link rel="stylesheet" href="css/style.css">
```

<body>の構成を示すタグ

（使い方は、図 A.1 ②の図を参照）

- <header> 〜 </header>：body のヘッダ部分の始めと終わりを示します。
- <main> 〜 </main>：body の本体（メイン）部分の始めと終わりを示します。
- <footer> 〜 </footer>：body のフッタ部分の始めと終わりを示します。

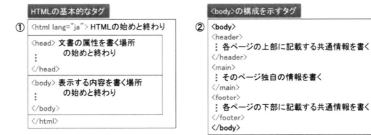

図 A.1　Web ページを構成するタグの使い方

A.1.2　表現や機能を高めるためのタグ

役立つ便利なタグ

- <!--...-->：「...」の箇所にコメントを書きます。
- <h1> ～ </h1>：第 1 レベルの見出しを表す部分の始めと終わりを示します。表示したい見出しのレベルによって、h1〜h6 のどれかを書きます。h1 の文字が最も大きく、順に小さくなります。
-
：改行する場所を表します。
- <a href="..."> ～ </a>：リンクを設定する部分の始めと終わりを示します。href の「...」の箇所には、リンクする場所（クリックしたときに飛ぶ場所）を書きます。リンクする場所には、URL や Web ファイル等を記入します。
- <img src="..." alt="...">：画像を表示するときに使います。src の「...」の箇所には、表示する画像ファイルを書きます。alt の「...」の箇所には、画像がうまく表示されなかったときの代替テキストを書きます。

箇条書きを構成するタグ

- <ol> ～ </ol>：番号つきリスト（箇条書き）を記載した範囲の始めと終わりを示します。
- <ul> ～ </ul>：番号なしリストを記載する範囲の始めと終わりを示します。
- <li> ～ </li>：リストの一つの項目の始めと終わりを示します。

番号なしリストの記述例[1]（表示は、図 A.2 ①の図を参照）：

```
<ul>
   <li>大学案内</li>
   <li>学部紹介</li>
   <li>交通案内</li>
   <li>お問合せ</li>
</ul>
```

---

[1] <ul>〜</ul>を<ol>〜</ol>に換えると番号つきになります。

- <dl> 〜 </dl>：定義する用語リストの始めと終わりを示します。

- <dt> 〜 </dt>：定義する用語の始めと終わりを示します。

- <dd> 〜 </dd>：定義する用語の説明箇所の始めと終わりを示します。

定義リストの記述例（表示は、図 A.2 ②の図を参照）：

```
<dl>
   <dt>2024 年〇月〇日</dt>
   <dd>□□部の大会出場<dd>
   <dt>2024 年〇月〇日</dt>
   <dd>学園祭を開催</dd>
</dl>
```

表を構成するタグ

- <table> 〜 </table>：表の範囲の始めと終わりを示します。

- <tr> 〜 </tr>：表の一行の範囲の始めと終わりを示します。

- <th> 〜 </th>：表の見出しが書かれた一個の枠（セル）の範囲の始めと終わりを示します。

- <td> 〜 </td>：表の一個の枠（セル）の範囲の始めと終わりを示します。

表の記述例（表示は、図 A.2 ③の図を参照）：

```
<table>
   <tr><th>No</th><th>商品</th></tr>
   <tr><td>01</td><td>鉛筆</td></tr>
   <tr><td>02</td><td>ペン</td></tr>
</table>
```

入力フォームを構成するタグ

- <form action="..." method="..."> 〜 </form>：データを送信するための入力フォームの箇所の始めと終わりを示します。action の「...」の箇所には、送信する先を書き、method の「...」の箇所には、送信する方法を書きます。

- <label for="..."> 〜 </label>：フォームの項目につける項目名の始めと終わりを示します。for の「...」の箇所には、対応するフォームの項目の name と同じ名称をつけることで関連づけます。関連づけが明確なときは不要です。

- <input type="..." name="..." value="..." required>：フォームの一つの項目を作成します。type の「...」の箇所に、1 行のテキストボックスの場合は text、メールアドレスの入力項目の場合は email、ラジオボタンの場合は radio、チェックボックスの場合は checkbox を書きます。name の「...」の箇所に、フォーム項目に固有の名称をつけます。ラジオボタンやチェックボックス等の複数の部品で構成される項目の場合は、同一名称をつけます。

value の「...」の箇所に、ラジオボタンやチェックボックス等のような複数の部品で構成される項目の場合は、部品毎に番号づけ等して異なる名称をつけます。必須の入力項目の場合は、最後に required をつけます。

- <select name="..." size="..." multiple > ～ </select>：セレクトボックスを作成する箇所の始めと終わりを示します。表示された枠の左側のマーク「∨」をクリックすることで、メニュー項目が表示されます。メニューの項目を<option>のタグで記載します。size の「...」の箇所に、セレクトボックスの表示行数を指定します。複数選択を可能にする場合は、multiple をつけます。

- <option value="..."> ～ </option>：セレクトボックスを構成する部品（メニューの1項目）の始めと終わりを示します。value の「...」の箇所に、複数の部品で構成される項目の場合は、部品毎に番号づけ等して異なる名称をつける。

- <textarea id="..." name="..." cols="..." rows="..." placeholder="..."></textarea>：1行のテキストボックスよりも大きな入力フォームを作成します。cols の「...」の箇所には1行の文字数、rows の「...」の箇所には行数を書きます。placeholder の「...」の箇所に書かれた文字は、入力されるまでの間、テキストボックスのエリア内に表示されます。

- <input type="submit" value="送信する">：入力フォームに書かれたデータを送信するボタン「送信する」を表示します。

- <input type="reset" value="リセット">：入力フォームに書かれたデータを消去するボタン「リセット」を表示します。

表の記述例[2]（表示は、図 A.2 ④の図を参照）：

```
<form action="mail.php" method="post">
  <dl>
    <dt><label for="name">お名前</label> （必須）:</dt>
    <dd><input type="text" name="name" required></dd>
    <dt><label for="email">メールアドレス</label> （必須）:</dt>
    <dd><input type="email" name="email" required></dd>
    <dt><label for="questionnaire">学部を教えてください:</label></dt>
    <dd>
      <label><input type="radio" name="questionnaire" value="ans1">商</label>
      <label><input type="radio" name="questionnaire" value="ans2">法</label>
      <label><input type="radio" name="questionnaire" value="ans3">文</label>
    </dd>
    <dt><label for="check">語学の選択:</label></dt>
    <dd>
      <label><input type="checkbox" name="check" value="E">英語</label>
      <label><input type="checkbox" name="check" value="D">独語</label>
      <label><input type="checkbox" name="check" value="F">仏語</label>
```

2　この例の form タグの action="mail.php"と method="post"は仮に記載したもので、本来は、送信されたデータを受け取るプログラムと送信方法を記載します。

```
      </dd>
      <dt><label for="fruits">クラスの選択：</dt>
      <dd>
        <select name="fruits" size="2" multiple>
          <option value="L1">初級</option>
          <option value="L2">中級</option>
          <option value="L3">上級</option>
        </select>
      </dd>
      <dt><label for="category">体育の選択：</label></dt>
      <dd>
        <select name="category" id="category">
          <option value="cat1">野球</option>
          <option value="cat2">サッカー</option>
          <option value="cat3">陸上</option>
        </select>
      </dd>
      <dt><label for="message">お問合せ：</label></dt>
      <dd><textarea name="message" cols="20" rows="3" placeholder="入力">
</textarea></dd>
    </dl>
    <input type="submit" value="送信する"><input type="reset" value="リセット">
</form>
```

図 A.2　表現や機能を高めるためのタグを使った表示例

A.2　SQL の代表的な文法の使用例

A.2.1　SQL-DDL と SQL-DML

　SQL は、データ定義言語 SQL-DDL とデータ操作言語 SQL-DML からなり、データ定義言語 SQL-DDL には、データを定義するための CREATE SCHEMA（スキーマの定義をする文）、

CREATE TABLE（実表の定義をする文）、CREATE VIEW（ビュー表の定義をする文）があります。実表は、実際に補助記憶装置に実装される表で、ビュー表は、実表を操作することで導き出せる表です。ビュー表は、実表のように補助記憶装置には実装されませんが、操作においては実表と同様に利用することができます。CREATE TABLE 文で実表を定義すると、図 A.3 の①に示すような表が作成されます。

データ操作言語 SQL-DML には、SELECT（表より目的のデータを検索するときに使う文）、INSERT（表に新しいデータを挿入するときに使う文）、UPDATE（表のデータの一部を更新するときに使う文）、DELETE（表の一部のデータを削除するときに使う文）、COMMIT（トランザクション処理を正常終了させるときに使う文）、ROLLBACK（トランザクション処理を異常終了させるときに使う文）があります。たとえば、INSERT の文を実行すると、図 A.3 の②に示すように、表に新たなデータが追加されます。

SELECT は、既に定義された表から目的のデータを取り出すときに利用する文で、この文を使った処理を問合せ（質問、Query）と呼びます。この文は、図 A.3 の③に示すように、SELECT、FROM、WHERE の 3 つの句で構成されます。SELECT の後には、取り出す値や列名、式を書き並べ、FROM の後には、利用する表名を書き並べ、WHERE の後には、検索条件を書きます。条件では比較演算子（=，<>，<，>，<=，>=）が利用できます。

図 A.3　CREATE、INSERT、SELECT の使い方

A.2.2　単純質問

基本的な単純質問

単純質問[3]1：　図 A.4 の①に示す記述では、表「商品マスタ」より定価 20,000 円未満の商品名を問い合わせており、この結果として導出表と呼ばれる表が得られます。

単純質問 2：　図の②に示す記述のように、WHERE が省略された場合、条件は全て真とみなされるので、商品マスタの全ての行（レコード）より商品名だけが導出されます。この質問は、表中の一部の列だけを取り出す射影に当たります。

単純質問 3：　図の③に示す記述のように、SELECT の後ろに書いた "*" はワイルドカードといい、この場合、商品マスタ中の全ての列名を列記したことと同じ意味になります。従って、導出表には、定価が 30,000 円より大きいという条件を満たすレコードの全ての項目が取り出

3　単純質問とは、FROM の後の表名が一つであり、かつ、WHERE の後に SELECT が書かれていない場合をいいます。

付録 A 補足資料

されます。この質問は、表中の一部の行だけを取り出す選択に当たります。

単純質問 4： 図の④に示す記述では、WHERE が省略されているので、出庫記録の商品番号の列が全て取り出されます。ただし、SELECT の後ろに書かれた DISTINCT によって、重複する値が除去されるので、二つある S002 の値は一つだけ取り出されます。

単純質問 5： 図の⑤に示す記述では、定価について、SELECT に書かれた式によって 1.1 倍された値が、AS により売値という列名に変更されて導出されます。SELECT の後ろには算術演算（+，−，*，/）や関数が利用できます。

単純質問 6： 図の⑥に示す記述では、WHERE の条件に書かれた "定価 BETWEEN 20000 AND 40000" により、20000 以上から 40000 以下という条件を満たすレコードが導出されます。条件を書く時、AND や OR、NOT といった論理演算も利用できます。BETWEEN 以外に、LIKE や NULL を条件に記述することもでき、WHERE の後に "商品名 LIKE 'printer%'" と書くと、商品名の値で「printer」から始まる文字列の「printerC420-J」と「printerE750-C」が取り出されます。"%" は任意の文字列を表し、"_" は任意の 1 文字を表す場合に使います。WHERE の後に "定価 IS NULL" と書くと、定価が未定義のもの（データの記載がないもの）が取り出されます。

①
```
SELECT 商品名
FROM 商品マスタ
WHERE 定価 < 20000
```

商品マスタ

商品番号	商品名	定価
P001	printerC420-J	19800
P002	printerE750-C	41800
S001	scannerC300S	24900
S002	scannerE5500	33300

導出表

商品名
printerC420-J

②
```
SELECT 商品名
FROM 商品マスタ
```

商品マスタ

商品番号	商品名	定価
P001	printerC420-J	19800
P002	printerE750-C	41800
S001	scannerC300S	24900
S002	scannerE5500	33300

導出表

商品名
printerC420-J
printerE750-C
scannerC300S
scannerE5500

③
```
SELECT *
FROM 商品マスタ
WHERE 定価 > 30000
```

商品マスタ

商品番号	商品名	定価
P001	printerC420-J	19800
P002	printerE750-C	41800
S001	scannerC300S	24900
S002	scannerE5500	33300

導出表

商品番号	商品名	定価
P001	printerC420-J	19800
P002	printerE750-C	41800

④
```
SELECT DISTINCT 商品番号
FROM 出庫記録
```

出庫記録

商品番号	数量	日付
P001	2	1998. 4. 22
S002	5	1998. 4. 22
S001	4	1998. 4. 23
S002	1	1998. 4. 23

導出表

商品番号
P001
S002
S001

⑤
```
SELECT 商品番号, 定価*1.1 AS 売値
FROM 商品マスタ
```

商品マスタ

商品番号	商品名	定価
P001	printerC420-J	19800
P002	printerE750-C	41800
S001	scannerC300S	24900
S002	scannerE5500	33300

導出表

商品番号	売値
P001	21780
P002	45980
S001	27390
S002	36630

⑥
```
SELECT *
FROM 商品マスタ
WHERE 定価 BETWEEN 20000 AND 40000
```

商品マスタ

商品番号	商品名	定価
P001	printerC420-J	19800
P002	printerE750-C	41800
S001	scannerC300S	24900
S002	scannerE5500	33300

導出表

商品番号	商品名	定価
S001	scannerC300S	24900
S002	scannerE5500	33300

図 A.4　基本的な単純質問の実施例

ORDER BY、GROUP BY を使った単純質問

単純質問7： 図 A.5 の①に示す記述では、ORDER BY が追加されているので、導出表は定価によって整列されます。その後ろに DESC (DESCendant) をつけると降順に、ASC (ASCendant) をつけると昇順に整列されます。

単純質問8： 図の②に示す記述では、GROUP BY が追加されているので、商品番号の値が同じものは一つのレコードにグループ化されます。この時、SUM 関数によって、グループ化された数量は合計されます。例では、S001 が二つあるので、一つにまとめられ、数量の5と1が合計されて6になっています。SUM 以外の集計関数で、指定された項目の数を求める関数 COUNT を使い "SELECT COUNT(*) FROM 出庫記録" と書くと出庫記録の行の総数4が求まります。指定された項目の平均値を求める関数 AVG を使い "SELECT AVG(数量) FROM 出庫記録" と書くと数量の平均である2が求まります。指定された項目の最大値を求める関数 MAX を使い "SELECT MAX(数量) FROM 出庫記録" と書くと数量の最大値である5が求まります。指定された項目の最小値を求める関数 MIN を使い "SELECT MIN(数量) FROM 出庫記録" と書くと数量の最小値である1が求まります。

単純質問9： GROUP BY によってグループ化した後、特定の条件を満たしたものだけを取り出す時には、HAVING を使います。図の③に示す記述では、グループ化した時の合計が3以上のものだけが取り出されます。

①
```
SELECT *
FROM 商品マスタ
ORDER BY 定価 DESC
```

商品マスタ

商品番号	商品名	定価
P001	printerC420-J	19800
P002	printerE750-C	41800
S001	scannerC300S	24900
S002	scannerE5500	33300

導出表

商品番号	商品名	定価
P002	printerE750-C	41800
S002	scannerE5500	33300
S001	scannerC300S	24900
P001	printerC420-J	19800

②
```
SELECT 商品番号 , SUM(数量) AS 合計
FROM 出庫記録
GROUP BY 商品番号
```

出庫記録

商品番号	数量	日付
P001	2	1998.4.22
S002	5	1998.4.22
S001	4	1998.4.23
S002	1	1998.4.23

導出表

商品番号	合計
P001	2
S002	6
S001	4

③
```
SELECT 商品番号 , SUM(数量) AS 合計
FROM 出庫記録
GROUP BY 商品番号
HAVING SUM(数量) >= 3
```

出庫記録

商品番号	数量	日付
P001	2	1998.4.22
S002	5	1998.4.22
S001	4	1998.4.23
S002	1	1998.4.23

導出表

商品番号	合計
S002	6
S001	4

図 A.5　ORDER BY、GROUP BY を使った単純質問の実施例

A.2.3　結合質問

結合質問[4]1：　図 A.6 の①に示す記述では、商品マスタと出庫記録という二つの表から、共通する項目（この例では、商品番号）を基に結合し、新たな一つの表を作ります。「商品マスタ.商品番号」という記述は、表「商品マスタ」にある項目「商品番号」を示します。表が複数の場合、列名だけで特定できないことがあるので、表名と列名を". "で繋いで表記します。「商品マスタ.*」は、「商品マスタ」にある全ての項目を指します。

①
```
SELECT 商品マスタ.＊, 数量
FROM 商品マスタ, 出庫記録
WHERE 商品マスタ.商品番号 ＝ 出庫記録.商品番号
```

商品マスタ

商品番号	商品名	定価
P001	printerC420-J	19800
P002	printerE750-C	41800
S001	scannerC300S	24900
S002	scannerE5500	33300

出庫記録

商品番号	数量	日付
P001	2	1998.4.22
S002	5	1998.4.22
S001	4	1998.4.23
S002	1	1998.4.23

導出表

商品番号	商品名	定価	数量
P001	printerC420-J	19800	2
S001	scannerC300S	24900	4
S002	scannerE5500	33300	5
S002	scannerE5500	33300	1

②
```
SELECT X.商品番号 , X.日付 , Y.日付
FROM 出庫記録 X , 出庫記録 Y
WHERE X.商品番号 ＝ Y.商品番号 AND X.日付 ◇ Y.日付
```

出庫記録（X）

商品番号	数量	日付
P001	2	1998.4.22
S002	5	1998.4.22
S001	4	1998.4.23
S002	1	1998.4.23

出庫記録（Y）

商品番号	数量	日付
P001	2	1998.4.22
S002	5	1998.4.22
S001	4	1998.4.23
S002	1	1998.4.23

導出表

商品番号	日付	日付
S002	1998.4.22	1998.4.23
S002	1998.4.23	1998.4.22

図 A.6　　結合質問の実施例

結合質問 2：　図の②に示す記述では、FROM の記述により、表「出庫記録」を X と Y という二つの表に見立てています。この X と Y をタップル変数といいます。X と Y に対して、商品番号が等しく、かつ、日付が異なるレコードを取り出します。この処理では、X の 2 行目のレコードと Y の 4 行目のレコードがこの条件を満たし、また逆に、X の 4 行目のレコードと Y の 2 行目のレコードがこの条件を満たすので、日付を入れ替えただけの同じレコードが二つ導出されます。この処理のように、同じ表を二つの表とみなして結合する操作を、自己結合といいます。

A.2.4　入れ子質問

入れ子質問[5]1：　SELECT の中に SELECT が内包された状態を入れ子といい、内包された方の SELECT を副問い合わせといいます。図 A.7 の①に示す記述では、まず、WHERE に書かれた副問い合わせの SELECT が実行されるので、商品マスタの定価の列の値の平均値（29950）が求められます。従って、この文全体では、"SELECT * FROM 商品マスタ WHERE 定価 > 29950" が実行されることになるので、平均値より大きな定価のレコードが

4　　結合質問とは、FROM の後に二つ以上の表名がある場合の問い合わせをいいます。

図 A.7 入れ子質問の実施例

商品マスタより導出されます。

入れ子質問 2: 図の②に示す記述では、副問い合わせの SELECT を実行することで、表「出庫記録」より「1998.4.23」の日付に合致したレコードの商品番号（例では、S001 と S002）が取り出されます。従って、商品マスタから商品番号が S001 と S002 のいずれかと一致する行を取り出し、その行の商品名を導出します。このように、一つの値に対してではなく、複数の値（値の並び）のいずれかと一致するものを選ぶ場合は、IN 述語を利用します。

入れ子質問 3: 図の③に示す記述では、副問い合わせの SELECT を実行することで、表「出庫記録」より「1998.4.23」の日付に合致したレコードの数量 4 と 1 が取り出されます。次に、WHERE の前半の条件により、表「出庫記録」の日付と「1998.4.22」が合致する行の数量（例では、2 と 5）が取り出され、それらの数量と、ALL によって、副問合せで取り出した全ての数量（例では、4 と 1）と大小が比較され、4 と 1 のどちらよりも大きい数量は 5 なので、結果として、数量 5 のレコードの商品番号 S002 が導出されます。ALL は限定述語の一つであり、ALL を使った比較演算では、副問い合わせによって得られた全ての値に対して比較演算が成立した時に、条件が成立することになります。限定述語には、この他に ANY（SOME と書く場合もある）があり、ANY を使った比較演算では、副問い合わせによって得られた値のいずれか一つでも比較演算が成立したならば、その条件は成立します。

5　SELECT は、WHERE の後に、さらに SELECT を書くことができ、入れ子質問とは、WHERE の後ろにさらに SELECT が書かれている問い合わせをいいます。

付録 A　補足資料

A.3　情報処理技術者試験の擬似言語仕様

記述形式と演算子

擬似言語の記述形式と演算子の仕様[6]を表 A.1 と表 A.2 に示します。

表 A.1　擬似言語の記述形式

記述形式	説明
○ *手続名又は関数名*	手続又は関数を宣言する。
型名: 変数名	変数を宣言する。
/* 注釈 */	注釈を記述する。
// 注釈	
変数名 ← 式	変数に*式*の値を代入する。
手続名又は関数名(引数, …)	手続又は関数を呼び出し、*引数*を受け渡す。

if (*条件式 1*)
　処理 1
elseif (*条件式 2*)
　処理 2
elseif (*条件式 n*)
　処理 n
else
　処理 n ＋ 1
endif
	選択処理を示す。
	　*条件式*を上から評価し、最初に真になった*条件式*に対応する*処理*を実行する。以降の*条件式*は評価せず、対応する*処理*も実行しない。どの*条件式*も真にならない時は、*処理 n ＋ 1*を実行する。
	　各*処理*は、0 以上の文の集まりである。
	　elseif と*処理*の組みは、複数記述することがあり、省略することもある。
	　else と*処理 n ＋ 1*の組みは一つだけ記述し、省略することもある。

while (*条件式*)
　処理
endwhile
	前判定繰返し処理を示す。
	　*条件式*が真の間、*処理*を繰返し実行する。
	　*処理*は、0 以上の文の集まりである。

do 　*処理* while (*条件式*)	後判定繰返し処理を示す。 　*処理*を実行し、*条件式*が真の間、*処理*を繰返し実行する。 　*処理*は，0 以上の文の集まりである。

for (*制御記述*)
　処理
endfor
	繰返し処理を示す。
	　*制御記述*の内容に基づいて、*処理*を繰返し実行する。
	　*処理*は、0 以上の文の集まりである。

表 A.2　演算子と優先順位

演算子の種類		演算子	優先度
式		( ) .	高
単項演算子		not ＋ －	
二項演算子	乗除	mod × ÷	↑
	加減	＋ －	
	関係	≠ ≦ ≧ ＜ ＝ ＞	↓
	論理積	and	
	論理和	or	低

注記　演算子 . は、メンバ変数又はメソッドのアクセスを表す。演算子 mod は、剰余算を表す。

---

[6]　独立行政法人情報処理推進機構「擬似言語の記述形式」https://www.ipa.go.jp/shiken/syllabus/ps6vr7000000i9dp-att/shiken_yougo_ver5_0.pdf、一部表現を変更。

定数、配列、未定義

- 論理型の定数：true, false

- 配列：配列の要素は、"[" と "]" の間にアクセス対象要素の要素番号を指定することでアクセスします。なお、二次元配列の要素番号は、行番号、列番号の順に "," で区切って指定します。

  "{" は配列の内容の始まりを、"}" は配列の内容の終わりを表します。ただし、二次元配列において、内側の "{" と "}" に囲まれた部分は、1 行分の内容を表します。

- 未定義、未定義の値：変数に値が格納されていない状態を、"未定義" といいます。変数に "未定義の値" を代入すると、その変数は未定義になります。

演習問題解答

第 1 章
問 1 イ、問 2 イ、問 3 ウ、問 4 イ、問 5 ウ、問 6 イ、問 7 エ、問 8 エ、問 9 イ、問 10 イ

第 2 章
問 1 エ、問 2 ア、問 3 イ、問 4 イ、問 5 ウ、問 6 ウ、問 7 ウ、問 8 エ、問 9 イ、問 10 エ

第 3 章
問 1 エ、問 2 ウ、問 3 エ、問 4 ウ、問 5 ア、問 6 エ、問 7 ウ、問 8 ウ、問 9 エ、問 10 エ

第 4 章
問 1 ア、問 2 ウ、問 3 エ、問 4 イ、問 5 ウ、問 6 ア、問 7 ウ、問 8 ウ、問 9 イ、問 10 エ

第 5 章
問 1 ア、問 2 ウ、問 3 ア、問 4 ア、問 5 エ、問 6 ア、問 7 イ、問 8 ア、問 9 ウ、問 10 イ

第 6 章
問 1 ア、問 2 ウ、問 3 ウ、問 4 ア、問 5 イ、問 6 イ、問 7 イ、問 8 ウ、問 9 ア、問 10 イ

第 7 章
問 1 イ、問 2 イ、問 3 イ、問 4 エ、問 5 イ、問 6 ウ、問 7 イ、問 8 ウ、問 9 イ、問 10 ウ

第 8 章
問 1 イ、問 2 ウ、問 3 ウ、問 4 イ、問 5 エ、問 6 ア、問 7 ウ、問 8 ウ、問 9 ア、問 10 エ

第 9 章
問 1 ア、問 2 ウ、問 3 エ、問 4 イ、問 5 エ、問 6 イ、問 7 イ、問 8 ウ、問 9 イ、問 10 イ

第 10 章
問 1 ア、問 2 ウ、問 3 ウ、問 4 ア、問 5 ア、問 6 ウ、問 7 ウ、問 8 ア、問 9 ア、問 10 エ

第 11 章
問 1 イ、問 2 ア、問 3 ア、問 4 ウ、問 5 ウ、問 6 ウ、問 7 ア、問 8 エ、問 9 ウ、問 10 イ

第 12 章
問 1 ウ、問 2 エ、問 3 イ、問 4 エ、問 5 ア、問 6 エ、問 7 エ、問 8 ア、問 9 イ、問 10 ウ

第 13 章
問 1 イ、問 2 イ、問 3 イ、問 4 ウ、問 5 ア、問 6 ウ、問 7 イ、問 8 ア、問 9 ウ、問 10 ウ

第 14 章
問 1 ウ、問 2 イ、問 3 エ、問 4 エ、問 5 イ、問 6 ア、問 7 イ、問 8 ウ、問 9 イ、問 10 ア

第 15 章
問 1 ア、問 2 ウ、問 3 イ、問 4 エ、問 5 エ、問 6 ウ、問 7 エ、問 8 ア、問 9 エ、問 10 イ

索引

記号・数字

10 進数	26
16 進数	31
1 バイトコード	34
2D	62
2DCG	62
2 進化 10 進数	114
2 進数	26, 68
2 の補数表現	115
3D	62
3DCG	62
3D プリンタ	63
3 次元ソフトウェア	106
3 層スキーマアーキテクチャ	184
5G	20

A

A/D 変換	53
AI	21
AI サービス	248
and	131
API	101
ASP	105
ATM	14
AVI	59

B

BBS	39
BCD	114
BD	84
BIOS	76
Bluetooth	93
BMP	58
BOT	217
bps	90
B to B	18
B to C	18
B to G	18

C

CAD	105
CAM	106
ccTLD	41
CD	84
CG	62
CIDR	209
CMY	54
COBOL	107
core	73
CPI	73
CPU	68
CSMA/CD	205
CSS	43
CSV	56
C to C	18
CUI	43
C 言語	107
C++	107

D

DB	104
DBMS	104
DDoS	217
DMZ	219
DNS	214
DoS	217
do 文	236
dpi	88
DRAM	76
DTP	104
DVD	84
DVI	91

E

EC	18
EC サイト	18
EDI	18
EEPROM	77
elseif	241
ELSI	265
ENIAC	70
EOF	176
EPROM	76
E-R 図	184
EUC	34

F

FAT	176
FIFO	169
FLOPS	73
Fortran	107
for 文	239
fps	59
FQDN	40
FreeBSD	100

G

G	27
GDPR	265
GIF	58
gTLD	41
GUI	44

H

HDD	69, 83
HDMI	91
HTML	41
HTTP	212
HTTPS	212
Hz	60

I

IaaS	192
IC	71
ICANN	41
ICT	12
IC メモリ	75
ID	216
identification	216
IEEE	122
IFR	170

284

if 文	238
IoT	21
IP	208
IPL	76
IP アドレス	208
IP パケット	207
ISMS	215
IT	12

J

JAN コード	89
Java	107
JIS 漢字コード	34
JIS コード	34
JPEG	58

K

k	27

L

LAN	15, 92, 204
LAN ケーブル	204
Linux	100
LLM	248
LSI	71
LTO	85

M

M	27
MIDI	61
MIPS	73
MP3	61
MPEG	59
MTBF	198
MTTR	198

N

nand	133
NFC	93
NIC	204
nor	132
not	131

O

OCR	89
OF	151
or	130
OS	34, 75, 98

P

PaaS	192
PCM	60
PDCA サイクル	215
PDF	56
PNG	58
POP	213
POS	16
ppm	88
PROM	76
Python	107

Q

QR コード	89
QR コードリーダー	89
QuickTime	59

R

RAID	195
RAM	75
RASIS	197
RDB	182
RFID	93
RGB	54
RISC	160
RJ45	92
ROM	75

S

SaaS	191
SD カード	84
SE	228
SMTP	213
SNS	15
Society5.0	19
SQL	182
SQL インジェクション	217
SRAM	76
SSD	69, 83
SSL	220
SSL/TLS	220

T

T	27
TCO	193
TCP	211
Thunderbolt	92
TIFF	58
TLD	41
TLS	220
TSS	168

U

UI	43
Unicode	34, 35
UNIX	34, 100
URI	40
URL	40
USB	90
USB PD	91
USB メモリ	82
UTF	35
UX	46

V

VPN	222
VR	63
VRML	62
VR ゴーグル	63
V 字モデル	229

W

WAF	218
WAN	204
WAV	61
Web3 層構造	192
WebAPI	253
Web 会議システム	19
Web スクレイピング	253
Web ブラウザ	12, 108
Wi-Fi	207
WWW	40

285

WYSIWYG	105

X

X3D	62
XML	62
xor	135

あ

アイコン	44
アイドルモニタ	171
アウトラインフォント	55
アカウンタビリティ	265
アクセス	74
アクセス制御	216
アクセス速度	84
アクセスポイント	207
アジャイル開発	230
アセンブラ言語	106
圧縮	58
アップロード	20
後判定繰返し処理	236
アドレス	75
アドレス指定	158
アドレスバス	155
アナログRGB	91
アナログデータ	52
アバター	63
アプリケーションゲートウェイ型	218
アプリケーションソフトウェア	12, 98
網型	182
アルゴリズム	233
アルゴリズムバイアス	265
暗号化	219
暗号鍵	219
暗号資産	19
暗号文	219
安全管理措置	263
安全性	197
アンダーフロー	124
イーサネット	205
イーサネットフレーム	206
一次データ	253
移動体通信	20
イベント駆動	167
イベントドリブン	167
イベント発生	169
イベント待ち	169
イメージスキャナ	88
インクジェットプリンタ	87
インスタンス	107
インストール	82
インターネット	12, 15
インターネット層	211
インターネットプロトコル	208
インタプリタ方式	108
インチ	86
インデックスアドレス指定	159
インデックスレジスタ	158
インデント	236
ウィルス対策ソフト	98
ウィンドウ	44
ウェアラブルコンピュータ	20
ウォータフォールモデル	229
運用コスト	193
運用テスト	229

エキスパートシステム	248
遠隔会議システム	19
円グラフ	255
エンコード	60
演算装置	68
エントリ	175
エントリテーブル	174
オーダー	242
オーバーフロー	124, 151
オープンシステム	193
オープンソースソフトウェア	100
オープンデータ	253
帯グラフ	255
オフィスソフト	103
オフィスツール	13
オブジェクト指向言語	106, 107
オプトアウト	264
オプトイン	264
オペレーティングシステム	34, 98
親ディレクトリ	175
折れ線グラフ	255
音声合成	249
音声処理	249
音声認識	249
オンプレミス	191
オンライントランザクション処理	190
オンラインモール	18

か

カーネル	101
回帰	250
改行	56
会計管理ソフトウェア	105
開示等の対応	263
階層型	182
解像度	57
概念スキーマ	184
外部スキーマ	184
カウンタ変数	235
可逆圧縮	59
拡張現実	19
拡張現実社会	19
拡張子	42
画素	52
仮想アドレス	172
仮想記憶方式	172
仮想空間	19
仮想現実	63
画像処理	249
画像生成	249
仮想通貨	19
画像認識	249
画像編集ソフトウェア	106
稼働性	197
稼働率	198
カプセル化	222
仮名加工情報	264
画面解像度	87
可用性	197, 215
仮数	121
仮数部	121
カレントディレクトリ	102
間隔尺度	253
関係型	182
観察データ	253

関数	107	交絡因子	261
間接アドレス指定	158	個人関連情報	264
完全性	197, 215	個人情報	263
関連	184	個人情報保護委員会	263
キーロガー	217	個人情報保護法	263
記憶管理	171	五大機能	68
記憶装置	68	固定小数点数	114
機械学習	250	子ディレクトリ	175
機械語	73, 106	コネクタ	90
基幹業務	14	コネクテッドカー	21
擬似言語	236	コマンド	43
技術的脅威	216	コミット	189
記述統計量	257	コリジョン	206
基数	29, 121	コンパイラ方式	108
奇数パリティチェック	196	コンピュータウイルス	216
帰納法	249	コンピュータグラフィックス	62
揮発性メモリ	75	コンプライアンス	216
機密性	197, 215		
逆引き	214	**さ**	
キャッシュ	76	サーバ	15, 191
キャッシュメモリ	77	サーバラック	15
給与管理ソフトウェア	105	サーバルーム	15
脅威	215	在庫管理	16
強化学習	251	最小値	257
教師あり学習	250	最大値	257
教師なし学習	250	サイバー空間	19
共通鍵	219	最頻値	258
共通鍵暗号方式	219	削除	188
共分散	261	差集合	134
業務ソフトウェア	105	サブネットマスク	210
偶数パリティチェック	196	サブルーチン	107
苦情の処理	264	算術左シフト演算	152
クライアント	191	算術右シフト演算	152
クライアントサーバシステム	191	算術論理回路	155
クラウド	15	散布図	260
クラウドコンピューティング	15	サンプリング周波数	60
クラウドサービス	16	シェル	101
クラス	107	支援機能	183
クラスター抽出法	255	時間計算量	242
クラスタリング	251	磁気テープ	83
クラッキング	216	次元削減	251
グラフィックスソフトウェア	105	字下げ	236
繰返し型	234	指数	121
グループウェア	190	指数表現	120
グローバルアドレス	209	指数部	121
クロスサイトスクリプティング	217	システムエンジニア	228
クロック	73	システム設計	228
クロック周波数	73	システムソフトウェア	98
ゲートウェイ	217	システムテスト	229
計算量	242	システムの冗長化	194
系統抽出法	255	システムバス	70
桁落ち	124	自然言語処理	248
結合	188	実記憶方式	171
結合テスト	229	実験データ	253
欠損値	254	実効アドレス	158
現実空間	19	実行可能状態	169
コーデック	60	実行状態	169
コールドスタンバイ	195	実体	184
公開鍵	220	質的データ	252
公開鍵暗号方式	219	シフト JIS コード	34
降順	238	シフト演算	150
更新	188	時分割システム	168
高水準言語	106	ジャーナルファイル	189, 197
構造化データ	252	射影	188
項目	184	従業者・委託先の監督	263

集合	133
集合演算	187
集中処理	190
主キー	185
主記憶装置	69
出力装置	68
循環小数	120
順次型	234
順序尺度	253
ジョイスティック	86
昇順	238
情報落ち	125
情報化社会	17
情報資産	215
情報社会	17
情報処理技術者試験	236
情報セキュリティ	215
情報セキュリティポリシ	215
情報セキュリティマネジメントシステム	215
情報メディア	38
情報量	27
初期化	234
初期値	234
ショッピングサイト	18
処理	234
シンギュラリティ	22
シンクライアント	190
人工知能	21
深層学習	22, 248
人的脅威	216
信頼性	197
真理値表	130
スーパーコンピュータ	14
スーパースカラ	158
垂直機能分散	192
垂直分散	192
スイッチ回路	26
水平機能分散	190
水平負荷分散	192
スキーム名	40
スクラム	231
スクロールバー	45
スター型	205
スタイルシート	43
スラッシング	174
ストア命令	155
ストライピング	196
スパイウェア	217
スパイラルモデル	230
スプーリング	177
スマートウォッチ	20
スマート家電	21
スマートグラス	20
スマートシティ	19
スマートデバイス	20
スマートフォン	13
スワッピング	172
スワップアウト	172
スワップイン	172
正規化	121
正規分布	259
制御信号	68
制御装置	68
脆弱性	215
生成AI	22

正の相関	260
正引き	214
整列処理	238
積上げ棒グラフ	257
積集合	134
セキュリティパッチソフト	217
セキュリティホール	217
セクタ	83
絶対パス	102
セレクトボックス	45
ゼロサプレス	27
ゼロパディング	27
全加算回路	148
線形探索	237
宣言	236
全数調査	254
全体集合	133
選択	188
選択型	234
ソーシャルエンジニアリング	216
ソーティング	238
層化抽出法	255
相関係数	261
相対アドレス	172
相対度数	255
相対パス	102
挿入	188
属性	184
ソフトウェア	98
ソフトウェア設計	228

た

ダイ	71
第1正規化	185
第2正規化	185
第3正規化	186
第4次産業革命	19
待機状態	169
大規模言語モデル	248
耐故障性	196
第三者提供の制限	263
対称差集合	134
ダイナミックメディア	44
代表値	257
タイマ機能	167
ダウンサイジング	16
ダウンロード	20
タグ	41
タスク	166
タスク管理	166, 168
タスクスケジューラ	169
タスクスケジューリング	169
多段抽出法	255
タッチパッド	86
タッチパネル	62, 86
タブレット	13
タワー型サーバ	15
探索処理	237
端子	234
単純無作為抽出法	255
単精度浮動小数点数形式	124
単体テスト	229
チェックボックス	45
逐次制御方式	157
中央処理装置	68

中央値 257
調査データ 253
直接アドレス指定 158
直線型 234
著作権 262
著作物 262
通信ソフトウェア 108
通信プロトコル 205
データ 234
データ管理 166
データ制御機能 183
データセット 257
データセンター 15
データ操作機能 183
データ定義機能 183
データ転送速度 20
データバイアス 265
データバス 155
データベース 182
データベース管理ソフトウェア 104
データベースソフトウェア 13, 104
データ倫理 265
テーブル 184
ディープフェイク 250
ディープラーニング 22, 251
定型業務 14
ディジタル回路 26
ディジタルデータ 52
低水準言語 106
ディスクアレイ 195
ディスクキャッシュ 78
ディスパッチ 168
ディスプレイ 86
ディスプレイポート 91
定性的データ 252
定量的データ 253
ディレクトリ 101
デコード 60
デスクトップ PC 13
手続き型言語 106
デッドロック 171
デバイスドライバ 167
デバイスマネージャー 176
デファクトスタンダード 56
デュアルシステム 194
デュプレックスシステム 194
添字 234
電子決済 19
電子署名 221
電子マネー 19
伝達メディア 38
動画編集ソフトウェア 106
導出表 187
動的アドレス変換機構 160
導入コスト 193
特徴量 252
特徴量抽出 252
匿名加工情報 264
度数 255
ドット 88
トップダウンアプローチ 229
ドメイン名 40
ド・モルガンの法則 136
トラック 83
トラックボール 86

トランザクション 189, 190
トランスポート層 211
ドローソフトウェア 105
ドロップダウンリスト 45
トンネリング 222

な

内部スキーマ 184
流れ図 233
名前解決 214
なりすまし 221
二次データ 253
二分探索 240
ニューラルネットワーク 22, 248
入出力管理 167
入力装置 68
ネットワークインターフェース層 211
ネットワーク型 182
ノート PC 13

は

バーコード 16, 89
バーコードリーダー 16
パーソナライゼーション 263
パーソナルコンピュータ 12
バーチャルリアリティ 63
ハードウェア 68
倍精度浮動小数点数形式 123
排他制御 189
排他的論理和演算 135
排他的論理和回路 140
バイト 27
バイトマシン 74
ハイパーテキスト 39
ハイパーリンク 39
配列 159, 234
配列名 234
パケットフィルタリング型 217
箱ひげ図 258
パス 102
バスパワー 90
パス名 40
パスワード 197
パターンファイル 217
バックアップ 82
バックアップ機能 183
ハッシュ関数 221
バッファ 178
ハブ 204
バブルソート 238
パリティ 196
ハルシネーション 250
半加算回路 146
判断 234
番地 75
半導体メモリ 75
販売管理ソフトウェア 105
反復型 234
番兵 237
汎用コンピュータ 14
汎用レジスタ 155
非可逆圧縮 59
比較命令 155
光ディスク 84
ピクセル 52

289

非構造化データ	252
ヒストグラム	257
非接触 IC カード	19
ビッグデータ	21
ビット	27
ビットマップ画像	52
ビットマップフォント	55
ビット毎の論理演算	138
否定演算	132
否定回路	139
非定型業務	14
否定論理積演算	133
否定論理積回路	140
否定論理和演算	132
否定論理和回路	140
秘密鍵	220
ヒューマンインタフェース	43
表	184
表計算ソフトウェア	12, 104
表現メディア	38
標準正規分布	260
標準偏差	259
標本	254
標本化	53
標本抽出	254
標本調査	254
平文	219
比率尺度	253
ブートローダ	76
フールプルーフ	47, 198
ファームウェア	76
ファイアウォール	217
ファイル管理	166
ファイルサーバ	190
ファイルシステム	101
フィールド	184
フィジカル空間	19
フィッシング詐欺	216
フェイルセーフ	198
フェイルソフト	198
フォールトアボイダンス	198
フォールトトレランス	197
フォルダ	101
フォント	55
不揮発性メモリ	75
復号	219
符号化	53
符号ビット	115
物理的脅威	216
浮動小数点数	120
浮動小数点数形式	121
負の相関	260
部分集合	135
プライベートアドレス	209
フラグ	170
ブラックボックステスト	229
フラッシュ ROM	76
フラッシュメモリ	77, 84
プリエンプション	168
プリンタ	87
プルダウンメニュー	45
プレゼンテーションソフトウェア	12, 104
プログラマー	228
プログラミング	228
プログラミング言語	106

プログラミングソフト	108
プログラム	68
プログラムカウンタ	155
プログラム内蔵方式	68
プロジェクトマネージャ	229
プロセス	166
プロセス管理	166, 168
プロセスの状態遷移	169
プロトコル	205
プロトタイプ	230
プロファイリング	263
プロンプト	249
分岐型	234
分岐命令	155
分散	259
ページアウト	174
ページイン	174
ページテーブル	172
ページフォールト	174
ページング方式	172
ベースアドレス指定	159
ベースレジスタ	158
ペアリング	93
平均故障間隔	198
平均修復時間	198
平均値	257
ペイントソフトウェア	105
ベクタ形式	62
ヘッドマウントディスプレイ	63
偏差	259
ベン図	133
変数	116, 232
変数名	116, 232
ペンタブレット	62, 86
ポインタ変数	158
ポインティングデバイス	86
棒グラフ	255
補集合	134
母集団	254
補助記憶装置	69, 82
ホストコンピュータ	14
ホスト名	40
保全性	197
ホットスタンバイ	195
ポップアップメニュー	45
ボトムアップアプローチ	229
ホワイトボックステスト	229

ま

マークアップ言語	42
マーケットプレース	18
マーケティング	17
マウス	85
マウスカーソル	86
マウスポインタ	86
前判定繰返し処理	236
マザーボード	69
マシン語	73, 106
マスク ROM	76
または	130
マルウェア	216
マルチウィンドウ	167
マルチコアプロセッサ	73, 158
マルチタスク	168
マルチプロセス	168

マルチメディア	39
マルチユーザ	100
実アドレス	173
ミラーリング	196
ムーアの法則	72
無限小数	120
無線 LAN	207
無相関	260
無店舗販売	18
メールソフトウェア	108
名義尺度	252
命題	133
命令形式	155
命令コード	155
命令サイクル	157
命令実行サイクル	156
命令読み出しサイクル	156
命令レジスタ	155
メインフレーム	14
メディア	38
メニューバー	46
メモリ	68
メモリインターリーブ	160
メモリ管理	171
目的外利用の制限	263
文字コード	32
モデリング	62
モニター	86
モバイル通信	20

や

ユーザーエクスペリエンス	46
ユーザインタフェース	43
ユーザビリティ	46
有効桁数	123
有線 LAN	207
有用性	197
ユニバーサルデザイン	47
要件定義	228
要素	234

ら

ラウンドロビン	169
ラジオボタン	45
ラスタ形式	62
ラック型サーバ	15
ランサムウェア	216
ランダムアクセス	75
ランレングス圧縮法	59

リカバリ機能	183
リスク	215
リストボックス	45
リムーバブルドライブ	82
リムーバルメディア	82
量子化	53, 55
量子化ビット数	55
量的データ	252
利用目的の通知	263
利用目的の特定	263
リリース	229
リレーショナル型	182
リレーショナルデータベース	182
リング型	205
ルータ	208
ルートディレクトリ	102
ループカウンタ	235
ループ始端	234
ループ終端	234
レーザプリンタ	87
レーダーチャート	257
レコード	184
レジスタ	76
ロード	82
ロードバランサ	192
ロード命令	155
ロールバック	189
ロールフォワード	189
漏えい報告	263
ログデータ	253
ログファイル	189, 197
ロボットプログラム	217
ロングテールビジネス	18
論理演算	130
論理回路	139
論理積演算	131
論理積回路	139
論理左シフト演算	150
論理右シフト演算	151
論理和演算	130
論理和回路	139

わ

ワードプロセッサ	12, 104
ワーム	216
和集合	134
割込み制御	170
割込みフラグレジスタ	170

291

著者紹介

浅井 宗海 （あさい むねみ）

1982年　東京理科大学理工学部情報科学科卒業
1984年　東京理科大学大学院理工学研究科情報科学専攻修了
(財)日本情報処理開発協会（現：(一財)日本情報経済社会推進協会）
　　　中央情報教育研究所専任講師、調査部高度情報化人材育成室室長　を経て
2008年　大阪成蹊大学現代経営情報学部（現：経営学部）教授
2014年　大阪成蹊大学教育学部教授
2017年　中央学院大学商学部教授　現在に至る
　　　「情報科学概論」「マルチメディア論」「ネットワーク論」「情報環境論」などを担当
その間、文部科学省、経済産業省及び関連機関で、高等学校教科「情報」の指導要領や情報技術者試験のカリキュラム等に関する委員会委員を歴任

主な著書
『入門アルゴリズム』（単著）共立出版、1992年
『C言語』（単著）実教出版、1995年
『マルチメディア表現と教育』（単著）マイガイヤ、1998年
『新コンピュータ概論』（単著）実教出版、1999年
『1週間で分かる基本情報技術者集中ゼミＣＡＳＬⅡ』（共著）日本経済新聞、2002年
『プレゼンテーションと効果的な表現』（単著）SCC、2005年
『ITパスポート学習テキスト』（共著）実教出版、2009年
『ワークで学ぶ道徳教育』（共著）ナカニシヤ出版、2016年
『情報通信ネットワーク』（単著）近代科学社、2011年
『AI・データサイエンスの基礎』（共著）近代科学社、2024年　など多数

◎本書スタッフ
編集長：石井 沙知
編集：赤木 恭平
組版協力：阿瀬 はる美
図表製作協力：菊池 周二
表紙デザイン：tplot.inc 中沢 岳志
技術開発・システム支援：インプレス NextPublishing

●本書に記載されている会社名・製品名等は、一般に各社の登録商標または商標です。本文中の©、®、TM等の表示は省略しています。

●本書の内容についてのお問い合わせ先
近代科学社Digital　メール窓口
kdd-info@kindaikagaku.co.jp
件名に『『本書名』問い合わせ係』と明記してお送りください。
電話やFAX、郵便でのご質問にはお答えできません。返信までには、しばらくお時間をいただく場合があります。なお、本書の範囲を超えるご質問にはお答えしかねますので、あらかじめご了承ください。

●落丁・乱丁本はお手数ですが、(株)近代科学社までお送りください。送料弊社負担にてお取り替えさせていただきます。但し、古書店で購入されたものについてはお取り替えできません。

学びを深める コンピュータ概論

2025年3月7日　初版発行Ver.1.0

著　者　浅井 宗海
発行人　大塚 浩昭
発　行　近代科学社Digital
販　売　株式会社 近代科学社
　　　　〒101-0051
　　　　東京都千代田区神田神保町1丁目105番地
　　　　https://www.kindaikagaku.co.jp

●本書は著作権法上の保護を受けています。本書の一部あるいは全部について株式会社近代科学社から文書による許諾を得ずに、いかなる方法においても無断で複写、複製することは禁じられています。

©2025 Munemi Asai. All rights reserved.
印刷・製本　京葉流通倉庫株式会社
Printed in Japan

ISBN978-4-7649-0725-6

近代科学社 Digital は、株式会社近代科学社が推進する21世紀型の理工系出版レーベルです。デジタルパワーを積極活用することで、オンデマンド型のスピーディでサステナブルな出版モデルを提案します。

近代科学社 Digital は株式会社インプレス R&D が開発したデジタルファースト出版プラットフォーム "NextPublishing" との協業で実現しています。

あなたの研究成果、近代科学社で出版しませんか？

- ・自分の研究を多くの人に知ってもらいたい！
- ・講義資料を教科書にして使いたい！
- ・原稿はあるけど相談できる出版社がない！

そんな要望をお抱えの方々のために
近代科学社 Digital が出版のお手伝いをします！

近代科学社 Digital とは？

ご応募いただいた企画について著者と出版社が協業し、プリントオンデマンド印刷と電子書籍のフォーマットを最大限活用することで出版を実現させていく、次世代の専門書出版スタイルです。

近代科学社 Digital の役割

- **執筆支援** 編集者による原稿内容のチェック、様々なアドバイス
- **制作製造** POD 書籍の印刷・製本、電子書籍データの制作
- **流通販売** ISBN 付番、書店への流通、電子書籍ストアへの配信
- **宣伝販促** 近代科学社ウェブサイトに掲載、読者からの問い合わせ一次窓口

近代科学社 Digital の既刊書籍 （下記以外の書籍情報は URL より御覧ください）

**スッキリわかる
数理・データサイエンス・AI**
皆本 晃弥 著
B5　234頁　税込2,750円
ISBN978-4-7649-0716-4

**CAE活用のための
不確かさの定量化**
豊則 有擴 著
A5　244頁　税込3,300円
ISBN978-4-7649-0714-0

跡倉ナップと中央構造線
小坂 和夫 著
A5　346頁　税込4,620円
ISBN978-4-7649-0704-1

詳細・お申込は近代科学社 Digital ウェブサイトへ！
URL：https://www.kindaikagaku.co.jp/kdd/

近代科学社Digital 教科書発掘プロジェクトのお知らせ

　先生が授業で使用されている講義資料としての原稿を、教科書にして出版いたします。書籍の出版経験がない、また地方在住で相談できる出版社がない先生方に、デジタルパワーを活用して広く出版の門戸を開き、教科書の選択肢を増やします。

セルフパブリッシング・自費出版とは、ここが違う！

- 電子書籍と印刷書籍（POD：プリント・オンデマンド）が同時に出版できます。
- 原稿に編集者の目が入り、必要に応じて、市販書籍に適した内容・体裁にブラッシュアップされます。
- 電子書籍とPOD書籍のため、任意のタイミングで改訂でき、品切れのご心配もありません。
- 販売部数・金額に応じて著作権使用料をお支払いいたします。

教科書発掘プロジェクトで出版された書籍例

数理・データサイエンス・AIのための数学基礎　Excel演習付き
　岡田 朋子 著　B5　252頁　税込3,025円　ISBN978-4-7649-0717-1

代数トポロジーの基礎　基本群とホモロジー群
　和久井 道久 著　B5　296頁　税込3,850円　ISBN978-4-7649-0671-6

はじめての3DCGプログラミング　例題で学ぶPOV-Ray
　山住 富也 著　B5　152頁　税込1,980円　ISBN978-4-7649-0728-7

MATLABで学ぶ 物理現象の数値シミュレーション
　小守 良雄 著　B5　114頁　税込2,090円　ISBN978-4-7649-0731-7

デジタル時代の児童サービス
　西巻 悦子・小田 孝子・工藤 邦彦 著　A5　198頁　税込2,640円　ISBN978-4-7649-0706-5

募集要項

募集ジャンル
　大学・高専・専門学校等の学生に向けた理工系・情報系の原稿

応募資格
1. ご自身の授業で使用されている原稿であること。
2. ご自身の授業で教科書として使用する予定があること（使用部数は問いません）。
3. 原稿送付・校正等、出版までに必要な作業をオンライン上で行っていただけること。
4. 近代科学社 Digital の執筆要項・フォーマットに準拠した完成原稿をご用意いただけること（Microsoft Word または LaTeX で執筆された原稿に限ります）。
5. ご自身のウェブサイトやSNS等から近代科学社 Digital のウェブサイトにリンクを貼っていただけること。

※本プロジェクトでは、通常ご負担いただく**出版分担金が無料**です。

詳細・お申込は近代科学社Digitalウェブサイトへ！
URL: https://www.kindaikagaku.co.jp/feature/detail/index.php?id=1